洋山精神赞

——三航院人的洋山故事

沈明达 主编

人民交通出版社股份有限公司
China Communications Press Co.,Ltd.

图书在版编目 (CIP) 数据

洋山精神赞 : 三航院人的洋山故事 / 沈明达主编
. -- 北京 : 人民交通出版社股份有限公司, 2017.12
ISBN 978-7-114-14320-5

Ⅰ. ①洋… Ⅱ. ①沈… Ⅲ. ①纪实文学—中国—当代
Ⅳ. ①I25

中国版本图书馆CIP数据核字(2017)第278024号

Yangshan Jingshenzan

书　　名：洋山精神赞
——三航院人的洋山故事

著 作 者：沈明达
责任编辑：刘永芬
出版发行：人民交通出版社股份有限公司
地　　址：（100011）北京市朝阳区安定门外外馆斜街3号
网　　址：http://www.ccpress.com.cn
销售电话：（010）59757973
总 经 销：人民交通出版社股份有限公司发行部
经　　销：各地新华书店
印　　刷：上海豪杰印刷有限公司
开　　本：787×980　1/16
印　　张：30.75
字　　数：471千
版　　次：2017年12月　第1版
印　　次：2017年12月　第1次印刷
书　　号：ISBN 978-7-114-14320-5
定　　价：80.00元

洋山精神赞

——三航院人的洋山故事

编　委　会

三航院之歌

沈明达、刘志康 词

朱良镇 曲

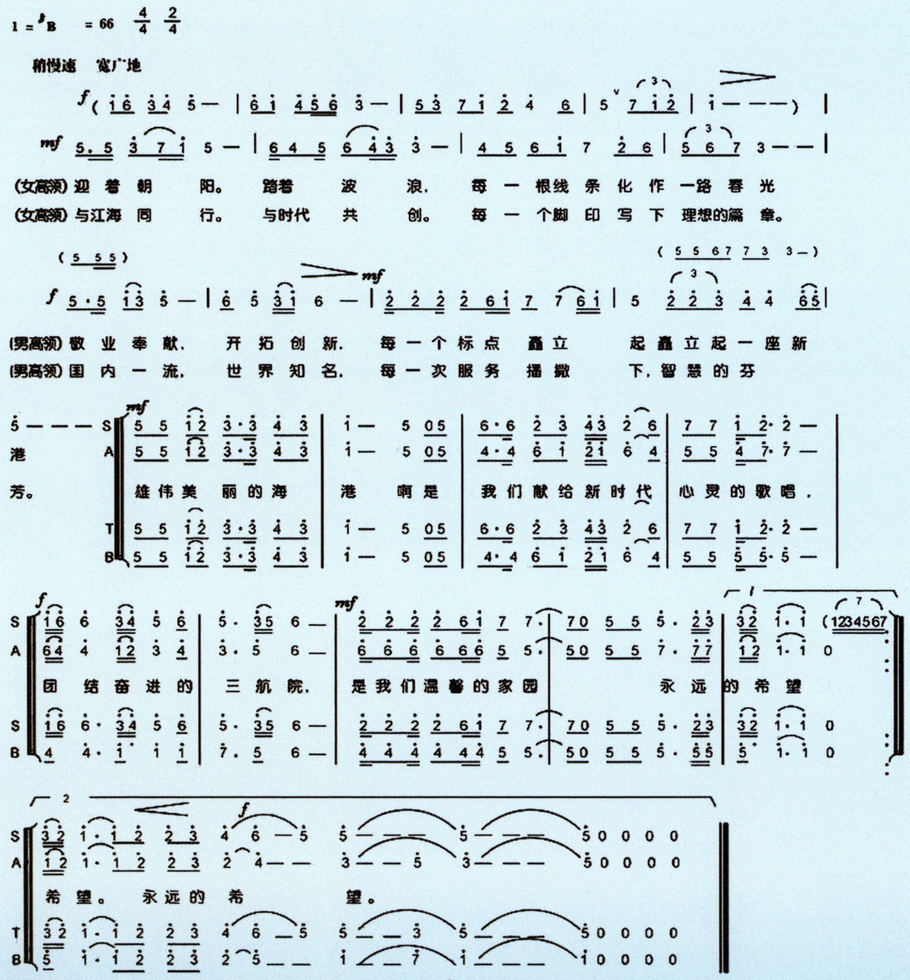

谨以此书

庆贺三航院设计的洋山四期工程竣工暨
全球最大自动化集装箱码头胜利建成开港

向中交第三航务工程勘察设计院有限公司
成立60周年献礼

向所有为洋山深水港工程建设
作出贡献的三航院人致敬

洋山精神

不辱使命的负责精神
勇挑重担的拼搏精神
保持本色的奉献精神
求真务实的科学精神
团结协作的大局精神

2017 年 12 月 10 日三航院设计的全球最大的自动化集装箱码头——洋山四期工程胜利建成开港。三航院党委书记、董事长沈明达（中）、总经理杨晖（右 3）、总工程师程泽坤（左 3）、副总经理吉战兵（右 2）等出席开港仪式并合影

2017 年 12 月 1 日三航院党委召开"洋山精神赞——我的洋山故事"征文表彰座谈会。三航院党委书记、董事长沈明达主持会议并与征文一等奖获得者和征文活动组织者等合影

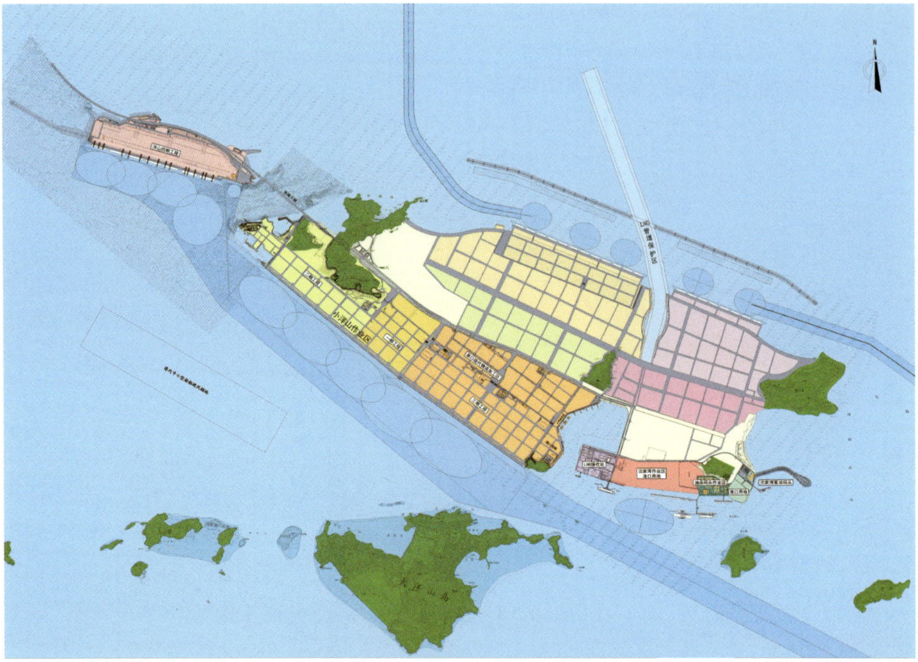

三航院人构画的上海国际航运中心洋山深水港区一～四期工程总体规划图

三航院总体设计的洋山深水港区一、二、三期工程，为上海跃升并连续七年保持世界集装箱第一大港作出了突出贡献

全球最大的自动化集装箱码头——洋山深水港四期全景

洋山深水港区工程的重要配套工程——东海大桥，荣获“2005 年全国十大建设科技成就”奖

洋山深水港区工程的重要配套工程——芦潮辅助作业区，如今已成为上海自贸区的重要组成部分

洋山深水港区一期可行性报告评估会议（2001 年 12 月 5 日 -13 日）

王陈水（时任三航院院长，前排左一）代表三航院签订洋山一期港区总体设计合同（2003 年）

2004年12月3日三航院洋山所成立。归墨(时任洋山港口指挥部指挥,右四)、王祥(时任三航院院长,左五)、沈明达(三航院党委书记,右三)、王陈水(原院长,左三)、李树国(时任副院长,左二)、杨晖(时任副院长,左一)、徐明飞(时任党委副书记,右二)、王吉鸣(副院长,右一)等出席成立仪式

三航院的国家设计大师廖权懋和程泽坤总工程师、时任洋山所所长王大刚在研究洋山工程(2005年)

三航院勘察公司职工在洋山岛上进行钻探作业（2002 年）

三航院洋山所设计人员挑灯夜战研究方案（2005 年）

三航院专家在洋山现场调研指导工作（2005 年 10 月 22 日）

田佐臣（原副院长）在洋山与退休专家畅谈洋山四期全自动集装箱码头的创新设计（2017 年 5 月）

历史性时刻——洋山深水港区开港仪式（2005 年 12 月 10 日）

分管洋山工程的李树国（时任副院长，左二）接受上海电视台记者采访（2005 年 3 月 28 日）

三航院党委连续多年在洋山工地现场召开立功竞赛暨创“双优”动员会。图为三航院党委书记沈明达在2007年4月28日动员会上作现场动员讲话

三航院党政工坚持每年慰问奋战现场的设计、勘察、监理人员。图为2006年8月三航院党委书记沈明达（左一）将风扇送到战高温的洋山所现场。

洋山二期工程竣工启用（2006 年 12 月 10 日）

见证丰收的时刻——洋山北港区主体工程全面建成（2008 年 12 月 6 日）

三航院党委书记、董事长沈明达在洋山四期工程现场听取汇报（2017年8月18日）

三航院洋山四期项目部总负责人、上海市劳动模范刘广红接受中央电视台记者采访，该节目以《东方大港》之名在2016年4月30日播出后深受好评

三航院与洋山工程港口指挥部签约结对开展“同创精神文明、共建洋山工程”活动。图为在洋山现场开展的联谊活动（2005 年 1 月 7 日）

三航院“精神文明共建单位”——上海歌剧院的艺术家们在上海大剧院第一次用文艺形式歌颂洋山工程的“三航院之歌”（2003 年）

三航院人参与创作演出的诗歌交响《豪情洋山》在 2006 年上海市庆“五一”文艺联欢晚会上首演，受到热烈欢迎和好评（2006 年 5 月 1 日）

三航院两次组织退休职工参观洋山港，退休职工们对洋山工程日新月异的变化赞叹不已。图为第二次参观时的合影（2015 年 10 月 16 日）

序

PREFACE

三航院党委书记、董事长

沈明达

在三航院60年砥砺奋进的征程中，三航院总体全程设计的上海国际航运中心洋山深水港区工程以其跨越时空22年的最长纪录和最优设计而载入史册！

在三航院几代人勘察设计5000多个工程项目的宏伟事业中，洋山深水港工程以其建成世界集装箱第一大港和全球最大自动化集装箱码头的辉煌业绩而成为令三航院人最为自豪的跨世纪工程！

在三航院人不断谱写“国内一流、国际知名”崭新篇章的历史进程中，洋山深水港工程当之无愧地成为三航院享誉海内外的最为耀眼最为亮丽的名片！

洋山港，点燃了多少三航院人强港强国的梦想！倾注了多少三航院人日夜无眠的心血！留下了多少三航院人可歌可泣的故事！吸引了多少双关注三航院腾飞的目光！

洋山港，创造的不仅仅是港口选址的科学，不仅仅是工程设计的突破，不仅仅是绿色环保的体现，不仅仅是工程建设的快速，不仅仅是世界建港史上的一个个“第一”和奇迹，更是洋山工程所孕育所缔造的凝聚了所有建设者智慧和奉献的“洋山精神”！

三航院人用亮丽的业绩诠释了不辱使命的负责精神！三航院人用踏实的苦干弘扬了勇挑重担的拼搏精神！三航院人用敬业的作为书写了保持本

色的奉献精神！三航院人用严谨的作风展现了求真务实的科学精神！三航院人用宽阔的胸怀彰显了团结协作的大局精神！

“洋山精神”是整个洋山工程的宝贵财富，是三航院人无比珍视的宝贵财富，是三航院开拓未来再创辉煌的宝贵财富，而体现和贯穿“洋山精神”的三航院人的“洋山故事”同样是我们企业的宝贵财富！

将三航院人的洋山故事记载和传承下来，将催人奋进的“洋山精神”继承和弘扬下来，这是我们的使命和责任，这是国企党建和企业文化建设应当去做的一件非常有意义的实事！

为此，在洋山工程即将全面胜利建成之际，公司党委于2017年8月初发起并组织开展了“洋山精神赞·我的洋山故事”征文活动。历经2个多月的发动、撰稿、征集，167位在职和退休的员工提供了188篇征文(其中诗歌40首)，所有基层单位均在规定时间内完成或超额完成了征文任务。

三航院人踊跃参与征文活动的热情远超我们的预期，从中可以深切地感受到广大员工对洋山工程有着特殊的情感——大家既是洋山港的建设者，更是洋山精神的缔造者。作为洋山工程“一个中心三个基本点”的“中心”建设者的一份子，在洋山工程即将画上圆满句号的特殊时刻，能为总结和弘扬三航院人为洋山深水港建设所作出的突出贡献和所展现的良好精神风貌，记录和传承三航院人奉献洋山工程所留下的生动事迹和宝贵故事，以此表达三航院人参与洋山港建设的自豪之情和对“洋山精神”的热情赞美，大家都由衷地感到具有重要的现实意义和深远的史料价值。在整个征文过程中，许多生动感人的故事令人赞叹不已。

正是有三航院广大员工所献上的这一篇篇故事、一首首诗歌、一张张图片和总计30余万字的征文材料，才让我们收获了发生在昨天的三航院人的洋山故事和许多几近被人遗忘的精彩片段，读到了三航院人对洋山工程和“洋山精神”的由衷赞美，更让我们领悟了“洋山精神”将在公司党建和企业两个文明建设中所发挥的长久巨大的影响力、感召力和激励力。

在这里，我谨代表公司党委和领导班子衷心地感谢全力支持和参与本次征文活动的所有三航院的员工！繁忙工作之余和安度晚年之时的倾情撰写，共同表达的是对洋山工程至深至高的美好情感！共同留住的是我们难以忘怀的集体记忆！

愿本书所记载的三航院人的"洋山故事"能得以传播传承，愿"洋山故事"所闪耀所讴歌的"洋山精神"能得以发扬光大。

愿三航院人在洋山工程中所激发的创新活力和所积累的宝贵精神财富，能在"一带一路"的新征程、"五商中交"的新实践和中国特色社会主义的新时代得到新的提升！

2017 年 12 月 10 日

目　录

CONTENTS

散文 · 随笔

洋山深水港区的故事 …… 退休　田佐臣//3
洋山一期工程初步设计的125个日夜 …… 总工办　浦伟庆//13
扎根洋山岛，服务洋山港 …… 人力资源部　方君华//18
“回”岛上 …… 洋山所　黄明毅//29
回荡在洋山港上空的“勘探队之歌” …… 勘察公司　成利民//31
与洋山结缘 …… 生产监管考核部　隗祖元//37
洋山，承载着的厚重 …… 综合所　蔡波妮//42
从这里走进洋山深水港 …… 物流院　王　坚//45
挥洒青春汗水　圆梦东方大港 …… 综合所　刘广红//49
情系洋山　见证洋山 …… 机关　沈明达//53
洋山工程的点滴记忆 …… 退休　陈国桢//61
讲述我心中的洋山故事 …… 出版中心　龚鸿兴//69
永恒的洋山　永远的情怀 …… 建筑所　张　峰//75
我们从这里启航 …… 勘察公司　陈智勇//78
用一生来爱洋山 …… 党委办公室　刘　速//83
洋山港的“海上高速公路” …… 水利所　金　晖//86
我的洋山建港故事 …… 洋山所　黄明毅//92
回顾洋山工程 …… 综合所　顾祥奎//101
迎击台风 …… 生产监管考核部　隗祖元//108
那段共同奋斗的岁月 …… 综合所　刘广红//113

我的洋山监理故事 …………………………… 东华公司 刘朝清//116
石头堆里的项目部 …………………………… 勘察公司 李　江//124
洋山港的砂 …………………………………… 海外所 刘家才//129
梦想与理想 …………………………………… 总工办 浦伟庆//132
颗珠山的夜晚 ………………………………… 勘察公司 赵树光//135
洋山之路——记东海大桥港桥连接段建设 ………… 综合所 高志伟//138
洋山有约 ……………………………………… 东华公司 阮学成//141
洋山,我们的青春因你而精彩 ………… 生产监管考核部 隗祖元//145
共抒“洋山情” ……………………………… 勘察公司 李庆庆//149
洋山深水港的第一次测量 …………………… 勘察公司 陆荣华//160
刻在记忆深处的那些日日夜夜 ……………… 党委办公室 李华平//163
我与洋山港的三次亲密接触 ………………… 党委办公室 王文娟//167
十天“驻岛”留心迹,三登“平台”感自豪 ………… 经济所 李仙娟//171
洋山记忆点滴 ………………………………………… 退休 顾寄平//175
回忆洋山工程 ………………………………… 勘察公司 李孝杰//178
责任和梦想筑就无悔年华 …………………… 澳门公司 董淑海//180
档案书写大港传奇——央视镜头下的洋山档案 …… 技术部 王玉龙//182
追忆为洋山港服务的那些美好日子 ………… 建筑所 陈希太//185
外海深水海堤的创新之作 …………………… 综合所 阮春生//188
洋山精神激励我前行 ………………………… 综合所 金明华//192
从小渔村到深水大港 ………………………… 勘察公司 郑建朝//195
点开我的“洋山地区”目录 …………………… 海外所 华晓敏//199
我的洋山港情结 ……………………………… 人力资源部 徐郭强//203
我与洋山港工程——芦潮辅助区的明天 ………… 物流院 王　坚//206
洋山,我们后会有期 ………………………… 海外所 沈惠龙//209
三院蓝图绘,豪情与者欢 …………………… 综合所 许增会//212
我的小洋山记忆 ……………………………… 勘察公司 陈刘浩//214
洋山印象 ……………………………………… 党委办公室 李玉琴//216
洋山一期工程初设测量回顾 ………………… 勘察公司 吴卫平//222
追忆洋山印象 ………………………………… 行政办公室 林雄斌//227

又好又省地建设世界一流全自动化港区
——记洋山四期投资技术经济分析 …………… 经济所 吴 鹏//230
洋山第一爆 …………………………………… 勘察公司 蔡洪波//233
梦想照进现实 …………………………………… 综合所 陆 敏//236
写给洋山 ………………………………………… 综合所 姜 桥//239
梦回洋山 ………………………………………… 海外所 范 晔//241
洋山工程之于我 ………………………………… 海外所 刘 纯//243
我为洋山建设者献上一支舞 ……………… 党委办公室 陈浙沪//246
我曾是洋山所的一员 …………………………… 建筑所 袁晓伟//249
为洋山工程出一份力
——记院机关干部一次有意义的劳动 …… 党委办公室 蔡伟鸣//252
洋山,我与你一起成长 ………………………… 海外所 张 志//254
参与洋山港建设的自豪之情 ……………………… 退休 刁庆绪//256
洋山梦 创新路 ………………………………… 综合所 韩时捷//258
弘扬"洋山精神",开拓国际市场 ……………… 海外所 李大雪//260
大港印象 ………………………………………… 综合所 丁飞虎//263
东方大港 洋山深水港
——我们把她从蓝图变成现实 ……………… 建筑所 周梁奇//267
洋山工作生活二三事 …………………………… 综合所 孙 伟//269
东方大港,我们的骄傲——忆洋山故事,承洋山精神
……………………………………………………… 综合所 郭兆珈//271
洋山四期设计感悟 ……………………………… 建筑所 蓝起宏//274
我的"教科书" …………………………………… 经济所 秦 群//278
我与洋山 ………………………………………… 综合所 黄向平//280
我曾经参与的洋山港前期方案论证工作 ……… 综合所 何小林//282
起步从洋山开始 ………………………………… 综合所 蒋腊梅//284
记忆中的总监 ………………………………… 东华公司 刘心胜//286
"战高温、促进度、铸品牌"的洋山岁月 ……… 东华公司 卢千利//289
我为洋山调试忙 ……………………………… 东源公司 毛春林//296
洋山不止初见 ………………………………… 东源公司 刘民航//298

在设计细节中体现洋山精神 …………………………… 物流院　汪正国//300
新时期对洋山精神的思考 ……………………………… 综合所　聂宗淮//302
弘扬洋山精神,激励下一代人 ………………………… 水利所　李　佳//305
我为洋山四期作贡献 ………………………………… 综合所　唐　杰//308
我心中的洋山港 ……………………………………… 综合所　李雅婷//310
洋山精神的延伸 …………………………………… 东华公司　戴遐昌//312
从洋山出发 …………………………………………… 监察部　梁伟波//314
普通人、平凡事 ……………………………………… 建筑所　周　瑞//316
在困难中勇往直前 …………………………………… 经济所　胡国勇//318
洋山,梦想起航的港湾 ……………………………… 东华公司　吴嘉昊//320
传承洋山精神 ……………………………………… 勘察公司　陆志刚//322
那个港 · 那些人——为祖国的建设者喝彩 ………… 综合所　刘　岩//324
践行洋山精神,树立三院丰碑
　　——记我的洋山奋斗故事 ……………………… 勘察公司　孙洪瑞//327
初到洋山 …………………………………………… 勘察公司　赵　磊//329
洋山,感谢我青春中有你 …………………………… 厦门公司　王　坤//330
我心中的东方大港 …………………………………… 海外所　皮帅帅//333
我与洋山的小故事 ………………………………… 勘察公司　杨秋芳//336
港史建筑丰碑,洋山精神永恒 ………………………… 咨询所　李　贺//338
回忆洋山 …………………………………………… 东华公司　蒋　杰//341
洋山之缘 ……………………………………………… 海外所　陶　伟//343
我的独家洋山记忆 …………………………………… 综合所　刘丽娜//347
学会用数据说话 ……………………………………… 综合所　于传见//349
一分耕耘,一分收获 ………………………………… 东华公司　杨　明//351
脚踏实地、用心浇筑 ………………………………… 东华公司　方后春//354
构建平安洋山深水港 ……………………………… 东华公司　钮旭东//356
记一次水文测量中的洋山精神 …………………… 勘察公司　刘鹏飞//358
洋山的速度 ………………………………………… 勘察公司　胡振明//361
参观洋山港有感 ……………………………………… 海外所　程　伟//363
在洋山精神的号角中砥砺前行 ……………………… 综合所　夏昊凉//366

深耕细作、不断创新 …………………………… 建筑所 王苑龙//368
洋山——筑梦开始的地方 …………………………… 海外所 丁同文//370
参观洋山港,感悟洋山精神 ………………………… 投资开发部 张维玮//372
洋山精神之我见 …………………………………… 海外所 张晨旭//374
感悟洋山精神 ……………………………………… 咨询所 刘思伟//377
洋山初体验——一个新员工眼中的洋山港 ………… 综合所 韦 特//381
洋山小札 ………………………………………… 人力资源部 韩东生//384
乐为洋山工程服务 ………………………………… 经营部 庄亚美//386
关键时刻,不辱使命 ……………………………… 出版中心 马光伍//387
洋山精神赞 ………………………………………… 经济所 贺 静//388
洋山精神永远激励我前进 ………………………… 澳门公司 辛宪涛//389

诗 歌

洋山礼赞 …………………………………………… 总工办 李增光//393
满江红·致建设者 ………………………………… 海外所 任 意//396
踏浪行 ……………………………………………… 党委办公室 刘智伟//397
浪淘沙·洋山行 …………………………………… 海外所 任 意//398
指尖上的舞者 ……………………………………… 勘察公司 陈 凯//399
洋山港的声音 ……………………………………… 退休 唐忠清//400
赞洋山忆归歌 ……………………………………… 综合所 李星舟//403
洋山号响 …………………………………………… 海外所 林星铭//404
洋山港——世纪工程与青春梦想 ………… 董事会办公室 周晓璇//405
观洋山港四期自动化码头有感 …………………… 海外所 周清泉//406
洋山颂 ……………………………………………… 综合所 张 浩//407
奉献洋山写春秋
——三航院职工奋战上海洋山港赞歌 …………… 退休 林进禄//408
洋山颂 ……………………………………………… 东源公司 符 妙//409
卜算子·赞洋山港 ……………………………… 党委办公室 李玉琴//410
踏莎行·赞洋山 …………………………………… 海外所 顿昊天//411
七绝·礼赞洋山 ………………………………… 工程经济所 宁 赫//412

洋山赋 …………………………………………… 海外所 秦 飞//414
七律·可歌可泣冠浦江 …………………………… 建筑所 陈希太//415
洋山精神,砥砺前行 …………………………… 东源公司 钱 杰//416
水调歌头·洋山深水港 …………………………… 咨询所 俞 灵//418
地球先生的困惑 ………………………………… 综合所 靳如刚//419
颂洋山 …………………………………………… 海外所 李成强//422
洋山颂 …………………………………………… 海外所 张 超//423
赞洋山港 ………………………………………… 海外所 周清泉//424
梦回洋山 ………………………………………… 厦门公司 包章明//424
圆梦洋山 ………………………………………… 海外所 陈佳莹//425
我爱洋山深水港 ………………………………… 综合所 王 起//426
洋山路 …………………………………………… 综合所 陆晶晶//427
观洋山 …………………………………………… 综合所 唐照评//428
七律·赞洋山 …………………………………… 海外所 顿昊天//428
洋山港,三航院人为你骄傲更为你自豪 ………… 技术部 施建港//429
洋山港 …………………………………………… 厦门公司 郑 凤//431

附 录

三航院之歌(歌词) …………………………………… 沈明达 刘志康//435
洋山港,我们为你日夜无眠(歌词) ……………… 沈明达 刘志康//436
放歌洋山港(诗朗诵) ……………………………… 沈明达 刘志康//437
三航院,永远年青!——中交三航院有限公司五十周年庆
(诗朗诵) ……………………………………… 沈明达 刘志康//441
上海国际航运中心洋山深水港区工程的前世今生 ……………… 刘 速//449

后记 ………………………………………………………… //460

散文·随笔

洋山深水港区的故事

退休　田佐臣

2017 年 5 月 3 日是一个气温适宜又没有火热太阳暴晒且多云的好天气。中交第三航务工程勘察设计院有限公司(以下简称三航院)组织我们十余位平均年龄已达 75 岁的退休老职工老专家再次踏上洋山深水港区参观。我们站在小洋山观景平台上俯视港区全貌(图 1),为它拥有 23 个大型深水集装箱泊位,在近 8 公里长的码头岸线上近百台装卸桥和堆场内数不清的装卸机械所构成的宏伟规模所震撼,为码头上繁忙的船舶装卸作业和在 8.3 平方公里的港区内堆满了五颜六色的进出口集装箱的一派生气勃勃的贸易景象所鼓舞,同时为我们曾参加过上海国际航运中心洋山深水港区的选址与设计工作而自豪。参观后,心情激动,想写一点洋山深水港区建设过程中的故事。

图 1　上海国际航运中心洋山深水港区全景

一、中交三航院是如何承担起洋山深水港区的选址规划与设计任务的

三航院之所以能够承担起上海国际航运中心洋山深水港区的选址规划与几乎全部设计任务是责任所使，时代机遇，更是无上光荣。我认为主要基于两方面的因素。

1.三航院几代特别是老一代设计者多年的深水港情怀和责任感

早在20世纪70年代初，全国进行大规模的港口建设，力争用3~5年时间迅速改变我国港口的落后面貌。那时设计者们对上海港黄浦江两岸的旧码头进行改造升级设计的同时，先后完成了上海港白莲泾、朱家门、军工路、张华浜、新华、关港等新港区数十座码头的设计，建成投产后虽然迅速改变了上海港的落后面貌，吞吐能力获得较大的提升，但所有码头都建在黄浦江两岸，泊位等级绝大部分为万吨级以下，少数几个大的泊位也仅能靠泊2万吨级船。当时，三航院的设计者同上海港规划处的同志共同组成新港址选址工作组，进行了北上七丫口，南下杭州湾，东进外高桥地区的选址工作，终因当时经济技术与自然条件等诸多因素的限制而未能实现。到20世纪70年代末80年代初设计者们参加建设宝山钢铁厂时期，因缺少深水港区，宝钢所需的近千万吨进口矿石不得不在浙江省宁波北仑地区建造10万吨级矿石中转码头进行大船换小船的中转，再运到宝山钢铁厂码头。到80年代末90年代初，随着宝山钢铁厂生产规模的不断扩大，矿石进口量增加到每年3000万吨左右，北仑港的能力已不能满足需要，且从智利、巴西、澳大利亚等国进口的矿石运输船型也升至20~30万吨级，设计者又在浙江嵊泗县的马迹山岛选址建造了30万吨级的矿石中转码头，通过大船换小船的一卸一装不仅造成货损和环境污染，仅运输费用就增加了60%，上海港多么需要有自己的深水港区啊！

到20世纪90年代初，世界经济发展的重心已移到东亚地区，同时世界经济的全球化，货物运输的集装箱化和集装箱运输船舶的大型化均迅速发展。为了适应上海经济与贸易的快速发展和浦东的开发开放，设计者在外高桥选址建设了外高桥港区一期集装箱码头3个泊位，900米岸线长度，然而码头前沿水深也只有11~12米，仅能停靠第二、第三代集装箱船，第四代

船需要乘潮进港,无法接纳第五、第六代及更大型的集装箱船。而在这期间,上海港集装箱吞吐量年均增长达30%以上,上海港的码头能力已严重不足,造成我国中部地区大量的外贸远洋集装箱仍需去境外中转,经济上损失巨大。这一切都刺痛着三航院设计者的心,他们为上海港选址建设深水港区的愿望更加迫切,这样的深水港情结什么时候才能释怀呢?

2.历史的机遇,上海市领导的充分信任

20世纪90年代初随着世界各国经济的快速发展和经济的全球化,带来了国际贸易量的迅速增长,作为货物贸易主要运输方式之一的集装箱运输获得突飞猛进的发展,当时已成为国际枢纽港的新加坡、中国香港两个港口集装箱年吞吐量已达千万标准箱,荷兰的鹿特丹港和我国台湾地区的高雄港也接近500万标准箱,而上海港集装箱吞吐量尚不足百万标准箱,在全世界主要港口中集装箱吞吐量排在第26位,这同当时国际贸易需求极不适应,严重制约了上海及长三角地区经济和贸易的发展。这时,党的十四大召开了,会议作出了"以上海浦东开发开放为龙头,进一步开放长江沿岸城市,尽快把上海建成国际经济、金融、贸易中心之一,带动长江三角洲和整个长江流域地区经济的新飞跃"的重大战略决策。随后中央领导又提出了"把上海建成国际航运中心是开发浦东,使之成为远东经济中心,开发整个长江的关键"。在上海市第六次党代会上,时任市委书记黄菊强调:"深水港的建设是关系到上海能否成为国际航运中心之一的关键问题,而能否成为国际航运中心之一又是上海能否成为一个龙头三个中心的关键"。这次市党代会上决定将深水港建设作为上海新一轮城市基础设施建设十大工程之首。上海深水港的建设在国家层面和上海市提到了从未有过的历史高度。

怀着一定要为上海建设深水港区的浓浓情怀,面对国家作出的重大战略决策和上海市将深水港建设列为城市基础设施建设之首的重大部署,作为在上海的一所国家甲级港口交通专业设计院,三航院面对这极其光荣的任务和义不容辞的职责,抱着要完成这项艰巨的历史重任"舍我其谁"的豪迈气概,抓住了难得的历史机遇,于1995年初在没有任何甲方委托的情况下组建起强大的设计队伍,在上海市领导的充分信任、关心和全力支持下,踏上了深水港的选址、规划与设计工作的漫漫征途。

二、洋山港区的设计历程

由于三航院设计者们在之前为上海宝山钢铁厂建设马迹山矿石中转港的过程中，数十次从芦潮港乘船去马迹山现场而途经大洋山岛客运码头停靠，从而对大、小洋山之间海域水深条件和良好的风浪掩护条件有了深刻的感观认识，因而我们在深水港选址工作一开始，首先将关注重点放在了大、小洋山区域。在同浦东五号沟、杭州湾、双衢山等几个港址进行初步比较的基础上，将港址重点放在了大、小洋山港址上，于当年的9月26日提出了“洋山港区初步规划设想方案”的首份设计报告，向时任副市长夏克强和市交通办公室等有关部门作了汇报，并于1995年12月底编制完成了《洋山港初步规划》设计文件，在文件中得出的主要结论是：①建设上海国际航运中心首先需要建设具有15米以上水深的深水港区，这是实现浦东开发开放的有力措施。②大、小洋山是距上海最近的具有建设15米以上深水港区和航道条件的合适港址，同上海连通可通过建跨海大桥来实现。

1996年5月，上海市成立了《上海国际航运中心上海地区领导小组办公室》(简称“国航办”)。从此，三航院在“国航办”的直接领导、组织与协调下，全面承担起了洋山深水港区的设计任务。该项任务其技术之复杂，任务之艰巨在国内、外港口建设史上是史无前例的。首先，大、小洋山远离陆地、岛礁众多且坐落无序，多方向汊道水流湍急，流速大，含沙量高，地质复杂，岩基标高与淤泥厚薄相差均悬殊；这片海域无气象站，无任何技术资料，纯粹是一片空白，全靠设计者零点起步。再者，由于地域的管辖权不属上海市，相关部门关注重点的差异等因素，给港区的设计论证，方案比选带来更严、更复杂的要求。

广大设计者将压力变成动力，在上海市委、市府领导的充分信任、支持下，抱着不辱使命的决心，顽强拼搏，主动放弃所有休息日，以只争朝夕的工作精神，通宵达旦工作。为搜集第一手资料，多次去现场踏勘，爬山头，钻山洞，涉浅滩，向当地渔民请教水文气象，泥砂变化，台风影响等情况，前后进行了数百平方公里不同比例尺的测量和5万米进尺的地质钻探，建水文观测站，开展数模、物模科学试验，请上海气象局、地震局、海洋局，南京科学研究院、天津海洋科学研究所、国家海洋局、国家环保局及众多权威单位参与研究当地气象、水文、地质、地震、泥沙与海床演变等基础资料，请船研所进行船舶进出靠离港电子模拟试验。在设计方案上更是抱着科学求实的态度和创造精品设计的目标，多方案比选，充分论证，精益求精，力求做到“百问不倒”，为了这一目标，在港址论证、港区规划和一期工程可行性研究每一个阶段都列出多项研究课题，由“国航办”委托国内权威机构开展专题研究；同时，每个设计阶段都是数十次邀请国内、外专家对我们提出的设计方案反复咨询，随之我们修改，补充完善设计。如 1999 年 3 月，向国家计委等部门上报的港址论证报告材料约 80 万字（包括主报告 3 份，附件 7 份，参数资料 5 份，专题报告 11 份和 13 份专题材料），其中三航院编写完成的含主报告在内 8 份约 50 万字。又如 2001 年 10 月向国家计委上报的《洋山深水港区一期工程可行性研究报告》，前后反反复复修订了 11 稿，最后上报的材料包括主报告、分报告各 1 份，图纸 2 册，专题报告 29 份，7 个多媒体材料和 47 块图板，发给专家的材料总重量达 1.8 吨。接着在 2001 年 12 月 5 日国家计委派中咨公司来上海召开《上海国际航运中心洋山港区一期工程可行性研究报告》评审会，会议邀请全国专家 74 名（其中工程院院士 9 人，设计大师 4 人），中央有关部委及江、浙、沪代表共 200 多人参加，会议分港口工程、大桥、航道、环境影响、综合经济及配套工程六个组进行专题审议，评审会经过大会汇报，分组讨论，质疑，答辩，历时 9 天，到 12 月 13 日终于获得顺利通过，这是对设计者六年多来工作成果的一次大考。对一个港口项目的工程可行性研究报告的评审会，参会人数之多，专家之众，会期之长，议题之广，在我国港口工程建设史上尚属首例。

由于这次评审会的顺利完成，迎来了 2002 年 3 月 13 日国务院第 56 次总理办公会议审议批准了洋山深水港区一期工程可行性研究报告和开工报告。然而，设计者前进的脚步一刻也没有停歇，评审会后立即投入一期工程的初步设计工作，且于 2002 年 5 月初设被审查通过。七年多的努力奋战换来了 2002 年 6 月 26 日洋山深水港区一期工程正式开工建设。我们在庆祝开工典礼的欢呼声中投入了日夜赶制施工图纸的设计，为了及时解决施工中出现的技术问题，节省掉从设计院去洋山现场的来回路程时间，2004 年年初三航院组织了五六十人(最多时达百人)的设计队伍搬至洋山港区现场进行现场设计和现场服务,2004 年 12 月又专门成立洋山工程设计所,二三十名设计人员在岛上常驻,到 2009 年底才部分撤回,留下部分设计人员继续四期工程前期工程建设的现场服务。在现场的设计任务仍十分繁重,各专业的设计者在夜以继日赶制一期工程施工图的同时,开展了二期工程的可行性研究设计,在二期工程可行性研究报告获得评审通过,进入初设阶段时,又同时进行着三期工程可行性研究的设计,还同时配合着施工,保证施工不受影响,就是这样没有间歇地忙碌着,有些设计者一两个月也不能回上海市区家中一次。不仅如此,在东海大桥建成通车前,岛上缺淡水,蔬菜,蚊虫多,生活条件较差,我们所有设计者同施工人员一样,不畏艰苦,勇于拼搏,充分体现了奉献精神,从开展洋山港区选址工作到一、二、三期工程设计,施工的十多年来在“国航办”的组织下,上海乃至全国相关的科研院校,管理部门,施工企业约 130 余家参与了该工程项目的研究,提交成果达 300 多项,在设计过程中,为了完善优化设计成果,先后邀请不同专业专家开展了 120 余次的咨询、评估会,近 5000 人次参加,洋山工程是大团结,大协作的成果;设计者面对极其复杂的建港条件和需要攻克的众多技术难题,抱着严谨求实,不断探索,锐意进取的科学态度,充分展示了设计者的创新精神,还表现了在任何困难情况下,在艰巨任务面前勇挑重担,不辱使命的担当精神,这就是被上海市委所肯定与表彰的“洋山精神”,即“不辱使命的负责精神、勇挑重担的拼搏精神、保持本色的奉献精神、求真务实的科学精神、团结协作的大局精神”。

三航院广大设计者是“洋山精神”的实践者,更是受教育者。多年来“洋山精神”始终鞭策着、激励着三航院的广大职工,促使他们不断进取;洋山工程又是三航院培养人才的课堂,通过这一史无前例的伟大工程,为三航院培养了众多的精英和骨干,其中有国家设计大师,上海市劳动模范,全国交通系统劳动模范和杰出青年,创新团队和先进集体等,为院各级管理部门和单位培养的人才达数十名,这是三航院不可估量的宝贵财富,该工程(含同上海市政设计院合作设计的东海大桥)所获得的国家级、部、省、市级优秀咨询成果、优秀设计、优秀勘察、优质工程等奖项近 20 项,洋山工程已成为三航院的被国内外公认的一块金字招牌。

三航院的设计者踏入洋山岛至今已过了 22 个年头了，承担洋山四期工程的设计者已经换了一代人。真是后浪推前浪，一代更比一代强，这批年轻的设计者在吸取一、二、三期设计经验的基础上，在我国要建成“创新型国家”的战略背景下，以我国快速发展的现代化港机和信息科学为基础，以世界领先水平为目标，经过三年的努力，在四期工程上设计了当今世界最大规模，更高效、节能、环保的全自动化集装箱港区，实现了船⇌场⇌车装卸作业全过程的智能化无人操作，今年一个含有 7 个 7 万～15 万吨级深水泊位码头全长 2350 米年吞吐能力达 650 万标准箱的特大现代化港区即将展现在世人面前！

三、洋山港区现已建成的总体规模

洋山港区是在浙江省嵊泗县崎岖列岛海域选址建设的，港区由大、小洋山两条岛链构成，南侧由以大洋山为代表的 26 个岛礁构成一条东西向的岛链，北侧以小洋山岛代表的 40 个岛礁构成一条偏东南西北向岛链，岛链总长约 15 公里，东口最窄处宽约 1 公里，平均水深在 20 米以上，其中最深点达 70 米；西口宽约 7 公里，平均水深约 10 米，两岛链之间形成近 60 平方公里的掩护条件较好的水域面积。在大、小洋山之间规划了可建 50 个大型深水泊位的南北两个港区，现已建成的是小洋山一侧的北港区，分阶段的建设规模与建成投产时间汇总如下。

1.小洋山港区建成集装箱泊位汇总表（表 1，图 2）

小洋山港建成集装箱泊位汇总表　　表 1

工程项目	建设泊位数（个）	泊位等级（万吨级）	码头岸线长度（米）	形成港区陆域面积（平方公里）	施工起讫年月	备　注
一期工程	5	7～10	1600	1.53	2002.6－2005.12	一、二、三期 2016 年实际完成集装箱吞吐量 1561.6 万标准箱
二期工程	4	7～10	1400	0.87	2004.7－2006.12	
三期工程	7	7～15	2600	5.9	2006.4－2008.11	
四期工程	7	7～15	2350	2.23	2014.12－2017.12	预计投产日
集装箱港区合计	23		7950	10.53		

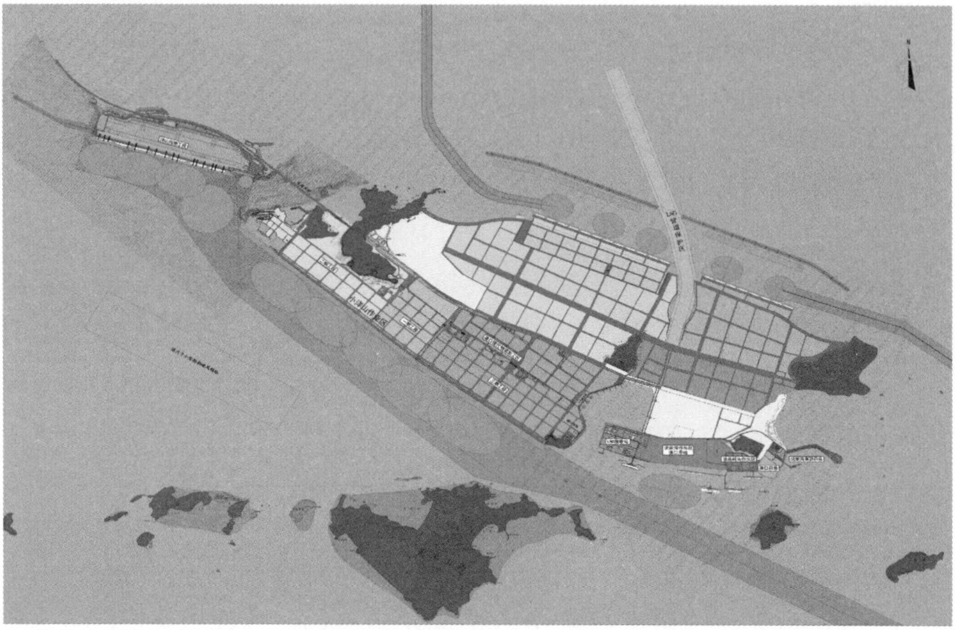

图 2　上海国际航运中心洋山深水港区总体布置图

2.同一期工程同步建成投入使用的东海大桥工程

从上海芦潮起至小洋山一侧西端的小乌龟岛，大桥全长 32.5 公里，桥宽 31.5 米，双向 6 车道，车速 80 公里/小时，设计寿命 100 年。共设置 4 处通航孔，其中包括 5000 吨级主通航孔一个，300×40 米（单孔双向）；1000 吨级副通航孔一个，100×25 米（双孔单向）；500 吨级副通航孔两个；芦潮港一侧56×17.5 米（双孔单向）、小乌龟岛侧 143.2×17.5 米（双孔单向）。

3.航道

航道分进出港东航道和西航道，东航道为大船进出航道，航道水深负 16.5 米，有效宽 650 米，为全天候进出港双航道，其中不足 16.5 米水深的航段仅约 9 公里，其最浅点负 12.1 米，通过开挖形成。其余航段均为自然水深，水深平均达 20 米以上，航道全长 34.71 公里。在大、小洋山之间的最窄口处，进港航道的南侧靠近大洋山岛的水域内有一个岩顶标高负 0.5 米的泥灰礁岩，为了确保国际远洋船舶进出港的安全，将该岩礁全部炸除，炸至水深负 18 米，炸礁量达 11.3 万立方米。西航道水深负 8 米以上，为供长江口来的小船与集装箱驳船进出的天然航道。

4.能源港区

作为集装箱港区的能源燃、油料供应的配套设施，在三期工程东侧相隔大、小岩礁与大指头岛的西门堂岛、中门堂岛处建设了能源港区，包括10万级油品泊位1个和5千吨级泊位2个，3个储油罐，1个LNG接收站，设计年吞吐能力300万吨，占用岸线长3500米，可储存成品油、燃料油的储罐106万立方米，同时建有一个可供小船停靠的港池。

5.其他辅助工程

为了连接四期工程后面的颗珠山与小洋山，建设了全长1575米的颗珠山大桥，桥梁标准同东海大桥，桥下不通行船舶。在小洋山岛南侧两端，即二期工程的西侧，建设了客运码头一座，在四期工程东侧建设工作船码头150米，在上海芦潮建设了多功能的芦潮辅助区，可供铁路集装箱换装，仓储以及危险品箱堆存等。

洋山港区一、二、三期集装箱码头建成投产以来，创造了船时效率850标准箱和单机装卸效率123标准箱的世界最高纪录，已接纳过可载箱21000+标准箱的超级集装箱巨轮，四期工程全面投产后全港区集装箱年吞吐能力可达2200万标准箱以上，是名符其实的世界第一大集装箱港区。

四、建设洋山深水港区的时代意义

洋山深水港区的建成直接改变了上海港从建港一个半多世纪以来没有15米以上深水码头的历史，它结束了我国中部地区和长江流域外贸远洋集装箱大量去境外釜山、神户、新加坡等港中转换装远洋大船的历史，避免了巨大的中转外汇损失；也终结了20世纪末东北亚地区各个国家竞争要建设成东北亚国际集装箱枢纽港的历史。现在上海港已成为无可争议的世界第一大港和国际集装箱运输枢纽港。

洋山深水港区的建成构成了上海国际航运中心最基本最重要的要素和组成部分，它的建成使将上海建成国际航运中心具备了最基本的条件。而把上海建成国际航运中心又是开发浦东，使其成为远东经济中心，带动开发长江流域的关键，上海国际航运中心的建成又是把上海建成国际经济中心，贸易中心和金融中心的保证条件。国际航运中心理所当然是国际物流中心,它的功能可以用一个派生链来描述,即:物流中心—资金流中心—金融中心—贸易中心—商业中心—生活中心—服务中心。由此可以拉动各个行业的发展,促使经济的快速增长,洋山深水港区的建成实现了我国革命先驱孙中山先生在一百多年前提出在杭州湾口海域建设东方大港之梦想,它就是镶嵌在上海东南海面上的一颗璀璨宝石,放射出的耀眼光芒被世人所瞩目。所以说它的建成具有伟大的现实意义和深远的历史意义。

五、结语与展望

洋山深水港区现以大能量、高效率、现代化展现在世人面前,是上海国际航运中心的中流砥柱。它所以成功,这其中三航院的设计者仅完成了其职责所在的一份责任,作出了一份义不容辞的贡献,这本来就是我们多年的夙愿。而贡献最大并且值得记住和感谢的是全国 130 余家科研、院校、单位、部门以及数百位参与的专家,正是由于他们的支持,指导和无私帮助,还有数十家企业施工者的精心施工和设备制作。它所以能成立更是由于国家计委,国务院有关部、委、局及相关省、市的全力支持和鼎力协助;更让设计者受教育,一直激励我们前进的是上海市领导的高瞻远瞩,选定洋山建深水港区的坚韧不拔的意志和坚持不懈的决心以及他们给予设计者的不断鼓励、支持与鞭策,还有他们亲自参与研究的科学态度和作风,洋山深水港区“十年磨一剑”终于获得成功!

大小洋山两条岛链就像一个张开双臂的巨人欢迎着为它“着装”的人们,小洋山一侧虽然已建起了一座宏伟的深水港区,但它还有许多项目需要完善、充填和已填陆域岸线的开发利用,大洋山一侧的深水岸线尚未开发,开发建设大、小洋山的任务并没有全部完成。任重道远,三航院的年轻设计者们需继续努力,我们相信,再过若干年,一个更加雄伟,多功能,综合性的现代化大港及相关产业定会屹立在崎岖列岛这片美丽的海域上!让三航院的设计者们朝着这个更加宏伟目标继续奋斗!

(作者为原副院长、退休)

洋山一期工程初步设计的125个日夜

总工办　浦伟庆

上海国际航运中心洋山深水港区自2002年1月16日起全面实施一期工程初步设计,2002年6月26日一期工程开工建设至2017年年末洋山四期建成,历时15年的建设周期,宣告洋山深水港区(小洋山北侧)的建设完成了预期目标,展示在世人面前的是当今世界筑港技术最具挑战性、雄伟的超大型现代化集装箱港区,这是世界筑港史上举世无双、史无前例的伟大创举。它的成功建成,再次证明了在中国共产党的正确英明领导下,任何困难都阻挡不了中华民族前进的步伐。回顾一期工程初步设计的经历,作为每一个参与者一定都是心潮澎湃、思绪万千的。一期工程初步设计是在全公司上下共同努力,克服了重重困难的情况下,高质量地完成的,为洋山工程的后续各项工作奠定了坚实的基础。回顾一期初步设计的经历,这125个日日夜夜记载了三航院人顽强拼搏、齐心协力、勇于担当、锐意进取的精神。

一、一期工程初步设计所面临的主要问题

首先面临的问题是设计进度问题。2001年12月5日—13日,中国国际工程咨询公司受国家计委委托,在上海召开了《上海国际航运中心洋山深水港区一期工程可行性研究报告》专家评估会,出席会议的有74位专家以及国家计委、交通部、国家环保总局、国家海洋局等中央部委和浙江省、江苏省、上海市的代表50余人,加之相关单位共有200余人参加了工可评审会议。评估会分为港口工程、航道工程、大桥工程、船舶安全通航与靠泊、市政配套与环境保护、运量预测、投资估算、融资方案与经济评价、风险分析等9个专题组,对工可报告进行了全面深入的讨论,形成了专家组意见和中咨公司的评估报告,这次会议是对整个历时近6年前期研究工作成果的大检验,标志着一期工程可行性研究阶段完成了关键的审查评估阶段。值此,根据

新组建的上海市洋山深水港建设总指挥部的要求,要以只争朝夕的工作干劲,抓紧组织初步设计的相关工作,要求在2002年5月下旬完成初步设计并通过初步设计审查,2002年6月下旬确保一期工程开工。这既是一项普通重大工程的设计任务,更是一项十分艰巨的政治任务,因为前期研究工作为解决方方面面的问题,已历经了6年,洋山深水港的建设作为国家战略参与国际航运中心的竞争以及上海港集装箱吞吐量飞速发展的现实出发,必须早日开工建设,并以最高的效率,最优的质量建成投产,因此时间是很关键的。可当时又遇一期工程工可设计阶段的主要负责人都相继调往指挥部,本人也就是在当年的1月16日接受了洋山一期工程设计总负责人一职任命的,整个初步设计从2002年的1月16日开始组建设计班子到当年的5月20日提交初步设计文件,一共是125天。

面临的第二个问题是:如何在这么短的时间内,完成如此繁重的工作量。尽管在一期工程的前期研究工作中,做了大量的技术研究工作,但是这些工作都是宏观层面的,是从工程本身的"可行性"方面定性的进行技术论证,而初步设计阶段的工作,要考虑技术方案的可操作性,即所谓的"技术阶段"设计。其中主要的关键技术工作有:一期工程的具体位置如何确定、大桥的进线位置如何确定(即所谓的南线进,还是北线进)、深水围堤结构方案如何确定、大面积陆域形成地基加固方案如何选择,一期工程总平面布置及一期总平面布置与后续工程的衔接、高回填土情况下的接岸结构和码头结构方案的优化、码头结构的防腐、工作船基地一步到位的施工图设计等技术问题,每项工作其实都是一项技术难度相当大的专项设计,其工作量可想而知。

第三个问题是:我院作为港口工程主体设计单位,需要与相关设计参与单位、科研单位进行大量的横向协调工作,要与新组建的洋山工程建设总指挥部和港口分指挥部进行工作上的磨合适应过程。当然,在工程进度上容不得有更多的时间允许磨合,必须尽快适应总指挥部和港口分指挥部的工作和行事特点,使我院的设计工作符合其要求。

最后就是来自承受着重大技术方面的压力问题。这种压力是来自方方面面的,三航院如何提交一期工程初步设计的技术方案?作为上海国际航运中心集装箱深水枢纽港,洋山深水港区一期工程的建设首先要贯彻高起点、高水平、高质量的“三高”原则，同时结合港址的自然特性，做到三个“有利于”，即有利于规避风险，有利于发挥整体效益，有利于施工。一期工程的技术方案不仅仅要能保障一期工程的顺利建设，更重要的是要为洋山的后续工程提供可复制的具有推广意义的技术方案，最终达到推动整个洋山工程建设的示港效应。

二、一期工程初步设计的主要过程

自 2002 年 1 月 16 日开始组建设计工作领导班子和设计团队起，直到 2002 年 5 月 20 日提交《一期工程初步设计文件》，在院领导的直接关心和主持下，整个设计团队可以说是不分节假日、不分白天与黑夜，夜以继日地工作，呈现了许许多多感人的事例：我们有的同志父亲手术住院，关键几天陪夜还带着工作到医院，白天仍然返回工作岗位，参加相关会议；有的同志带病工作，一声不吭；还有的同志孩子小，身体欠佳，也无法顾及家庭，自己设法克服困难。大部分同志这期间节假日几乎一天都没有休息，整个团队不分男女老少，无论是什么角色，都是夜以继日，废寝忘食地工作，大家就一种信念：带着一种使命感，全身心地投入到紧张的设计工作之中。

这期间，为了提高我院的设计水平，开拓思路，吸收国际上先进的设计理念和方法，我院邀请了国际知名的设计咨询公司参与部分内容的概念设计工作；邀请方方面面的知名专家、学者，对码头结构、陆域形成地基加固、港区高架桥、围堤、导流堤、开山等重要工程项目进行咨询，广泛听取意见。对重大技术问题，分别做了专项设计，分阶段、分层次应对由指挥部组织的专家评审会。在一期工程初步设计的过程中，我院先后编制了港区总平面布置及工艺、码头结构、陆域形成和地基加固、围堤等工程项目 10 多项《专项设计报告》，同时请相关科研单位作了《导流堤断面物理模型试验研究报告》等 7 份研究报告，参加由指挥部组织的各类专项设计评审会多达 22 次。一期工程初步设计的工作量、文件质量均创造了当时我院任何一项工程初步设计的记录，受到指挥部的认可。2002 年 5 月 26 日—29 日，上海市会同交通部在上海召开一期工程初步设计审查会，国家计委、交通部、国家海关总署、浙江省计委及相关部门、东海舰队司令部、上海市计委、建委等有关部门、单位参加会议。由我院提交的《一期工程初步设计文件》顺利通过初设审查。

三、一期工程初步设计顺利完成的重大意义

一期工程初步设计在如此之短的时间内能高质量地顺利完成，如期在2002年5月下旬提交交通部和上海市的联合审查，其意义是十分重要的。首先是赢得了宝贵的时间，体现了“上海速度”：国务院于2002年3月13日第56次总理办公会议上审议批准了一期工程可行性研究报告，同时批准了项目开工报告，这就标志着历时近6年的前期论证工作顺利完成，上海国际航运中心洋山深水港区工程进入实质性建设阶段。在上海市洋山深水港总指挥部的正确部署下，我院从2002年1月16日起着手一期工程初步设计的各项工作是完全抓住了时间，体现了只争朝夕的拼搏精神，为一期工程在同年6月26日如期开工奠定了坚实的基础。第二，一期工程在初步设计阶段抓住了关键技术问题的解决：总平面布置既满足了一期工程建设的需求，更是为后续工程的衔接做了大量的铺垫工作，一期总平面布置的意义远大于本身一期工程，功在后续工程上；深水筑堤、码头结构、陆域形成及软基处理等关键技术问题的解决为后续工程提供了可复制的经验，保障了洋山后续工程的顺利建设。第三，我院再次赢得了上海市及洋山深水港总指挥部的信任，为洋山后续工程稳固主体设计单位的地位作出了应有的贡献。第四，通过一期工程初步设计阶段的顽强拼搏，逐步形成了坚韧不拔的洋山精神，即“不辱使命的负责精神、勇挑重担的拼搏精神、保持本色的奉献精神、求真务实的科学精神、团结协作的大局精神”。更为重要的是，“严谨扎实的工作作风、锐意进取的拼搏精神”深入每位参与者之内心。我们的团队从一期工程起，就是带着一种责任和使命参与到洋山工程设计之中去的，因为我们所从事的是国家战略的重大工程。

洋山深水港工程，历经6年的前期论证，15年的建设期，即将画上圆满的句号。21年来，三航院历经了洋山工程的磨炼，从起初的参与前期研究工作，便遭遇来自多方面的质疑，到项目立项，获当时的国家计委批准一期工程开工建设，又遇到了许多高难度的可操作性技术问题的解决，从项目宏观层面的可行性到具体的实施操作层面是一个何等艰难的跨越，有多少人从不同的角度看着我们三航院，拭目以待。三航院人就是靠着这一国家战略工程，培养和造就了一大批企业精英，形成了“勇于迎接挑战、善于打硬仗”

顽强拼搏的企业精神。这种一往无前的勇者精神必将激励我们在新的形势下,为企业的发展生存、为企业更好的明天而更加奋发有为,因为我们有三航院人的一股“韧劲”,敢于碰硬。我们坚信在公司领导班子的正确领导下,我们三航院人将在新时期谱写更为美丽的企业蓝图,为国家创造新的贡献,明天将更美好!

(作者为公司常务副总工、原洋山一期工程设计总负责人)

扎根洋山岛，服务洋山港

人力资源部　方君华

建设上海国际航运中心是党中央、国务院的重大战略决策，而其核心就是建设洋山深水港区工程。洋山港工程是当今世界上最大的外海离岸超大型专业化集装箱港口开发项目，是竞争东北亚国际航运中心的关键所在。作为总体设计院，为了确保在2005年底“港开、桥通、城用”建设目标的实现，更好地配合洋山港建设做好现场服务，公司在原来设立了洋山工程项目部的基础上，于2004年12月3日在岛上正式挂牌成立“洋山工程设计所”（图1）。为一个工程专门成立一个设计所，在三航院的历史上绝无仅有，在国内同行中也鲜有耳闻。事实证明，这是三航院历史画卷上浓墨重彩的一笔。一晃快13年过去了，洋山深水港区即将全面建成之际，作为洋山所曾经的一员，回想自己参与洋山工程的9年中曾经做过的事，走过的路，遇到过的人，难免有许多感触，同时也为自己能深度参与洋山深水港区的建设而感到幸运和自豪。

图1　洋山所在岛上挂牌成立（2004.12.3）

我最开始接触洋山工程，是在1996年上海市邀请国际知名专家进行上海国际航运中心选址咨询时，当时我作为一名懂专业技术的翻译人员，受公司委派协助完成国际咨询工作。我真正从事洋山工程的设计，是从2002年11月2日作为洋山二期工程水工专业负责人开始的。当时接到这个任务，对于自己能参与这样伟大的工程，感到非常幸运，同时也感到沉甸甸的使命感。近段时间翻看当年的工作笔记，依然能感受到扑面而来的那份责任感和对待每一个数据精益求精的态度，耳边回响最多的是陈洪钧主任工程师对我们技术论证的严格要求，眼前浮现最多的是洋山所全体职工在小洋山岛上日夜忙碌的画面。

一、勇挑重担，甘于无私奉献

洋山所成立之初，共有职工16名，均为从各个专业抽调的精兵强将，其中有9位共产党员。我从设计一所党总支副书记，一名普通的专业技术人员，直接提拔为洋山所党支部书记兼副所长，除了感谢组织的信任，当时考虑更多的是如何与所长一起带领团队出色地完成艰巨的任务。

洋山所职工长年累月工作在洋山岛，学习在洋山岛，生活在洋山岛，以岛为家，长期办公室和宿舍两点一线的岛上生活，难免单调枯燥产生各种困难。我与所长重视关心职工的思想动态，主动消除大家的后顾之忧。有员工家属患重病，所领导多次去医院探视；多位青年职工因工作需要，在孩子呱呱落地时仍坚守在海岛，所领导立即送职工或代为去医院探望等。公司副总工程师、洋山所副所长兼总工黄明毅为了工程建设，夫人身患重病几次手术，他都不能陪伴左右；孩子年幼上学，只能靠年近八旬的岳父接送。洋山所成立至2011年，共有8名职工成为父亲，8人中有5人坚持到孩子出生前一天才赶回上海，有一人更是坚持到孩子出生当天才赶回上海，生动地演绎了“洋山精神”和“三航院精神”。对于性格形成期的孩子，四五年里大部分时间没有爸爸在身边，足以影响他们一辈子，但洋山所的年轻爸爸们都坚持下来了。所领导还经常开展与职工的谈心活动，鼓励大家将个人的发展融于宏伟的洋山工程之中。洋山所的全体职工白天深入施工第一线，现场指导施工（图2），晚上进行工程设计、绘制图纸，或与业主和施工单位共同召开会议解决问题，常常要工作至深夜（图3）。他们舍小家顾大家，多年如一日无私奉献、艰苦奋战在洋山岛之上,把全部的精力和心血奉献给了洋山深水港工程,忠实地履行着公司"扎根洋山岛,服务洋山港"的庄严承诺,为公司顺利完成洋山北港区主体工程的任务做出了重大贡献。他们所体现出的严谨踏实的工作作风和出色的业绩得到了深水港指挥部和其他各参建单位的一致肯定和高度评价。

图 2　白天现场服务

图 3　晚上挑灯夜战

二、扎根洋山,不辱历史使命

洋山所职工常驻岛上,起初主要承担现场服务工作,同时协调好公司本部设计和现场的配合工作,及时准确地传达洋山建港指挥部的意见和要求。在相当一段时间内,所长几乎每天早晨召集主持工前例会,深入了解现场的各项问题,逐一制定解决方案或协调措施。在公司本部设计所的积极配合下,经过半年多的艰苦努力,终于配合好指挥部顺利渡过了洋山一期工程现场建设的高峰,为一期工程顺利建成投产作出了贡献。洋山工程的建设是连续不断的,港区建设高潮迭起,对建设大军而言,始终处于高压状态。为了更好地完成指挥部交付的各项任务，2005 年下半年，公司领导审时度势，及时对洋山所进行了队伍扩充，增加了 10 多名技术骨干，使洋山所人员达到近 30 人，其中年轻人占 70%左右。洋山所的职责从以现场服务为主，变为完成主体工程现场设计和现场服务并重。

面对更加繁重的任务，所受的巨大压力只有洋山所职工自身最清楚。全体职工知难而上，斗志更加昂扬，大家以三航院作为坚强后盾，在工程设计和现场服务中，立足于工程全局，兼顾公司利益，换位思考，以诚待人，认真对待指挥部及有关单位提出的每一个建议，抓好设计图纸的优化，尽量为加快工程进度创造条件。在公司领导的坚强指挥和公司本部设计所与各个单位、部门的全力配合下，经过洋山所全体职工的共同努力，确保了我公司洋山二期、三期工程的设计工作和现场服务工作能够优质高效完成。洋山所不仅赢得了指挥部和其他参建单位的好评，还在社会上引起了巨大反响。每次在洋山接待国外的同行，总能听到他们对洋山深水港的建设速度感到不可思议的惊叹，有时我会跟他们解释我们的决策机制、设计理念、先进装备、科学统筹，补充说明洋山建设者精神的力量，同时告诉他们洋山岛上常驻着中交三航院派遣的一支 30 多人的设计师队伍。也正由于洋山所职工在工作中既坚持原则又不失灵活，与各参建单位都保持了较为密切的良好合作关系，我公司与指挥部的关系也越发融洽，同时洋山所的业务范围也逐步拓展到小洋山北侧陆域和大洋山。不光港口公司，同盛集团旗下所有其他子公司都与洋山所有业务关系，所到之处，洋山所获得了业主们的一致好评。由于洋山工程的“品牌效应”，公司在行业内外的影响力以及在国际上的知名度也得到了极大提升。中交股份 2006 年在人民大会堂庆祝上市成功，两幅背景之一就是气势磅礴的洋山工程照片。洋山工程今后仍将作为公司乃至中交集团的闪亮名片，持续为公司及集团的业务开拓添砖加瓦(图 4~图 8)。

图 4　施工中的洋山二期工程(2005.4.1)

图 5　公司专家到岛上指导设计

图 6　认真对待指挥部每一个建议

图 7　二期竣工投产洋山所合影(2006.12.10)

图 8　全程英语向德国同行介绍洋山工程(2008.9.6)

2008 年 12 月 6 日下午,上海国际航运中心洋山深水港区北港区主体工程全面建成庆典活动在洋山深水港区三期二阶段 202 堆场隆重举行。洋山三期二阶段工程竣工投产，标志着洋山北港区主体工程基本建成。洋山所不畏艰难，求真务实，不辱使命（图9、图10），为我国这一水运建设事业具有里程碑意义的标志性工程作出了突出贡献。洋山所连续四年荣获“市立功竞赛优秀集体”称号，在2007年还获得“市立功竞赛优秀创新团队”称号，2008年获中交集团品牌团队。所长王大刚等12位同志分别荣获上海市劳动模范、全国交通系统青年岗位能手、上海市新长征突击手、上海市实事立功竞赛“杰出人物”、上海市实事立功竞赛“建设功臣”、上海市实事立功竞赛“记功个人”、中交股份“品牌员工”、中交股份首届科技先进个人、公司首届“十大科技精英”、公司首届“十大青年科技英才”等荣誉称号。

图9　北港区主体工程全面建成洋山所合影（2008.12.6）

图10　三航院洋山基地前洋山所合影（2008.12.26）

三、勇于创新，取得丰硕科技成果

洋山工程规模大、难度高、建设周期短，建港条件复杂，这为我公司技术创新提供了巨大舞台。洋山所参加上海市科委资助项目“高填土斜顶板桩墙承台驳岸结构技术研究与应用”和“密排钢管桩挡土墙结构负摩擦研究及应用”两个课题研究，并应用课题研究成果，优化洋山三期工程的斜顶桩板桩承台结构设计，加快了三期工程的建设进度，并在三期工程陆域形成设计中应用“分期成陆、流水作业”的思路，为原计划 2010 年年底完成的三期工程提前到 2008 年年底投产奠定了基础。《高填土斜顶板桩墙承台驳岸结构技术研究与应用》获中国港口科技进步奖二等奖。2007 年 9 月，《高回填软土地基中桩基负摩擦力研究》论文在第四届亚太海岸工程国际会议发布，引起了国际同行的关注。大直径（Φ1.9m）斜桩嵌岩技术、高回填斜坡堤地基处理优化、提高 A150 钢轨焊接合格率、提高大含泥量粉细砂振冲密实性、码头现浇面层裂缝的控制等 QC 和“四新”成果的成功应用，不仅为我国港口建设技术的进一步发展进行了很好的技术储备，也为洋山工程的建设带来了显著的经济效益和社会效益。洋山深水港区一、二、三期工程分别获得国家优秀设计银奖、国家优秀设计金奖、国家科技进步奖、国家优质工程奖、詹天佑奖、国家优秀咨询一等奖等多项奖项，取得设计技术专利 10 余项。

四、岗位练兵，培育高素质人才

洋山工程技术难度大，专家会多。洋山所是一支以年轻人为主的团队，成立之初，所长仅 34 岁，我也仅 33 岁。在工程设计和现场服务中，我们大胆使用年轻技术人员，从项目管理到各专业负责人均由 30 多岁的专业技术人员担任，给他们压重担，让他们挑大梁，从提出设计理念、参与一线设计、提供现场服务到项目汇报交流都让青年技术人员走向前台，积极实践和培养“在实践中钻研技术、在实践中解决困难”的工作作风，有效地促进了专业技术队伍整体素质的不断提升。所领导不仅和专业技术人员经常一起讨论设计施工中遇到的问题和难题，群策群力寻求解决方法（图 11），还注重利用晚上休息时间在技术专题和汇报技巧等方面进行业务培训。经过几年直接面对业主、监理、施工单位和全国专家的磨炼，洋山所越来越多的年轻设计师在现场设计和服务中积累了丰富的工程实践经验，综合素质得到大幅提高，大部分设计人员回到公司本部设计所后都迅速成长为技术和基层管理骨干，部分成长为公司中层干部甚至公司领导。

图 11　群策群力，岗位练兵

在艰苦的洋山现场，洋山所职工不仅在专业技术上得到了迅速提高，政治上也积极要求上进。4 名骨干先后以他们的实际行动通过了组织考验，在洋山光荣加入中国共产党。

五、以人为本，丰富团队文化

洋山工程为愿意干事业的人提供了舞台，所党政班子围绕“出形象、出成果、出精神、出人才”的要求，坚持以人为本，注重保持团结和谐的集体氛围，积极营造健康向上的工作和生活环境。所领导重视职工生活条件，对食堂和后勤提出高要求，夏季要求提供冰镇防暑食品，每天下午准时送到办公室，职工高兴之余，让其他参建单位羡慕不已。所领导鼓励职工参与文体活动，篮球队和乒乓队的训练得到大力支持，篮球队由于训练有素，两次在公司比赛中得到冠军。每次过年及职工生孩子，所领导和所工会干部都会前去探望家访。这些生活中不经意的点点滴滴，使职工们无形中感受到了集体的温暖。

2004 年年底至 2008 年年底，洋山所职工扎根于洋山现场，绝大部分生活和工作时间都是在岛上度过，职工家属长期以来承担起了家庭的大部分责任，可以说是洋山所的幕后功臣。为了感谢职工家属长期来对洋山所工作的理解、支持和付出，同时让职工家属深入了解洋山所职工的工作和生活环境，洋山所借 2009 年 7 月 22 日日全食的契机，举办了“职工家属游洋山观日食”活动，通过参观，家属们纷纷表示对这项宏伟工程有了亲身体会，对自己亲人的事业会更加理解和支持。此次洋山之行，职工们增进了相互了解，加深了友谊，整个活动获得了圆满的成功(图 12)。

图 12　职工家属游洋山观日食(2009.7.22)

六、缩小编制，继续服务洋山

随着洋山北港区主体工程的全面建成投产，同时受 2008 年国际经济危机等多重因素的影响，洋山港的建设节奏放缓，洋山所部分职工陆续撤回公司本部，留下少部分人继续坚守洋山阵地，做好洋山四期工程前期工程的设计和现场服务以及洋山周边地区的经营工作。而回到公司本部设计所的大部分设计人员，在从事其他工程设计的同时，仍继续从事着洋山工程的设计和现场服务。2011 年，随着洋山四期工程前期工程的基本建成，洋山所人员进一步缩编。我也在 2011 年 9 月 2 日调回公司人力资源部，离开了坚守近七年的洋山所岗位(图 13)。2012 年至 2017 年，洋山所紧密依靠综合所，继续在全公司大力支持下服务于洋山四期工程，打造全球最大的全自动化集装箱码头。在人力资源部的每一年，我仍时刻关注着洋山港的消息，尤其是洋山四期工程的进展。每年的新员工培训，我都会安排洋山港的专题介绍，培训的最后一天，我也总是会亲自带着新员工去参观我们引以为豪的洋山港(图 14)。而参观洋山港的新员工们,也都无一例外地为洋山港的雄伟壮丽所震撼,同时为成为洋山港总体设计院的一员感到无比自豪。

图 13　与拆除前的三航院洋山基地合影(2011.6.3)

图 14　带公司新员工参观洋山港(2016.7.22)

洋山深水港区全面建成在即，公司全体员工翘首以盼洋山四期全自动化集装箱码头的建成投产并为洋山港带来亮丽的成绩。今天我公司在洋山取得的工作成绩，是全公司干部职工集体努力的成果，凝聚了几代三航院人的心血，也再一次证明了当年公司领导决策成立洋山所的正确性。回顾13年来洋山所走过的每一段路程，无不渗透着全公司广大干部职工的殷殷关切和大力支持。作为三航院派驻在洋山现场的"前哨部队"，洋山所全体干部职工时时刻刻都能感觉到自己的背后是整个设计院，洋山所取得的任何成绩都是我公司每一个洋山工程参与者共同努力的结果。

附件：

先后在洋山工程设计所工作过的职工名单

序　　号	姓　　名	序　　号	姓　　名
1	王大刚	20	金明华
2	方君华	21	杨金锋
3	黄明毅	22	于传见
4	刘家才	23	张　健
5	高志伟	24	袁晓伟
6	张　峰	25	王晓晖
7	刘广红	26	韩时捷
8	沈耀东	27	李　敏
9	佘沪杰	28	王　湧
10	钱明山	29	杨恩铭
11	蒋熙惠	30	张荣娣
12	杨旭东	31	周小燕
13	蒋腊梅	32	蔡波妮
14	李守龙	33	顾祥奎
15	孔繁俊	34	赵　卿
16	徐国良	35	刘胜峰
17	许　奇	36	刘丽娜
18	孙　伟	37	陈振宁
19	许增会	38	范　晔

（作者为公司人力资源部．党委组织部部长，洋山所原党支部书记、副所长）

“回”岛上[1]

洋山所　黄明毅

回家,对每一个普通人来说,是常常挂在嘴边的话。上学结束回家,下班后回家,出差任务完成回家,那是一个多么幸福和温馨的字语。而在三航设计院洋山工程设计所,大家习惯的却是这样一句话:“回岛上”。

洋山岛原是远离大陆的孤岛,上海国际航运中心洋山深水港区就建于此地,洋山工程设计所是三航设计院派驻工程现场的一支设计队伍。他们不同于一般的上班族,每星期一上午上岛,星期五下午回院。在这期间,由于工作需要设计人员经常需要在上海市区开会或联系工作,工作结束后有时都已经很晚了,其他的人一般都回家了,洋山所的同志却说:“我们回岛上”。

“回岛上”,不是我们不想回家,我们都有一个幸福的家。家里的亲人在期盼着我们多回家看看。但是洋山工程的任务太繁重了,我们需要的正是最宝贵的时间。

“回岛上”,不是我们不想回家,我们在岛上也有一个家。那是我们充满友爱、团结与和谐的大家,我们能从中汲取到克服一切困难的勇气和不断前进的强大动力。

“回岛上”,不是我们不想回家,而是我们以岛为家。我们深知肩负的责任,那里是我们的岗位、是我们的使命,我们不能有丝毫的松懈。

“回岛上”,这再简短不过的一句话,却正是我们对洋山精神最朴素的演绎,是我们对三航院企业精神最生动的诠释。

以岛为家的精神给我们带来了丰厚的回报:

我院完成了洋山深水港区的选址规划论证工作,首次提出了在远离大

[1]此文是2008年9月我与时任洋山工程设计所王大刚所长一起写的,今天再一次提交,以纪念王大刚同志。

陆的外海、依托外海岛礁地形、在强潮流、高含砂海域建设大型集装箱港区的科学论断。

我院完成了港区的布局规划，提出了科学的港口总体布局技术方案。

我院完成了洋山深水港区各期工程的立项咨询论证、初步设计、施工图设计以及现场服务工作，确保了洋山深水港区快速顺利建设，港区高效运行。

作者（左一）与时任洋山工程设计所所长王大刚（左二）、党支部书记方君华（右一）合影

我院首次采用斜顶桩板桩承台接岸结构新型式、大直径砂桩加固技术、大直径钢管桩结构、大直径嵌岩桩码头结构、无填料粉细砂振冲地基加固、袋装砂堤心深水围堤、深水倒滤层结构、双40英尺岸桥工艺等多项新技术，解决了诸多技术难题，为我国港口工程的技术进步做出了卓越的贡献。

"回岛上"，我们将继续努力，规划设计好洋山西港区工程，为早日圆满完成上海国际航运中心建设再立新功！

（作者为公司副总工、洋山所副所长兼总工）

回荡在洋山港上空的"勘探队之歌"

勘察公司　成利民

2017年年底，全球规模最大、最先进的全自动化码头洋山深水港区四期工程将胜利建成，这标志着上海港的集装箱吞吐能力将得到进一步提升。同时，以港口"智能装卸"和"无人码头"为代表，必将推动上海港实现"质"的飞跃。笔者作为上海国际航运中心的核心工程——洋山深水港区工程建设勘察设计主体单位的一位员工，22年来有幸参与了洋山深水港区勘察工作全过程：从前期论证到开工建设、从一期工程直至目前即将建成的四期工程，倍感自豪，也感慨万千。在洋山深水港区（一期~四期）即将全面建成之时，耳旁又响起了那首让全中国勘察工作者热血沸腾、豪情满怀的"勘探队之歌"，那熟悉的旋律、催人奋进的歌词，穿越时空，历久弥新，铭记了三航院勘察人在洋山港建设工地这22年的火红青春和奋斗历程，唱响了他们的青春和成长融入洋山港工程建设事业与生命的旋律——那就是洋山港工程建设中的"勘探队之歌"。

"是那山谷的风，吹动了我们的红旗……是那天上的星，为我们点燃了明灯……是那条条的河，汇成了波涛大海……"这首由佟正贤作词、晓河作曲的"勘探队之歌"，唱出了新中国地质勘察工作者的豪情，更表达了地质勘察工作者一种勇往直前、不断登攀的强大精神。现在我们就循着这些催人奋进的主旋律，走进洋山港工程建设中三航院勘察人那平凡而又光荣的勘察历程。

一、前期论证，开路先锋

20世纪90年代，上海港口贸易量发展迅速，但是也遇到了瓶颈，主要是黄浦江内码头岸线已经用完，没有深水泊位，长江口进港航道水深太浅，远不能适应集装箱船舶大型化发展的要求，跳出黄浦江，越过长江口，到大海建深水港已成为时代发展的需要。

上海港初步具备成为国际集装箱枢纽港的条件和基础,关键是缺少深水港。因此深水港的选址问题迫在眉睫,由于大、小洋山所处天然的深水条件,很快被纳入备选范围。

1992 年 10 月党的“十四大”提出把上海建成“一个龙头、三个中心”的重大战略。决策后,中央领导多次提出要加快上海国际航运中心建设。1995 年 8 月、9 月上海市委、市政府主要领导多次就上海国际航运中心深水枢纽港港址进行调研和实地考察。1996 年 9 月,根据国务院要求,上海委托十多家中央在沪及上海市的科研、设计、勘察单位,对港址进行论证,开始了艰苦的前期论证工作。我们三航院也开始了洋山港工程建设的宏伟事业。

洋山港的前期论证工作,涉及近百项专题的论证研究报告,三航院关于勘察的专题研究论证工作,主要涉及水文气象、海岛地形测量、海域水下地形测量、地质勘探、工程物探及工程地质调查等 7 个前期论证专题工作。

现在从上海市区前往洋山港,方便又快捷,出市区后进入外环高速、转入 S2 高速到芦潮港,马上进入东海大桥,再行驶 32.5 公里,就能到达洋山港区,全程用时不会超过 2 小时。然而,20 世纪 90 年代,从上海市区出发到大、小洋山,既无 S2 高速,更没有东海大桥,先要坐 2 个多小时的车到芦潮港,然后从芦潮港上船,在海上颠簸大半天才能到达大、小洋山。那时候来往大、小洋山岛和芦潮港之间的客轮叫“蓝天”号,乘客大部分是大、小洋山岛的居民,进入 21 世纪以后改为“有才”号往返于大、小洋山和芦潮港,船舶设施和运送能力大为改善,但在 S2 高速和东海大桥建成通车以前,进出场时间没有根本改变。这也是我们在前期勘察专题论证工作遇到的第一个不利条件。

既然是勘察专题的前期论证,那就意味着由我们承担的这 7 个专题工作,都要就从头开始、从零开始。对我们来说,新港址备选区域,其实测的流速流向、泥砂含量、温度盐度、波浪潮汐特征等水文资料、海岛地形地貌特征、海域水下地形特征、海岛地质构造、地层资料等,均要通过我们的勘察手段首次获取,而这又谈何容易!工程建设,先勘察、后设计、再施工,勘察作为基础，就是工程建设的先行者！而作为新港址前期论证阶段，勘察工作者更是开路先锋，他们面对的是陌生的环境、未知的海况、荒凉的地貌、变幻莫测的海岛气候等一个又一个的恶劣自然条件。至今还能记得我们提交的第一份测绘报告的艰辛历程。

1995 年 12 月 22 日，勘察公司测绘部门接到指令，前往大、小洋山承担首次海上测绘任务。大、小洋山属于崎岖列岛区域，属于远离大陆 30 公里以外的外海孤岛，除了住人的大、小洋山岛之外，还有一系列的无人岛屿，较大的如马鞍山、薄刀咀、沈家湾、中西门堂、大岸礁、大指头、镬盖塘、将军帽、颗珠山、大小乌龟岛等，有很多岛屿几十年都没人上去过了，岛边礁石突兀，岛上荆棘密布，无处插脚。从控制测量到海上高程传递，以及水深测量，航道选址，西从唐脑山以西，东到小衢山以东，东西约 30 公里，南北约 10 公里，测绘作业条件极为艰苦。为安全起见，测绘工作组聘请了当地一名交通船老大兼向导。他很有经验，每一个岛屿，只要在测量范围内，他都一一带测量人员上去；潮涨潮落，礁石出没，他都一一给予指明，有了他，测量工作安全了许多。但即使如此，仍不时有测量人员被荆棘划伤，或者在崎岖山路上走着走着腿脚被扭伤。

选址工作的重点是水深测量。为了早日完成外业工作，测量人员起早摸黑，经常是早晨 6 起床，冬天的傍晚，天黑得也早，一般 5 点多夜色就慢慢地合拢了。回到旅馆，天总是墨黑了，“披星戴月”这个成语，用在这些可爱的测量人员身上是再贴切不过了！给他们留下深刻印象的是，这年的冬天，下雪了。那天早晨天阴得厉害，早上电台天气预报说过有时有雪。为安全起见，测量负责人决定提早返航，船一路往回开，雪就飘飘扬扬开始下了。

1996 年 1 月 24 日，在全体测绘人员的努力下，新港址选址测量终于完成了。这也是真正意义上的有关上海国际航运中心洋山深水港的第一份测绘报告、第一套测量图。

真是有了这些可爱的三航院勘察人，才有了新港址论证阶段的第一份测绘报告、第一份岩土报告、第一份水文测验报告、第一份波浪观测报告、第一份地质调查报告……

二、开工建设,任重道远

2002 年 5 月,洋山深水港区一期工程初步设计获得审查批准;国务院审议通过洋山深水港区一期工程新开工报告。2002 年 6 月 26 日,洋山深水港工程正式开工建设,深水港一期工程在东海大桥打下第一根桩。

实际上,选择在小洋山哪个位置实施一期工程建设,也颇费了一番周折。2001 年上半年,我们完成的一期工程可行性阶段勘察成果的三个方案中,其中的方案一和方案二位置均布置在小洋山岛本岛南面,由于整个小洋山岛的征地动迁安置工作尚未结束,为避免岛上居民的不理解不配合,也为了照顾到岛上居民长期形成的出行习惯,因此把小洋山-镬盖塘方案也一并考虑,该方案主要是考虑暂时保留岛上与外界唯一的出行通道——一个简易的靠船码头。

最终,一期工程选择了小洋山-镬盖塘方案,也就是说,在小洋山岛至镬盖塘岛之间,通过围海造地,形成陆域,把小洋山岛和镬盖塘岛连成一体。

2002 年 4 月初,三航院勘察公司接到指令,按照选定的一期工程小洋山-镬盖塘方案,实施初步设计阶段的勘察工作。指令就是命令,勘察公司用最快的速度组织起了精兵强将,于 4 月 20 日进驻小洋山岛,并选择在小洋山岛上的悦来旅馆作为洋山港第一个勘察项目部。

一期工程布置 5 个集装箱泊位,可停泊第五、第六代集装箱船舶,码头长度 1600 米。港区建设用地约 1.7 平方公里;港区后方陆域面积约为 134 万平方米。

由于布置的勘察工作量大,工期紧,因此,我们动用了六艘勘探平台船同时施工,在勘察项目部的精心组织安排下,六艘勘探平台船在 1.6 公里的海面上一字排开,场面蔚为壮观,当时的勘察公司钮建定总经理后来经常形容这个场面就像一个航母舰队,前有“小鹰号”(谐音),中有驱逐舰,尾有补给舰,不时还有各类交通船来来往往。

但是,随着勘察工作的逐步深入,岛上居民的不和谐声音越来越大,最后发展到各种渔船从骚扰到登船阻拦、抢夺破坏仪器设备,最终导致暂时停工。记得骚扰事件发生后,当时的勘察公司总经理钮建定和时任项目经理的我,只身二人,在悦来旅馆房东(当地颇有威望的一位长者)的陪同下,来到村里解决复工问题。我们还没到达村委会时候，就已听到村民的喧闹场，到了门口，人山人海（少说有三百多号人，均是年轻力壮），只见他们个个群情激奋，摩拳擦掌。我们俩在房东的带领下，假装镇定，倒也从人缝中一路挤到了村委会。现在每每回想起这段经历，还是有点后怕，万一有个挑事之人率先动手，那顿皮肉之痛是免不了的了。

当然，在当地政府和指挥部的统一协调下，不到一周，勘察工作全面复工。再过了一个多月，其他单位的现场施工也全面恢复。因此，洋山港正式开工建设的初期，给人印象最深的是施工单位与当地老百姓如何和谐相处所做的各类处置工作。

一期工程建成以后，二期工程在老百姓的问题上已经迎刃而解，到了三期、四期工程，已经不存在这个问题。

三、顽强拼搏，不辱使命

三航院作为洋山港工程建设勘察设计总体单位，自前期论证到开工建设，从一期工程直至目前仍在实施的四期工程交工验收的现场设计和勘察承担的沉降位移观测，自始至终，有一句话充分诠释了我们三航院人对待洋山工程的态度，那就是：洋山无小事。

而三航院勘察人，作为洋山港设计和施工前期基础资料的提供者，很好地践行了“洋山无小事”这句话的深刻内涵，引申开来，在实施洋山港工程建设过程当中，三航院勘察人这支队伍，不愧为一支召之即来、来之即战、战之能胜的钢铁之师，无论寒冬酷暑，不管环境恶劣，敢于担当，奋勇拼搏，谱写了一个个可歌可泣的动人故事，留下来一份份珍贵的基础资料，而这些珍贵的基础资料，为洋山港工程建设的设计和施工奠定了坚实的基础，可以说，三航院勘察人在洋山港建设历程中，作出了他们应有的贡献。

据不完全统计，从一期工程开始到四期工程，三航院勘察人先后共提交了近 300 份宝贵的岩土和测绘成果资料，形象地来说，如果把勘探进尺累加在一起的长度差不多是三航院到洋山港距离的两倍，把测量面积累加起来差不多有大半个上海的面积。

三航院勘察人既能吃苦，对质量更是精益求精。在已经建成投入运行的洋山一期、二期、三期工程的历次创优评选活动中，我们先后获得了交通运输部优秀勘察一等奖、二等奖、一等奖，洋山三期工程勘察更是再次获得了国家优秀勘察银质奖。先后涌现出了钮建定、郑建朝等多位上海市重大工程立功竞赛先进个人荣誉称号。

回首往事，历历在目；立足当下，实诚做事；展望未来，任重道远。我知道，一篇文章远远不足以写就洋山港工程建设的全部勘察历程，只想通过本文，再次回味洋山精神，并以此为新的起点，鼓励自己，牢记使命，奋勇向前！

（作者为勘察公司总经理、党总支副书记）

与洋山结缘

生产监管考核部　隗祖元

每次路过洋山深水港，远望着窗外在这自然天成的山水之间高耸的桥吊、满载的巨轮、忙碌的集卡，我的思绪总是不能平静，总能想起十多年前初上洋山的情景，回忆起在洋山工作的1500多个日日夜夜……

初识洋山，纯属偶然。我和洋山的故事开始在2004年7月，那是“铁本事件”以后，江苏省很多项目都开始了漫长的停工整顿与等待，我参建的东台开发区项目也未能幸免。在一个偶然的聚会中，我第一次知道了洋山，知道了上海国际航运中心，知道了洋山深水港，也知道了那里是海上孤岛，工作条件异常艰辛。在经过一系列的思想斗争和情绪反复，在好奇心的驱使下我初次踏上了前途未卜、逆顺难料的洋山之旅。

2004年8月1日早上6:00，我和未婚妻从南京乘坐三个多小时的火车到达上海，换乘公交车到南浦大桥买好大洋山的车船联票已是中午了。坐上拥挤的大巴车辗转到芦潮港，再换乘下午3点的“芦洋”号客轮，一路赶来，已是筋疲力尽，然而一切考验才刚刚开始。

登上客轮，天空就飘起雨来。在客船高速行进中，风雨显得更加劲猛。“芦洋”号上人满为患，多是去洋山工地的民工，各种箱包、行李塞满了所有角落，舱内的空气仿佛凝固，呛得人无法呼吸。离岸越远，风雨越急，起伏的涌浪把船一次次抛起又摔下，我的心情也随着波涛，一会儿提到嗓子眼，一会儿落到谷底。我望着风雨中苍黄的海水和泛起的层层白沫，开始怀疑自己的决定了，感觉自己出发前的好奇与激动像船后的泡沫正慢慢散去……

从大洋山的破旧码头出来，爬过几层小渔船，换乘到小洋山的小木船。无任何安全设施的敞篷渔船在斜风细雨中一路颠簸，同行的好几个人都忍不住把着船帮呕吐起来，一阵“倾诉”之后，都软绵绵地瘫坐在舱底。踏上小洋山的陆地已是夕阳西下，映入眼帘的是山梁上密布着迁移后的空墓穴、山脚下成片的残垣断壁，一条细窄的小路蜿蜒在海边，码头不远处刚刚吹填起来的沙地泥泞不堪，满眼荒凉。各种不适应扑面而来，一连几天人都处于海上颠簸的恍惚中。

一期工程进港道路高架桥项目部就在小洋山隧道南出口400米处，生活条件十分艰苦。项目部住的是临时板房和部分渔民拆迁后的空房。空气潮湿，夹杂着一股海水的腥味，咸咸的，涩涩的。饮用水是从芦潮港船运过来的，十分宝贵，定量发放。生活用水是项目部后面山脚下的集水池，一层青苔，时不时看到线虫翻跃出水面。看着眼前的一切，心情瞬间复杂起来了，自己真的要在这里生活工作下去吗？

在以后的日子里，我每天看到的都是忙碌的景象：天海一线间，一座座山头在逐渐削平；潮涨潮落，海堤一天天加高；浪花散尽，陆地慢慢长出水面；船来船往中，码头桩基连线成片；一个个桥墩立起，高架桥初现轮廓。我每天听到的是永不停歇的劳动号角：海水潮涨潮落的波涛声，运输车辆的轰鸣声，海上此起彼伏的打桩声，还有一个个节点完成建设者的欢呼声。我每天感受到的是挥洒不尽的激情：一群把梦想变为现实的建设者提携着我，一批为祖国建设无所畏惧的劳动者陪伴着我，一种勇立潮头敢于拼搏的精神激励着我。我决心留下，我要亲身经历荒岛变成深水大港的过程。

改变荒芜的现状，参与洋山港建设成了我的工作。既然参与了，就应该全身心投入，与全体员工守望相助，前方拼节点，后方练技术，像上紧的发条日夜不停歇。从那时起，我先后参与了东侧北围堤2-5号出水口及挡墙工程、生产生活配套区陆域形成工程、镬盖塘临时码头工程、一期工程进港道路高架桥工程、生产管理中心连接道路工程、高位水库工程、一期工程港外道路交通安全设施工程等多个项目，直到一期工程建成开港。

我相信缘分，尤其是和洋山。没想到一个决定，会让我从此和洋山结缘，来时看到的山、走过的路就是自己工作的一部分。当年第一眼望见的山梁在自己的参与下建成了4000立方米库容的高位水库，供应着岛上码头运营用水。乱石林立的崎岖山道建成了生产管理中心连接道路，就是今天旅游者必去的观海东路、观景平台。进港道路高架桥项目部成了今天的观海北路，项目部生活用水的集水坑摇身变成了一个景观水池。生产生活配套区俨然成为一个小镇，通信大楼、公安局、消防局、海员宾馆、星岛超市、渔家乐和洋山风景区都集中在这里，每逢节假日更是游人如织。小洋山这个昔日的小渔村已经建成为世界深水大港，观音山上的"姐妹石"依然挨肩并立，见证着近年惊人的变化，述说着每位建设者与洋山的点滴过往与情缘……

2006年8月16日，我二上洋山，参与了洋山深水港三期工程进港道路高架桥工程、三期二阶段进港闸口工程、东海大道工程等三个项目的建设。2013年3月11日，我三上洋山港，负责洋山深水港区四期工程大—小乌龟联络堤工程、洋山保税港区扩区工程、D—E区跨线桥工程等多个监理项目的收尾工作。2016年11月24日，我四上洋山，代表公司生产监管考核部组织洋山深水港四期工程的质量回访。

四上洋山,我与洋山的故事沿着东海大桥、东海大道、同欣路、观海路、港联路、港展路、港学路不断延伸。如今的东海大桥在洋山港区连绵 4 公里,如腾飞的巨龙穿越小洋山,微风轻拂,徜徉在东海大道上,一种强烈的自豪感油然而生。与洋山结缘,一晃十五个年头了,那些年建设洋山涌现出来的"洋山精神"——不辱使命的负责精神、勇挑重担的拼搏精神、保持本色的奉献精神、求真务实的科学精神、团结协作的大局精神,已经深深地烙在我的脑海里,这也将成为我们世代相传的精神财富。

结缘洋山,是成长之旅,也是幸运之旅。

2004 年洋山深水港进港道路高架桥建设情景

2005 年 10 月一期进港道路高架桥完工全景

2008 年进港道路高架桥建成全景

（作者为公司生产监管考核部副部长）

洋山,承载着的厚重

综合所　蔡波妮

2005年的秋天,夏老虎的延续让人少了点云淡风轻的感觉,而我,也在莫名的烦躁中迎来了工作后的第一个挑战,去洋山。或许,那该是个骄傲的时刻,或许,那该是个兴奋的日子,洋山深水港工程,一个投资达160多亿的东方大港工程,上海市的头号重点工程,居然让我这个黄毛丫头参与设计,那可是多少人的梦想啊!可记忆中的我,却是在无助与恐惧中挣扎,只因我的毫无经验,源起我的不知所措。

“去看看吧,站立在观景平台上俯瞰洋山工地,你会为它的雄伟而折服。”直到现在,我都清晰地记得当初姚宇说这句话时的眼神和给予我的力量。

一、工作,辛苦并快乐着

深夜10点多,60多岁的杨恩铭坐在办公室的一角,一支接一支抽着烟提神,嘴里边说对不起,手里边不停歇地写着计算书;半个小时前,他拿了2小时的在鼻尖反复闻着的那支烟被点燃了,我知道,他是真的需要提提神了,连续的加班,高强度的核算,让他有点吃不消,但即使这样,他依然奔着节点任务,努力着……

凌晨2点多,24小时开机待命的蒋熙慧接到了施工现场打来的紧急电话,作为在现场设计为数不多的女工程师,她二话不说,翻身穿衣就直奔工地而去……高强度的工作让本就睡眠质量不好的她不得不靠安眠药维持,但为了确保24小时待命,她总是控制着药量,也时刻把手机放在枕边……

十级大风的日子,天不作美,还下着大雨,只因次日要开通洋山专线的任务,金明华与张峰就冒着风雨,去现场勘探最佳线路。要知道,洋山的风,常被我们戏称为妖风,就是那种顺风的时候停不下来,逆风的时候寸步难行的强劲。还记得那天回来的时候,他们早已湿透,却先赶到办公室,把定线图纸画出来……

渐渐的,我不再慌张,因为我背靠着这样一个优秀的团队,他们经验丰富,实力雄厚,他们敢于拼搏,不畏艰难,他们充满自信,却虚怀若谷……

二、生活,像家人一样

40 度的烈日,工地现场,炙烤一般,让初来乍到,以为海岛就是海洋性气候的我有点后怕。5 分钟前,在办公室画图的我,接到施工队电话,需要去现场踏勘,正要出门时,“就这样出门怎么行?”孔繁俊叫住我,“你这么去要晒伤的,借件工作服再走。”接着就一个个往办公室跑,帮我找干净的工作服去了……到了现场,我才知道,穿长袖工作服是多么的重要!

近 24 点,我躺在宿舍的床上又翻了个身,晚上的饭菜有点辣,让我不太习惯,没吃多少,结果在一个多小时前就已经饿得慌,睡不着,辗转反侧,把同屋的小伙伴吵醒了。

“怎么了? 不舒服吗?”“……,饿了……”“其实,我也饿了……”……“我有点想念出前一丁”“最好加块午餐肉”……

第二天一早,在宿舍楼的食堂,“你们半夜聊什么那么起劲啊?”时任洋山所所长的王大刚,“我昨晚开完会回来就听到你们屋还有声音”。“哦,昨晚没吃饱,半夜有点饿了,结果聊吃的,越聊越饿……”“以后晚上大厨休息了,饿了你们可以叫我,我睡得晚,可以帮你们煮水饺!”结果,从那日起,宿舍楼的小食堂冰箱里,就常备着速冻水饺。

过年前的某天,食堂大厨兴奋地告诉我,今天加菜,晚上公司党委书记来慰问! 我第一次参加这样的慰问,也是第一次在餐桌上,看到了泪流满面的同事,是啊,当时的交通,并不如现在这般方便,一周回一次的频率让很多人承受着不能照顾家人的压力,承受着高强度工作的压力,承受着只能做好没有退路的压力,平时绷紧的神经在那一刻也得到了暂歇吧。

其实在洋山的每一天,每个人都在关心着你的生活,因为大家共同承受,相互调侃,用自我的轻松、自信感染他人,也通过别人的快乐、积极得到鼓励,相互扶持,走过那段只有工作的生活。

三、洋山，更多的是未来

伴着洋山一起成长，这里有我们挥洒的汗水，有我们脚踏实地的自信，有我们见证起来的骄傲！

于是，全自动化码头从零开始的设计，并没有吓到大家，大大小小不少于60多次的研讨会，一次次的新工艺、新材料的运用背后是一遍遍的优化设计，一次次地学习提升。

崭新的全自动码头即将点亮！

2017年6月，站在洋山四期的中控塔塔顶平台，吹着洋山那并不温柔的海风，听着港区机械有规律的调试声，我禁不住心潮澎湃。

12年前，我第一次踏上洋山，第一次站上才堆成型的观景平台，第一次听说在这样的小岛上要建成世界级大港……

12年前，我们的活动范围只有办公室、基地宿舍外加一座被我们戏称逛街用途的临时码头……

12年后，一、二、三期的正式运营，连续7年世界第一的集装箱大港，全球最大的自动化码头即将建成……

12年后，我从码头的这一头走到那一头需要走上一个多小时，港区里的通行只能依靠汽车代步……

12年后，我们建的码头即将实现无人操作，将成为全球最大最先进的港区……

洋山，以它的沉稳厚重，为每个洋山人打下了深深的烙印！

（作者为综合所党总支副书记）

从这里走进洋山深水港

物流院　王　坚

2005 年 12 月 10 日，一个极普通的日子，那一天，我仰望着头顶几个红彤彤的大字，通过卡口，走进了洋山深水港，参加世界最大港区之一洋山深水港一期工程的建成开港仪式。

今天，2017 年 10 月国庆前，也是一个普通的日子，我坐在办公桌前，思绪却已飞向 100 公里外的茫茫大海上，那座举世瞩目的洋山深水港区，想象着即将在今年年底开港试运行的世界最大自动化集装箱码头。

12，一个轮回的数字。12 年的跨越，就像一颗种子，从落地生根发芽长叶到开花结果，从结出硕果到再度落地生根发芽，繁衍生息，荒漠变成了绿洲，种子就完成了自然的轮回。

作为一名洋山港工程建设的亲历者，给我感触最深的就是上海南汇芦潮港的海塘边，那座通往洋山港区的大门，因为从这里我们将走进通往世界的航程，从这里也将进入我国第一个保税港区，成为航运服务接轨国际惯例、航运金融服务开放创新和口岸贸易先行先试的实践者。

最初的设想是在2002年7月18日，我陪同海关总署、上海海关等领导实地考察洋山港、芦潮港等地，研究提出了“海关后移、一卡两用，提前报关，实货验放，区港联动、区内自由”的海关监管新模式，超前提出了将口岸监管区扩大，提前做好向自由贸易区发展的准备。我们意识到将口岸设置在陆侧芦潮港，可以充分利用该区域具有实施区港联动所需的良好区位优势和集疏运条件，是未来上海全面建设国际大都市，扩大外资、产业升级，带动区域经济发展的主战场，如果能在此区域内率先建设保税物流园区，就能充分利用区港一体化的优势，扩大综合服务功能，提升产业发展层次，构建“货物通关最畅捷、综合成本最低廉、服务配套最完善、管理运作最规范”的开放区，并逐步向自由贸易区转型。

2005年6月22日，国务院下发关于设立洋山保税港区的批复，同意设立洋山保税港区，要求洋山保税港区充分发挥区位优势和政策优势，发展国际中转、配送、采购、转口贸易和出口加工等业务，拓展相关功能，促进洋山保税港区健康发展，为加快推进上海国际航运中心建设、促进现代物流业发展作出贡献。同时也明确货物和车辆通过东海大桥前要有必要的监管设施和监管措施，并采取有效措施保证社会车辆通过东海大桥。这也认可了我们在芦潮港设置口岸，实行封闭管理的想法。

任务又一次摆在我们的案头，如何设计出一座既能满足口岸对来往车辆监管的要求，又能意寓上海国际航运中心未来发展愿景的标志性建筑。设计组立刻启动方案征集工作，每个成员都投入到了方案设计中，同时我们也向社会公开征集优秀建筑方案，吸引了众多建筑设计爱好者们的参与，期间共征集到12个建筑方案，这些方案都体现了建筑师们对保税港区口岸卡口的创作和理解。在历经同盛物流公司、深水港建设指挥部、市主要领导三轮评选后，我院设计的名为《启航》的卡口建筑方案被评定为一等奖，并作为实施方案由我院进行施工图设计。

洋山深水港口岸查验区卡口效果图

启航，一个承载梦想的名字，一艘正要远航的超大型集装箱船舶，意寓着上海国际航运中心这艘巨轮，朝着2020年基本建成具有全球航运资源配置能力的国际航运中心前进，驶入世界航运中心前列的彼岸乘风破浪，一往无前！

2013年9月29日,中国(上海)自由贸易试验区的诞生,又一次亮明我国向世界全方位开放的鲜明态度,上海将以自贸试验区建设为突破口,勇当改革开放排头兵,自贸区的建设发展站上了新的更高起点,将对照国际最高标准、最好水平,率先探索自贸试验区建设,努力实现新的突破、开创新的局面。

百舸争流,奋楫者先。今天当我一次次通过这座雄伟的口岸大门时,抬头望去,“洋山保税港区”的大字已换上了“中国(上海)自由贸易试验区”,她将承载着我们每一个设计师的梦想,朝着更大的历史使命扬帆起航。

(作者为物流院总经理、党总支书记)

挥洒青春汗水　圆梦东方大港

综合所　刘广红

1919年2月，伟大的革命先行者孙中山先生写就了《实业计划》，提出了建设北方、东方、南方三个大港的方略。然而旧时代的祖国命途多舛，穷尽孙先生一生，建设世界大港的夙愿终未实现。直至80余年后，新中国进入了21世纪，改革开放成效显现，国力日趋强盛，外贸飞速增长，东方大港终落户于舟山市嵊泗县小洋山岛。

2002年6月26日，在中国18000公里海岸线的中央，炸响阵阵惊雷，上海国际航运中心洋山深水港一期工程正式动工，顿时夺取了世界的目光。短短3年半后，一座建设于深海孤岛的深水良港——洋山深水港惊世而出；与此同时，茫茫东海之上，连接上海芦潮港与小洋山岛的东海大桥，也如昂首欲飞的蛟龙，跃出海面。静谧的嵊泗洋山岛，正拉开一场巨变；构筑东北亚国际航运中心的世纪梦想，已在这里起航！站在全局和战略的高度，审视国际形势的深刻变化，洋山深水港的建设不仅关乎一座城市基础设施的改善，更关乎中国这条“巨龙”的世纪腾飞。

历经轰轰烈烈15年的建设，直到今天，洋山深水港已建成长达5.6公里深水集装箱码头、多达16个深水集装箱泊位，他的出现终结了上海口岸缺少深水集装箱港口的历史，更将上海港推向了世界的巅峰。2005年来，洋山深水港累计完成集装箱货物吞吐量达12126万标准箱；2016年度，实现集装箱货物吞吐量达1562万标准箱，占据上海港的近半壁江山。洋山深水港不负历代国人之重托，为国家繁荣富强发挥了重要的推动作用。到2017年年底，又一件盛事即将在洋山深水港发生，一座世界规模最大、技术最先进的全自动化集装箱码头——洋山四期工程即将建成投产。届时，洋山深水港将再次实现重大跨越。一是规模的跨越，洋山深水港将扩展至23个大型深水集装箱泊位，年吞吐量将超过2000万标准箱；二是技术跨越，洋山四期全自动化集装箱码头的建成，使得洋山深水港将极大程度地降低对人力的依赖，实现由传统港口向智慧港口的跨越。回望过去，洋山深水港的建设成就斐然，这无不凝聚着无数洋山建设者们多年的心血和汗水。

在洋山深水港所有参建单位之中，有一个单位显得如此特殊，他就是洋山深水港总体设计院——三航院。深水港建设指挥部形象地将三航院与几家主要施工单位一起并称为“一个中心，三个基本点”，设计院是工程的中心，是工程的灵魂。三航院历代工程师们为洋山深水港的建设呕心沥血，挥洒着青春与汗水。

早在20世纪90年代初叶，党的十四大作出了“一个龙头、三个中心”的重大战略决策，而深水港的建设是战略决策落实的关键。在此情形下，1995年年初，受上海市政府、上海国际航运中心深水港建设指挥部的委托，三航院组建了强大的勘察设计团队，正式开始了深水港的选址、规划与设计工作的漫漫征途，这是上海深水港的首支技术团队。经过6年多时间，三航院的前辈们通过广泛的调研，科学的论证，最终选定洋山港作为上海国际航运中心集装箱深水港区。选址工作是那么艰辛，因为缺少基础资料，三航院勘察队伍的身影几乎踏遍了选址范围每一寸海域与岛屿，为设计师们提供最准确、全面的一手勘察资料；设计师们则需要在海量的数据中，通过巨量的数据分析和大量的科学试验，对多个备选港址进行全面系统比选，为深水港址的确定劳心费力。这中间，邵荣顺、浦伟庆、钮建定等一批前辈大师们不畏艰难、勇挑重担、甘于奉献，他们的劳动果实和智慧结晶，筑就了洋山深水港建设的基础。

随后，洋山深水港工程进入紧张而繁忙的建设期，为了落实市委、市政府提出的3年半实现一期工程建成投产及后续年均投产3~4个泊位的要求，三航院举全院之力，抽调最为精干的力量充实到设计队伍之中。同时，为了更好地做好设计和服务工作，落实“扎根洋山岛，服务洋山港”的承诺，公司于2004年年底专门成立了洋山工程设计所，并将办公地点直接设置在工程第一线，与建设、施工、监理单位保持最密切的联系。洋山工程设计所由当时青年设计领军人物王大刚担任所长，由资深院副总工黄明毅担任所总工程师，由水工专业技术带头人方君华担任党支部书记，并吸引了一批包括高志伟、刘广红、张峰等年轻同志在内的肯吃苦、有担当、有抱负的设计人员加入。洋山工程设计所成立之时，东海大桥尚未建成通车，交通十分不便，设计人员需要转乘轮船方能到达办公现场，而在现场一呆少则一周，多则两到三周方可回家。这时洋山所的青年员工，大多刚刚成家，也是在洋山所成立后的几年内，一批洋山宝宝先后诞生，为洋山所平添了不少喜气。愧对宝宝的是，这批年青爸爸们为了他们的理想，为了洋山港的建设，不能每天回家照顾宝宝，只能用电话寄托相思。洋山现场条件艰苦，除了工程现场，大家一天到晚只能在办公室和宿舍两点一线狭小的空间内活动，这里没有商店、饭店、公园，甚至网络都时断时续，生活十分单调。但即使是这样一种环境下，大家紧密的团结在一起，工作热情高涨，浑然忘却了生活的不便。每天早上，大刚所长召集晨会，对前一天的工作进行总结，并对新的一天的工作作出周密安排。会后，各人各就各位，开始新的一天的工作。在随后的5年里，大家一起工作和生活着，面对困难团结一心，众志成城，依次迎来了洋山一期、二期、三期工程顺利达产，为洋山深水港主体工程的建设作出了巨大的贡献。

时代永远不会停止它那前进的步伐。如果说，在2009年前，三航院通过洋山一期~三期工程的建设，在建港工程技术上实现了对世界发达国家的赶超；那么在2009年后，三航院又将以洋山四期工程为契机，在自动化港口设计上努力实现对国外先进水平的赶超。2013年年初，受上港集团委托，三航院再次承担了洋山四期全自动化集装箱码头的设计任务。而在当时，全自动化集装箱码头在国内尚属新生事物，没有先例可循，许多关键技术需要自己研发。为此，三航院再次调动全院力量，成立了以程泽坤、林浩、黄明毅为技术主管，以刘广红、何继红等各专业技术骨干组成的设计团队。和洋山工程过往的团队相比，新的团队许多成员发生了变化，但是洋山的团队精神始终没有变化，依然是朝气蓬勃、不畏艰难，依然怀着一颗颗不甘平凡的进取之心。2013—2014年中，我们的团队通过大量的调查研究，通过不断地自主研发，提出的总平、工艺、结构等设计方案获得了业主和行业专家的肯定。2015年至今，我们的团队在实现现场服务承诺的同时，下大气力做好科技创新总结工作，我们的《自动化集装箱码头布局模式研究》课题成果获评2016年度中国港口协会科技进步一等奖，在国家核心期刊发表自动化集装箱码头专辑一期，申请相关专利十余项。2017年年底，洋山四期全自动化集装箱码头即将全面投产，届时，该码头将成为我国第一个自主设计、自主施工、装备自主制造、系统自主研发的自动化集装箱港口工程，必将在我国的建港史上书写下浓墨重彩的一笔。

东方大港，这个数代国人的梦想，终是在洋山深水港得以实现。幸运的是，我们三航院赶上了这个美好时代，成为洋山深水港建设的主要建造者。三航院先后数代工程师为了洋山深水港的建设，挥洒了他们的青春和汗水，他们代表的洋山精神必将为后人所继承，他们的建港成就必将为后人所谨记。

（作者为洋山四期项目总负责人）

情系洋山　见证洋山

机关　沈明达

洋山，我国杭州湾口崎岖列岛中的一个平常小渔村，本无多大知名度。但随着上海国际航运中心洋山深水港的崛起，洋山深深吸引了国内外同行关注的目光，成了连续七年保持的世界集装箱第一大港的所在地。而这一切源于三航院人22年来持续不断的倾情投入！

三航院人在洋山一至三期工程竣工投产并产生巨大经济和社会效益的基础上，又以自己的创新，奉献出一个全球最大无人自动化集装箱码头！洋山四期工程的建成，意味着作为总体全程设计单位的三航院人所描绘的洋山工程这一跨世纪宏伟蓝图于2017年12月全部变为现实！

在这梦想成真的时刻，我们三航院需要从技术上作出总结，从创新上提炼成果，从奖项上争取国优，但我们同样需要从精神层面上总结收获，从党建转化为生产力上概括经验，从人的精神动力上感悟体会。毕竟人才是第一资源，工程是人干出来的！

伟大时代造就伟大工程，伟大工程孕育伟大精神！由洋山工程孕育的"洋山精神"，是我们三航院人最值得珍视的宝贵精神财富。三航院人的"洋山故事"所蕴含的"洋山精神"不仅感动着每一个洋山的建设者，也深深打动着每一个关心洋山工程的人的心！

作为一名洋山港的建设者，作为一名为洋山建设者鼓劲、激励、服务的央企党委书记，我见证了洋山工程从立项、开工到分期建成的难忘历程，我用我的方式参与了洋山工程建设，可谓"情系洋山，见证洋山"。我常常不断设问并用心思考：洋山工程为什么能在开工建设后的8年内昂首挺立于东海之滨一跃成为全球第一，为什么能在短短三年半内建成开港，为什么又能在短短三年时间内建成世界最大的自动化集装箱码头？为什么能以过硬的绩效证明当年中央战略决策的正确和自己的生存价值，为什么能以磅礴之势不断地向大海向“海洋强国”和“一带一路”目标伸展自己的宏大抱负?

2000年9月,刚调任三航院党委书记的我,便听到了有关洋山工程的种种信息,更听说了我们三航院人为洋山工程早日立项所付出的艰辛努力。是啊,我明白,一个特大型工程的科学论证的确需要慎之又慎,的确需要做大量的工程可行性研究。我们三航院是国家级勘察设计院,我们当然责无旁贷!

不久,我便带着对这片有待开发的热土的一丝神秘感,怀着一种学习、探索和对美好愿景憧憬的心情,第一次踏上了小洋山岛这片陌生的土地。从此,我便与这座远离大陆30多公里的海岛结下了不解之缘,来回密度难计其数。

一次,我来工地看望在做前期勘察工作的技术人员和工人,在座谈的时候,我对大家说,“能够参与洋山工作建设是非常荣幸的一件事情。将来回忆往事的时候,可能会像当年参加过‘三大战役’的老战士那样自豪的。”又一次,我来到现场慰问职工,当晚就住在渔民开的每晚只需付十元钱旅费的家庭式旅馆,我问当地渔民:“将来这里要造国际大港,你们觉得好不好?”他们说:“好啊,这里会有大发展的。不过,将来动迁时要是能让我们的小孩迁到上海去读书就好啦!”当时我就想,他们挺开通的嘛,舍小家为大家,他们也挺有眼光的,时时不忘改善下一代的学习环境。

2002年6月26日,洋山一期工程正式开工建设了。为了这一天的到来,我们三航院人从1995年起就默默投入科学探索了,并勇敢地承担起了洋山工程总体设计的重任。为了这一天的到来,我院设计、勘察人员常常夜以继日地连续奋战,出版车间的工人也总是一接到任务就通宵达旦地工作。2004年12月3日,洋山所的成立,更是树立起了三航院人“扎根洋山岛、服务洋山港”的崭新形象。

终于,凝聚了无数设计、勘察等方方面面同志心血的图纸、方案、文本按时出版了;终于,满满几百箱、重达几十吨的设计文本在众多职工关切的目光下被一批批送到了专家手中、送到了施工人员的手中;终于,海一样蓝的蓝图在我们的手中,在洋山工程全体建设者的手中化作一道绵延30多公里的巨龙,化作一片令世人惊叹的神奇港湾!32.5公里长的东海大桥这一中国真正意义上的第一座跨海大桥将洋山深水港总长7950米的码头深水岸线连成了一道举世瞩目的亮丽彩虹！这令每一个身临其境的人都感慨万千赞叹不已！

我荣幸地见证了洋山开港那个激动人心的历史性时刻。可在2005年12月9日那个开港的前夜，我同样见证了我院洋山所的设计人员在所长王大刚的带领下似乎仍像往常一样挑灯夜战于电脑前的那种宁静，在他们的脸上好像看不出那种迎接胜利黎明前的陶醉感。但我确信无疑的是，他们内心一定是非常不平静的。他们欢庆胜利的喜悦只是在第二天的开港仪式上才得到尽情的释放！不过，他们又会很快收敛起了笑容，紧张地投入到新的工作之中。因为，他们深知肩上的责任，他们明白现在还不是真正祝捷的时候。正是在这个时候，我才更加深切地体悟到了什么叫“宁静致远”！

2005年12月10日出席“洋山深水港区开港仪式”

2008年12月6日，我怀着十分喜悦的心情出席了“洋山深水港北港区主体工程全面建成仪式”，这标志着历经六年全力建设的洋山一至三期工程全面建成。在这历史性时刻，我与三航院洋山现场全体员工高兴地合影留念。随着三期工程的全面建成，上海国际航运中心的核心工程以雄辩的事实向世人证明了自己的巨大能量和重要的战略地位。

斗转星移，洋山一、二、三期工程的相继建成投产，并以其一流的设计、一流的质量、一流的效率顺利通过了国家级竣工验收。在不断奋进的日子里，三航院人收获了“国家科技进步奖”“詹天佑”奖等一系列大奖。此时此

散文·随笔

刻，为实现国家战略而日夜辛劳的三航院人，终于露出了灿烂的笑容。

2008 年 12 月 6 日出席“洋山深水港区主体工程全面建成仪式”并与三航院现场员工合影

2014 年 12 月 23 日，我见证了洋山四期这一全球最大最先进的全自动化集装箱码头开工典礼。2015 年 10 月 15 日，我出席了“洋山四期科技创新工作会议”并强调要集全院科技创新之力，以“大创新”精神，推进洋山四期科技创新工作。2017 年 2 月 20 日，我在“洋山四期工程奋战 300 天建设冲刺动员大会”上代表三航院明确表态：精心设计、靠前服务，攻坚克难、再创佳绩。4 月 10 日，“史上第一艘 20000+”超级集装箱船——新一代世界最大集装箱轮巴拿马籍“商船三井成就号”首航靠泊洋山港成功，再次刷新了整个上海港靠泊世界超大型集装箱船运载箱量纪录，这给正在“奋战 300 天”的三航院人以很大的激励。8 月 5 日，我冒着高温酷暑再次实地察看洋山四期项目工程现场，慰问了奋战在高温一线为建设洋山四期不懈努力的设计、监理、勘察人员，鼓励大家做好洋山工程“收官之作”，画好洋山工程“点睛之笔”，员工们表示“一定交上满意答卷”。

三航院人不愧为“洋山精神”的创立者践行者！在短短三年内，三航院人以打造“高可靠、高效率、世界一流水平的全自动化集装箱码头”为己任，续写了闪耀“洋山精神”的四期工程新辉煌——全球最大最先进的自动化集装箱码头已巍峨屹立于东海之滨！

自从成为三航院大家庭的一员，我的心始终牵挂着洋山，牵挂着洋山工程，牵挂着为洋山工程日夜忙碌，尤其是扎根洋山岛的同志们！我曾想，我应该为他们做些什么，我常要求自己，我必须为他们多做些什么！于是，每当高温季节来临的时候我都会来到工地慰问员工，每逢节假日，尤其是春节我都要来工地与员工们一起联欢。

连续6年在三航院洋山基地与现场设计、勘察、监理人员喜迎新春佳节。图为2007年2月14日与现场员工同唱“难忘今宵”

为了给洋山工程建设者增添精神动力，我与上海歌剧院的同志合作，创作了国内第一首歌颂洋山工程的歌曲——《三航院之歌》。2003年1月，当上海歌剧院合唱团的演员们在上海大剧院“三航院之夜”新春音乐会上第一次演唱这首院歌的时候，当包括离退休人员在内的我院全体员工及家属聆听到“雄伟美丽的洋山港是我们献给新时代心灵的歌唱，团结奋进的三航院是我们温馨的家园、永远的希望”的时候，我们每一个三航院人都为自己是洋山工程总设计单位的一员而骄傲而自豪！我也为自己能给大家带来精神的激励而欣慰。

之后，我又继续与上海歌剧院的同志合作，创作了歌曲《洋山港，我们为你日夜无眠》，配乐诗朗诵《放歌洋山港》，而这两个节目被上海市总工会选中，经改编成大型配乐诗歌交响合唱《豪情洋山》后在2006年全市“五一”文艺晚会上隆重推出，成为这台“五一”晚会上最为亮丽的一道风景线，上海电视台先后6次播出这一节目，在全社会有力地弘扬了“洋山精神”。

2008年七一前夕，我邀请上海新旅艺术团《洋山港大合唱》剧团来我院为全体党员和职工献演。与此同时，连续多年将公司立功竞赛创“双优”动员会放在洋山基地召开并作动员，还不时来到工地作调研，为现场党员和职工上党课讲形势鼓干劲。我发现现场员工很希望我来工地与大家一起吃春节前的“年夜饭”，于是，我连续6年在三航院洋山基地与现场设计、勘察、监理人员喜迎新春佳节，每次都以献唱歌曲的方式给现场员工鼓劲。我的第1张个人CD专辑《春城音韵》也特意选择在了洋山“首播”。

2006年1月25日将第1张个人CD专辑《春城音韵》在洋山设计所“首播”

为了让曾为洋山工程作过贡献的退休职工看看洋山新貌，2011年11月9日和2015年10月16日，我先后两次亲自组织并全程陪同160余位和150余位退休职工分乘四辆大巴赴洋山参观。老同志们不顾年迈之身，健步登上观景平台，俯瞰由自己当年亲自参与设计、勘察、监理的蔚为壮观的洋山深水港，油然而生强烈的自豪感，见此情景我也十分欣慰地与大家合影留念。

2016年3月11日和15日，我先后两次主动邀请中央电视台“洋山深水港”摄制组导演与成员来公司采访，并推出年轻的现场项目总负责人作为主要受访者讲述三航院人的洋山故事。4月30日《东方大港》之“洋山深水港”专题片于央视黄金时段播出后引起非常热烈的反响，极大地激发了三航院人的荣誉感自豪感，有力地提升了企业的社会形象和美誉度。公司党委

组织和陪同退休职工参观洋山建设新成就并合影留念(2015 年 10 月 16 日)

为此紧抓有利契机,及时在内网和公司微信公众号上开辟“点赞东方大港!弘扬洋山精神!”专栏,十期系列播出了 29 位员工的感想体会。

2017 年 3 月 19 日,我接待了国资委新闻中心等组织的“走进新国企,网络名人当代中国奇迹之旅”——赴洋山考察采访团一行,并向他们赠送个人党建专著《探索的印记》。他们的采访报道又一次生动地宣传了三航院人为洋山工程所作出的重大贡献。短短两天内网络报道的点击率高达 1.2 亿人次。

应该说,我常常感怀于洋山工程,时时感动于洋山建设者和“洋山精神”,所以,我对洋山“情有独钟”!也许我的“情有独钟”给洋山建设者增添了精神的力量,但我从洋山建设者身上学到的却是更多更多。为了弘扬“洋山精神”,留下“洋山故事”,2017 年 8 月初起,在我的提议和组织下开展了“洋山精神赞 · 我的洋山故事”的征文活动,得到了包括退休职工在内的广大员工的热烈响应,180 多篇的征文以生动的故事诠释了“洋山精神”的真谛。

2017 年 12 月,洋山工程将迎来大丰收大欢庆的圆满时刻!四期工程的建成,给洋山工程带来的不仅仅是量的提升,更是质的飞跃!洋山深水港将“全球集装箱第一大港”和“全球最大自动化集装箱码头”集于一身,为上海国际航运中心建设和上海科创中心建设添上了浓墨重彩,也必将为实现“两个一百年”奋斗目标作出新的更大的贡献。

在这庆功的时候,我们要向洋山工程建设中涌现的我院四位上海市劳动模范致敬！同时我们不能忘记 20 多年来为洋山工程建设无私地贡献智慧和力量的所有建设者！不能忘记那些默默无闻埋头苦干的人，不能忘记那些作出了重要贡献但又没有戴上大红花的人，还不能忘记那些顾全大局无私奉献的洋山建设者的贤内助！

在洋山四期工地作调研并和勘察公司一线员工探讨先进测量仪器的功能（2017 年 8 月 18 日）

在这喜庆的时刻，我在思考和感悟：洋山工程的力量之源是什么？在哪里？我的回答是：力量之源是精神，是洋山的“五种精神”：不辱使命的负责精神、勇挑重担的拼搏精神、保持本色的奉献精神、求真务实的科学精神、团结协作的大局精神。力量之源在群众，在创立“洋山精神”的建设者！在国企党建激发的动力和活力之中！

时间过得真快啊！我来三航院任党委书记已进入第 18 个年头。在这段难忘而又快乐的日子里，情系洋山见证洋山，是我最感自豪最为愉悦的故事！

（作者为公司党委书记、董事长）

洋山工程的点滴记忆

退休　陈国桢

一、引言

你见过东海吗？

你到过洋山吗？

你可见过东海上的万顷波涛？

你可见到洋山港的雄伟壮观！

洋山港，是中国现代化建设的一个标志，你只有站在洋山港码头上，才会感到这项工程的世界性意义！你只有奔驰在东海大桥上，你才会感受到现代化已经在我们手中实现！只有站在洋山的最高处，你才会听到现代中国大踏步前进的隆隆脚步声！

二、工程简述

上海洋山深水港现在是世界集装箱第一大港，它的建设经历了艰难曲折，它的建成是中国改革开放以来的最重大成果之一。

洋山深水港在上海市东南端芦潮港以东约30公里的大海里，由大、小洋山等几十个岛屿组成，港区陆地面积的三分之二是大海里围海造地出来的。航道平均水深16.8米，是距上海最近的天然深水港。向东经黄泽洋水道直通外海，距国际航线仅45海里，海上航运极为便利，是上海国际航运中心的核心工程。

海岛港区通过东海大桥与上海交通运输网络连接，充分发挥上海港经济腹地广阔、箱源充足的优势。这些综合条件在长江三角洲地区可以说是得天独厚的。

小洋山岛(2001)

洋山岛东岸(2001)

大洋山岛(2001)

小乌龟山岛(2001)

小洋山南坡(2001)

洋山姐妹石(2001)

镇海之锚(2015)

1997 年年底,上海已开展了上百个专题的研究论证,基本解决了在洋山建设深水港的重大技术、经济问题。1998 年年底编制完成了洋山深水港区总体布局规划和一期工程预可行性研究报告及相应的专题报告会,全面加快了洋山的前期认证工作。

2002 年 6 月 26 日,洋山深水港工程正式开工建设,深水港一期工程在东海大桥打下第一根桩。

工程自 1996 年 5 月正式开展洋山深水港区选址论证,到 2002 年 6 月开工建设,历时 6 年多。三航院作为国家级专业研究机构承担了洋山深水港选址、比选论证与设计的主要任务和设计总负责单位。完成专题研究报告,参加各专题成果评审和咨询。接受国家发改委、中国投资咨询公司、交通部等国家有关部门多次组织的专家咨询会、评审会的审查,三航院的工程技术专家、学者和科研技术人员,对从港址论证、工程立项到开工建设全过程进行了卓有成效的研究工作,对港口建设的技术可行性和经济可行性进行了深入分析,对地质、水文、气象、环境等各方面进行了综合评价,三航院力求把洋山深水港区工程建成一个经得起历史考验的精品工程,充分体现了科学的态度和高度负责的精神。

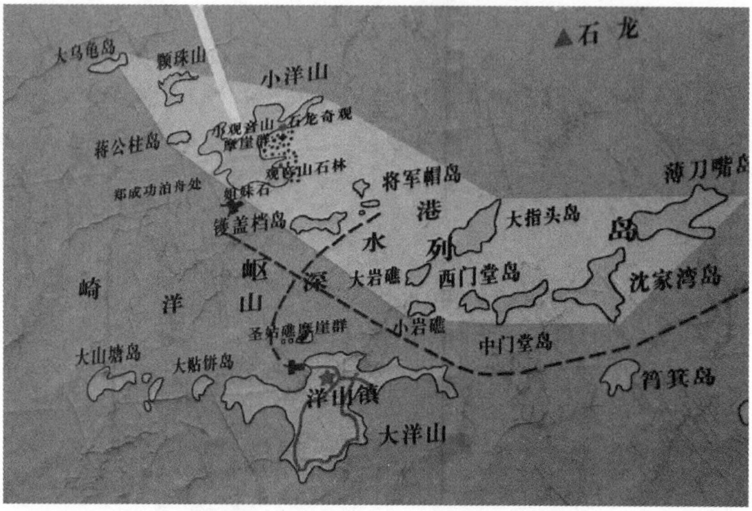

三、工程建设的艰辛

在深海中建造大型港口,是对人类工程技术能力的巨大挑战。洋山港地处风大流急的杭州湾外口,这里还是强台风经常光顾的区域。大、小洋山由几十座不相连的小岛组成,工程人员要在平均水深20多米的岛屿之间,用吹沙填海的方式将岛屿间的海域填平,造出长6公里,宽1~1.5公里,总面积8平方公里的平整陆地。这相当于在1000个足球场的面积上,将砂子堆到七层楼的高度,砂石抛填总量超过一亿立方米。

当年我们在施工时,看着挖泥船在小洋山和将军帽岛之间的海域上施工,没想到仅仅两个多月,海水退去,露出一片砂地,海峡成为陆地,我们兴奋地从洋山一直走到将军帽!心情非常感慨。

海上勘探作业危险天天存在。

有一天,在东海大桥桥位孔勘探时,钻孔深度已经到达50米左右,忽然潮水转向,由落潮变成了涨潮,杭州湾的潮水可是天下闻名,那种汹涌,那种自然之伟力超出人类所能控制的。一瞬间,船四周锚链钢丝绳全部崩断,船像树叶被水流冲向远方……大家感到危险时刻到了!但是潮水的力量根本无法再让你控制船,只能顺水飘去。船一直飘出30多公里后,终于在杭州湾南侧一片沙泥滩搁浅。等十几个小时之后才回到芦潮港。经历了这次风险,船老大发誓再也不干了,他再也没有来过这条船。

落日余晖(2002)

钻探工作(2002)

钻探老工人(2002)

勘察年轻人(2002)

在洋山港工程建设高峰时候,停泊在洋山岛周围的船有数百条。稍有不慎就会发生撞船事故。有一次醒来的船主,在下班后送我们回岸上的时候,天已经黑了,海面上只能看出星星点点的泊船灯火,船很小但是开得很快,就在快到洋山岛边上的那个重力式小码头,突然发现前面有一艘大船,眼看就要撞上了,船老大一个左满舵,小船一侧浸水了,几个船员迅速采取行动,船总算摆正,等大家上岸细细一看,都吓出一身冷汗:刚才小船转弯时,差一点发生船舵被钢丝绳勾住,如果那样,整个船就彻底倾覆。

东海大桥钻探时,不但受到海浪潮水的威胁,还要受到大风的袭击,还有一根通向日本、美国的海底光缆,那是一定要避开它的。

在20世纪80年代,我们曾经在芦潮港海边上进行过勘察,建造了一个客运码头。短短十年,我们再去芦潮港时,那个码头已经在岸上像一个废弃的碉堡留在长满杂草的土堆中，这就是沧海桑田的现实一幕。人们进行吹沙填海，造就了今日闻名遐迩的滴水湖！

参观滴水湖(2015)

参观滴水湖(2015)

2005 年 5 月 25 日，32.5 公里的东海大桥实现贯通。2005 年 12 月 10 日，洋山深水港区一期工程竣工并开港投用。我当时已经离开勘察公司去吴江开发区工作，看见《解放日报》刊登特刊报道洋山深水港开港的喜讯，就保留了这一份特刊。

参观洋山港(2015)

参观洋山港(2015)

四、小洋山的传说

小洋山，属嵊泗群岛中的崎岖列岛岛屿之一，是整个舟山群岛离上海最近的海岛。刚解放时嵊泗列岛属于上海管辖，到 1953 年嵊泗县划归浙江省舟山专区。20 世纪 60 年代困难时期，嵊泗又回归上海，因为那个年代商品极度匮乏，上海生产的烟酒供应岛上的渔民，嵊泗渔场生产的海产品供应上海，由此达成互利。到了 1970 年，上海市以海岛国防建设为由，又将嵊泗划给了浙江省舟山市管理，直至今天。

小洋山岛在大洋山之北，距上海芦潮港30公里，面积仅1.76平方公里。岛上平地少，仅在岛民居住中心有一块200多平方米的中心场地。其余多秃岩，最高为观音山，海拔141.7米。岛的西侧为码头和居民居住地，东侧有沙滩和良好植被。

岛上没有一条平坦的路，有车也没用。船靠码头，迎面而来的就是崎岖山道。岛上3000多居民，祖祖辈辈就两个行当，一是打鱼，二是采石。停在港湾里的，有渔船，也有运石船。岛上只有一所小学和一个卫生站，还有一个派出所，仅2名边防警察。高中以上学历只有9人。村民吃的是“天落水”，家家都有水窖，供下雨时储水用；万一天旱断水，那真是要命的事情。电呢？也有“发电厂”，那是两台陈旧的柴油发电机，轮流发电。每天看完《新闻联播》，岛上就停电。村里有言在先，大家也习惯了。

据岛上老人说，在百年前，小洋山岛是无人岛，临近的宁波、舟山等地渔民们在捕鱼时节会在岛上停息，在秋季会收割柴草，偶尔也有采药人现身岛上。传说有一女孩家境贫寒，八岁时跟人上船为大人们烧菜煮饭、打水洗衣以此为生计。多年以后，该女孩和一渔民成家在岛上生活下来，成为小洋山岛第一个定居者。

岛上有一水潭存蓄天然雨水，俗称龙潭，据说有一巨龟藏于龙潭，仅在夜深人静时浮出水面，20世纪80年代末还有人见过龙潭乌龟呢！岛上的天然水塘为岛民提供了淡水资源，以后逐渐有人来岛上定居，规模发展到八户人家。由于岛上平地基本在南岙，因此居民点均在南岙。岛上的淡水来自自然降水，由于岛上人口越来越多，唯一的淡水资源被污染后渐渐枯竭而废弃了。我们空闲时曾经去看过，除了荒芜的野草，什么也没有。等洋山工程开建时，小洋山居民约3500余人。

也许是一种巧合，三航院勘察公司在20世纪50年代末成立时，打的第一眼钻孔竟然是在小洋山岛的南泥沙滩，那是一个试验孔，这份钻探资料成为勘察公司001号资料。

大约1995年起，三航院勘察公司开始在洋山进行工程地质勘探工作，为上海国际航运中心工程的可行性研究提供资料，由此拉开了洋山港建设的序幕。

工程建设初期，小洋山岛生活条件十分差。交通设施极其落后，从南汇芦潮港码头乘船,约 1 个多小时到达岛上的简陋码头。上岸后进入非常狭小的巷子一直走,到达一个和篮球场差不多的场地,就是市中心了。起初岛上旅馆仅有一家私人旅馆叫悦来旅社,就成为我勘探队伍的大本营。这种状况一直维持到 2000 年之后才逐渐改变。

2002 年夏天,这里开始发生翻天覆地的变化。一个国家重点工程——上海国际航运中心洋山深水港在这里兴建。几万建设大军顶风冒雨,演绎"愚公移山"和"精卫填海"的神话。这是新时代的神话,仅仅三年半时间,人们开山填海、吹砂成陆,硬是在大海里填出 200 个足球场那么大的地方,辟成一期港区;又在惊涛骇浪中建起 32.5 公里长的东海大桥,把深水港与大陆连接起来。今天,洋山深水港即将建完四期,昔日仅一个多平方公里的小岛,已"长大"成 13 平方公里,这是全世界最大的离岸式深水港!深水港十里岸线,天天停满巨轮。3 个月前,到洋山来的各国集装箱轮就已突破了 1 万艘次。这里的集装箱吞吐量,去年是 610.8 万标准箱,而今年上半年已达到 389 万标准箱。上海超越香港成为世界第二大港,洋山港居功至伟。

参加洋山深水港工程建设是光荣和自豪的,尽管新闻报道的总是施工者,但是我们做勘察设计的人才是先行者,铺路者,默默无闻者。我们是国家宏伟现代化建设事业的奠基者!

洋山港开港特刊号(2005)

讲述我心中的洋山故事

出版中心　龚鸿兴

洋山港四期竣工在即，它将是全球规模最大、最先进的全自动化码头，10 台岸桥、30 台轨道吊、50 辆自动导引运输车都已经安装完毕。未来，洋山港所在的上海港，年吞吐量将突破 4000 万标准箱，这将是美国所有港口吞吐量的总和。此时此刻，回想 20 多年前，我有幸成为洋山深水港的一名参与建设者，心情感到无比的自豪与光荣，希望借此征文活动，讲述我心中难忘的洋山故事。

故事一　第一次上小洋山岛

记得那是在 1996 年的春天，具体日期我已经忘记，我得到通知要去大、小洋山进行实地考察，参加项目组已经月余，对这块神秘的土地以往的了解还仅限于照片和地图，马上就要登上洋山岛，心里还是显得格外得激动。

小洋山原始地貌

一早从院里出发，一路向东南方行驶，当时的交通可不像现在，没有那么多的高速公路、高架路，更没有东海大桥。驱车大概近 2 个小时到达了上海的最东南端的芦潮港，换乘轮船，再约一个半小时到达小洋山。大、小洋山是崎岖列岛中最大的两个岛屿，也是规划建设洋山港的所在地。船靠近小洋山，抬眼望去青山绿水、礁石林立，靠近码头是此地居民的集中居住区，小洋山居住着千户居民，多数以渔业为生。

终于登上了小洋山，码头出来沿着崎岖的山路，无暇岛上的“中心闹市”直接到了乡政府所在地，房子地方不大，都是用石材砌建起来的，设施也比较简陋，用罢中饭，工作人员还特地给我们拎来了一桶水让我们擦把脸，要知道在这个缺乏淡水之地，这种待遇可谓是贵宾级招待了。

沿碎石路上山，到山腰水平转弯，不久进入了一条长约 40～50 米的隧道，据说是当年开凿的人防工程，穿过隧道是一座小水库，这个季节水库里几乎没水，在这里才能深深地感受到淡水的可贵。

再转个弯，眼前豁然开朗，景色宜人，那天天气很好，海面风平浪静，正值春季山坡上开满了各色的野花，伴着微微的海风，摇摆着身体沙沙地向我们歌唱，我脑子里瞬间浮现出了一首歌“路边的野花不要采”，可是此情此景还是情不自禁地采了起来。前面看见两块巨石相依而立，这就是著名的“姐妹石”了，我伫立在岩石上，感受着海风轻拂，眺望着对面的大洋山岛，而山脚下就是规划一期工程所在的位置，浓浓的使命感油然而生，欣然留下了一张照片，保留那一刻最美好的记忆。

接下来就要爬山了，观音山小洋山的最高点，海拔 141.7 米，到处长满灌木，根本就没有什么路，所以边爬边小心翼翼地拨开身边的灌木枝，山虽不陡也不是很高，触及山顶时已经是大汗淋漓了。山后当然也是自有一片风

景，但那些已经不十分重要，现在也几乎都能看到，洋山港的建设除了港区，还最大限度保存了体现洋山自然风光的洋山景区。

故事二　最经典的规划图

1997年秋，经历了2年的多学科的技术论证和技术试验，设计院的专家们一致认为以总体单通道方案取代之前的双通道方案为我院的推选方案。接下来我的任务就是将推选方案进行效果图式化和工程方案动态演示。其中包括工程区域位置图、总体方案图、上海市交通规划图和长三角地区交通路网规划图等。

1998年4月，诸多的工程资料堆在我面前，有海图、地图、图册、方案图甚至还有手工绘制的线条图等。要把这些图进行合成、编辑、修饰和效果处理等，但首先要做的就是对图式资料的扫描。这里要讲一个插曲，由于当年的电子产品可不能与今天相比，高性能电脑、彩色扫描仪，甚至U盘都不知为何物。通过多方打听总算了解到苏州建筑设计院有大幅面彩色扫描仪，马上和何小林卷着图纸前往，扫描工作不是很顺利，但还是都转化成了电子文件，可是区区20G的文件该怎么把它带回上海，着实让我们辛苦了一番。

接下来的大概3周的时间，是我记忆中最繁忙和最艰辛的一段经历，几乎都工作在电脑前，饿了吃些点心，困了在桌边打个盹，规划图的绘制工作更需要的是细致认真，图幅上的每条线、每个点都不得马虎，其所谓失之毫厘差之千里，设计人员何小林和李冰也是如此，院领导更是关心备至，我们努力打起精神，一丝不苟在规定的时间里交出了一份满意的答卷。以上这两张图就是在洋山工程建设中应用最为广泛，至今最为经典的规划图，近20年过去了它的影响力仍在延续，这也充分说明了我们三航院的工程师们不仅有着精湛的技术水平，还具备对建设工程的深刻领会和对城市发展的前瞻性理解的能力。2000年正值上海规划馆建成，这两张图也占据了一席之地。

1998年6月，时任上海市副市长的韩正同志，莅临三航院进行调研考察，除了制作了汇报材料向韩正同志汇报洋山工程研究进展情况，其中这些图也给汇报添加了浓墨重彩的一笔。市领导还参观了我日常工作的地方（当时的二楼机房原CAD所CAD应用室），留下了与市领导合影的非常珍贵的照片。

而今20多年过去了,洋山港根据规划业已完成了一期、二期、三期和四期的建设,为我国航运事业的发展奠定了坚实的基础,同时在港口建设中创造了一个又一个新的辉煌。

故事三　印象最深刻的工程汇报

设计院在1995年以前,工程师在进行工程项目汇报时基本上要贴一堆的图纸,结合汇报内容对照图纸讲解。自从洋山工程项目的开展,设计院也开始配置了笔记本电脑、数码投影机等办公设备,开始使用PPT编辑的电子文件进行工程汇报。

就洋山工程而言,从1996年年初到2002年这6年的工程论证阶段,我参与的相关汇报大概30余次,其中有2次汇报令我最难忘而且印象深刻。

一次是1999年的夏天,天气晴朗却闷热。这次洋山港工程的汇报主要是国航办徐柏章主任向上海市领导进行介绍,除了国航办领导外,参加的还有时任的三航院院长王陈水、蒋锡佐总工、王宣副总工和我。这次汇报第一次为工程项目制作的一个5分钟的短片,主要是由非数码的录像资料剪辑而成,所以在汇报之前又是电脑、又是录像机、音响设备,还有幻灯机、投影机,都要连接调试妥当,又必须做到随时切换自如,着实让我费了些力气。

下午2时许,市领导到场。会议室不大,人数也就十几个,市领导在前面就座,汇报席也就两排,国航办的同志在前排,三航院在第二排,我负责播放媒体资料坐在第二排的最左边。需要我播放的资料并不多,除了一个短片和几张底片幻灯片,就是电脑里用PPT做的一些图表,主要汇报内容是听国航办徐主任通读汇报材料,因为事先已经将要播放的媒体资料在汇报稿上进行了逐一标注,尽管要不时地进行切换,但准备的比较充分也没觉得手忙脚乱的。汇报稿很长,开始徐主任讲话是铿锵有力,期间有几次市长打断汇报提出一些问题和观点,使得徐主任也不断地调整他汇报的节奏,时而拿出手绢擦拭一下额头。

近两个小时的汇报结束时,徐主任回过头来向市领导介绍说:这是洋山工程总体设计单位三航院的同志,我们汇报的技术论述都来源于他们的工作。市领导听后马上起身走了过来,亲切地与我们握手表示慰问和感谢。

后来得知这次关乎洋山港工程的汇报是上海市政府统一思想,向中央表明上海市方案的一次重要会议。

另外一次是2001年12月《上海国际航运中心洋山深水港区一期工程可行性研究报告评估会》,地点在上海西郊会议中心,这次会议是我所经历过的规模最大或最为重要的一次,汇集了全国八十几位顶级专家,其中院士就有十几位,专家组组长由同济大学名誉校长李国豪院士担任,三航院洋山项目组项目负责人邵荣顺作总体汇报演讲。

其实在会议召开的前2个月或更早我们就已经开始准备了,对于洋山工程这样一个综合性的特大型工程,前期论证包含了各种学科,参加的科研院所、大学的科研机构也不在少数,根据洋山工程的论证需要,数模、物模、理论推算、历史资料对比、取值估算等都围绕着总体方案有序展开。

这里我不得不提及三航院的洋山港项目总体设计师邵容顺了,1965年毕业于大连理工学院的东北汉子,工作思路广阔、善于思考,性格直言快语、敢说敢为,大家给他起了个绰号叫"老牛",所以这位牛人能在这个特大工程表现得胸有成竹、布置有序和运筹帷幄也真心让人佩服。有个细节相信了解他的人都知道,在邵总的办公室是见不到墙壁的,满满的贴的都是图纸,而这些图纸都是他手工画的再用彩色铅笔勾勒得五彩斑斓,也别有一番风景。工作中他是一个非常认真的人,我被他"整"得挺"惨",在汇报资料制作的过程中,每一个数据,图示中的每条线,每个字的表达他都认真推敲、仔细揣摩,不时地还在旁边进行标注。为了达到最佳的汇报效果,他不止一次地反复进行着汇报讲演的排练、再修改、再记录,就在会议的当天,我们早早地到了在酒店的房间他再一次认真地讲了一遍,尽管那时也只有我一个听众。

评估会正式开始了,站在台前的邵总难得穿了西装还系了领带,用他那洪亮的东北普通话开始了洋山工程建设总体汇报,我集中了全部的精神来配合他的演讲,不敢有半点走神。汇报分前期工作回顾、工程概况、港区工程、跨海大桥、进港航道与锚地、芦潮港辅助区、投资估算与经济评价几个部分的200多张PPT资料,还穿插着数模和物模的动态演示,科学的规划、务实的分析、详实的数据、准确的判断,两个半小时的汇报一气呵成,高潮时还引起了专家们的热烈掌声。

评估会开得非常成功，《评估会专家组》给出了长达30页的专家组意见对总体洋山工程建设方案给予了肯定，结合时任中共中央总书记江泽民同志对建设洋山深水港工程的重要批示，至此洋山深水港工程进入了实质性的启动阶段。

结　语

我的洋山故事就讲到这里，也只是从我的视角来发现洋山工程前期工作的精彩片段，感悟工程背后三航院人的认真、朴实、勤劳的态度和精湛的技术技能，挖掘通过洋山工程所渗透出的“三航院精神”。当然，经历了20多年的洋山工程，我能够表达的也只是只言片语、微不足道，相信会有更多更精彩的感人故事，可以让我们深深地体会和尽情地感受洋山工程所留给我们的巨大财富——“洋山精神”。

（作者为出版中心主任）

永恒的洋山　永远的情怀

建筑所　张　峰

汽车又一次行驶在东海大桥上，我向窗外远眺，看到的是无际的大海，东海风电场巨大的海上风机犹如这片海域的守护者。姐妹石以及生产管理中心连接道路两旁的绿化，映衬着林立的港机，正在进行繁忙的装卸作业，四期工程也即将竣工，这就是我们的洋山港，这是何等的生机盎然。不管多少次行走在这条路上，我都要细细地欣赏这沿途的风景，总也看不够，心中有感慨，更有自豪。记忆慢慢飘散开来，脑海迅速被参与洋山工程 15 年的工作和生活塞满。

2002 年的 7 月，我第一次踏上了洋山岛，从未想到自己的事业和生活从此会与一个叫洋山的小岛、后来的世界级工程——洋山深水港紧紧地联系在一起，再也不能分开。作为刚毕业不久的学生，和所有人一样，当时的我踌躇满志，意气风发。当得知自己能够参与洋山工程那一刻起，我既无比兴奋，又对一切感到新奇，急切渴望在自己的专业领域有所作为，施展抱负。但作为设计人员，洋山港也是我们从未有过的挑战。洋山深水港是远离大陆 30 公里的外海建设的大型集装箱港，地处外海孤岛，风、浪、流、泥砂等自然条件十分复杂；作为现代化的集装箱枢纽港区，使用要求极高；工程远离大陆，供水靠船运，供电靠自备柴油发电机解决，往返交通靠拖轮。集装箱港区通过 32 公里的东海大桥连接，在我国乃至世界均属于第一次进行这样的工程建设，工程技术难度大，无相关案例和规范可供参考；工程难度远远超出了我们的想象。

我清楚地记得 2002 年 7 月，为了了解生产管理中心连接道路工程的现场实际情况，我乘船登上了洋山岛，每天一大早背着水壶在岛上进行线路踏勘与测量，中午就躲到军事隧道里避一避火辣辣的太阳，晚上带着一身臭汗回到我们的临时宿舍，进行内业资料整理，拟定港区的交通组织和堆场后方道路、立交方案。那时候的洋山岛资源很匮乏，用水用电都很紧张，清楚地记得，那段时间，大家个个都变成了“非洲人”，但是大家都只有一个信念：再苦再累，也要把困难克服，为工程按期开工建设打下坚实的基础；还记得山顶上的“姐妹石”，现在依然屹立……

经过数月艰苦努力，我们先后完成了洋山一期工程的工可、初设、施工图设计，并通过相关审查，工程顺利开工。但是，我们紧绷的弦丝毫没有放松，工程开工后，为了更好地扎根洋山岛、服务洋山港，院里果断决策并与2004年12月3日成立了洋山工程设计所，我是第一批上岛成员，和指挥部、施工单位、监理一起办公，我们希望以最快的速度解决工程建设中遇到的问题，希望看到世界上首个外海深水集装箱枢纽港顺利建成，早日开港。

面对这样的世界级超级工程，可能出现的问题是来自方方面面的，作为道路交通、堆场设计人员，摆在我们面前的不仅仅是完成设计任务，更重要的是如何使自己的设计方案更好地与施工结合，在保证安全与质量的前提下，尽量缩短工期，降低成本，尽量降低远离大陆、孤岛施工、资源匮乏的不利影响。我们有太多的问题需要进行解决或优化：东海大桥港桥连接段的方案设计问题；港区后方高架与地面道路；小洋山开山或设置隧道等问题。在接下来的日子里，各种专题讨论会议、现场会议特别多，问题也一个个的解决，在这段时间我们过得既忙碌充实，又简单快乐。

15年弹指一挥间，当年遇到的种种困难都已成为过去，展现在我们面前的只有幸福和美好：从2005年—2008年每年的12月10日，都是洋山深水港一期工程~三期工程竣工验收的日子，当时胜利与欢呼的喜悦心情，至今难以忘怀。目前，洋山四期工程也即将竣工，建成后的洋山四期工程即将成为世界规模最大、技术最先进的自动化码头。海岸线长达2350米，可满足多艘大型集装箱船同时靠泊。每一个洋山工程的建设者，脸上都洋溢着幸福和自信，一批又一批的国内外专业人士参观洋山工程时，总听到他们发出惊讶的赞叹，赞叹的不仅仅是这里宏大的规模，更是我们洋山建设者勇于挑战、敢为人先的洋山精神。

我也从一个从初入三航院时意气风发、踌躇满志的青年步入了不惑之年。坚守是职业的操守，热爱是精神的境界。作为洋山工程建设者中的一员，我为洋山工程奉献了自己最美好的岁月，但我依旧热爱自己的工作，并为能参与洋山深水港这样的超级工程建设而自豪。再次回望屹立山头的姐妹石，她们仿佛在见证着这里经历的一切，这个东海上曾经的孤岛，已经成为国际航运的枢纽，成为世界的焦点，这里的建设者也因他们的付出收获永恒的美丽。

洋山姐妹石倩影

（作者为建筑所党支部书记、常务副所长）

我们从这里启航

勘察公司　陈智勇

作为洋山深水港区的总体勘察设计单位,从1996年12月3日洋山深水港区第一个钻孔正式开钻,1997年1月19日东海大桥第一个钻孔施工,到2005年12月10日一期工程正式开港投入生产,直至2017年年底全球最大的自动化集装箱码头——洋山四期工程将竣工运营。洋山深水港区工程的成功建成,向世人展示了我国一流的筑港技术,开创了外海孤岛建设大型港口的诸多先例;同时也凝聚了我国筑港界勘察、设计、科研、施工、管理众多专家、学者和一线建设者的智慧和结晶,是当今我国筑港界较高技术水平的展现。千孔万桩、千机万人、千言万语汇成四个字"洋山精神"。

一、不辱使命

1996年12月初,我们一行12人乘坐"蓝天"号渡轮经过半天的颠簸晃荡来到大洋山,住进了离码头最近的一家叫诗意旅社的家庭小旅馆,准备"洋山港规划"(后来叫"上海新港址论证工程")的勘察工作,也是我们在整个洋山深水港区的第一次勘察,首次在港区布置了12个钻孔(1~12号),桥区布置了2个钻孔(13~14号)。经过一天的精心准备,12月3日天气不错,我们就近大洋山侧选择了11号孔,开启了洋山深水港区勘察的序幕;等待多天后,1997年1月19日天气转好,我们向大桥区的14号孔发起进攻,拉开了东海大桥(当时称芦洋跨海大桥)勘察的大幕。标志着我们从河、海岸边勘察迈向了近海(外海孤岛)勘察,更迈向了系列跨海桥隧的勘察。

1998年主要开展了港区、大桥区(预可)的勘察。

1999年按就近工作原则,将勘察项目部迁往小洋山,分散借住在几户渔民家,当时小洋山无旅馆,时不时就停电停水,村中唯一一块小操场,我们称之为"人民广场",每天凌晨出征之前,我们负责人、测量定位员、各队地质编录员和队长等在此有个工前碰头会，再次协调布置安全、技术、生产等事宜，当然遇有大部分作业人员在船上生活时那就取消工前碰头会。这年进入了港区、大桥区（工可）的勘察。

2000年继续开展了港区（工可第二次）、航道区（工可）的勘察。

2001年先后开展了港区（工可第三次）、桥港连接段、芦潮港辅助区（工可）、航道区（初步设计阶段）的勘察。

2002年重点开展了港区一期工程、桥港连接段、芦潮港辅助区一期工程（初步设计阶段）的勘察；港区一期工程（施工图设计阶段）的勘察。

2002年6月26日洋山深水港区一期工程正式开工建设。

2005年12月10日洋山港一期工程开港。

2006年12月10日洋山深水港区二期工程竣工启用。

2008年12月6日洋山深水港区三期二阶段启用。至此，上海国际航运中心洋山深水港区主体工程全面建成，上海初现国际航运中心雏形。

2014年12月3日洋山深水港区四期工程水工码头区施工图设计阶段勘察开钻。历史的巧合，18年前洋山港第一钻的日子。

2017年年底，全球最大的自动化集装箱码头——洋山四期工程将竣工运营。

从1996年12月第一次踏上这片土地，我有幸连续7年参与和负责洋山深水港区的勘察，2003年后由于所在岩土技术室里工作另有安排，其他同事接任，但我也始终承担着技术上的校核、审核、审定等工作，时刻关注着洋山港的建设。而整个洋山深水港区勘察工作已历时近20年，我们按照“安全优质高效”要求提交了一份份优良的勘察成果，为设计和施工工作提供了有力的基础资料保证。

洋山港是我成长的乐土，有苦有甜，有忧有喜，有累有乐，是她让我得到了锻炼和提高，她更助力我们勘察公司的发展，自此勘察进入快速发展期。

二、求真务实

过去，我们传统习惯的水上勘察作业一般在内河、海岸边，水深风浪条件相对较好，工作量也不是很大，往往单兵作战模式就能满足。但大、小洋山地处外海孤岛，水深流急、流向多变，海况较复杂，加之淡水供应匮乏，勘探物资供应难度较高,这些因素都增加了组织勘探施工的难度。怎么办?

勘探船舶升级。由于海况较复杂,原有的100多吨的渔船改装的普通勘探船舶已很难全方位适应“固定不动”这一基本要求,也就无法开展正常的勘探作业,更谈不上其他后续工作。所以我们突破常规,当时选择了500吨、平底、电动铰锚的工程船舶,量变到质变,不久对讲机里也就传来了“小鹰号准备进位”的声音(当时我们称之勘探航母)。正是有了洋山港的实用,后来的港珠澳大桥、平潭海上风电场等项目勘察选用了2000吨级的工程船。

勘探系统升级。海上勘探施工发挥有限的作业工效十分重要,我们抓住洋山港大建设机会,经过吸收、整合、改进、集成,形成了“单侧悬臂式水上勘探平台系统”,具有水上钻孔快速定位、三钻机混合快速钻进、双路泥浆循环系统、锚链交叉米字抛法等特点。从而极大地提高了生产效率。

海上定位升级。由于常规的钻孔定位方法在远岸海上勘探中难以实施,我们率先使用了当时国内最先进的卫星实时动态定位方式。最初使用的是Leica 200静态GPS,经过公司技术人员的努力,在静态GPS的基础上引入“伪距差分”技术,提高了钻孔定位测定的精度(达到米级精度),后又成功使用了“载波相位差分”技术(即RTK技术,钻孔平面坐标和高程均可达到厘米级精度),实现了远岸海上勘探的无验潮施工。是国内最早将GPS技术成功用于远岸外海工程勘察的单位之一。

三、团结协作

联合作战共发力。勘察工作量大,工期压力大,水深风浪条件较差,渔民的利益纠葛等等,以往的单兵作战模式就根本无法满足要求。我们选择采用了联合作战模式,6条作业船舶大兵团协作。同时,加强学习培训,注重专业复合,当时有段时间我既是负责人,又是地质编录员、测量定位员,正是累并收获着。

比较优势齐发挥。根据多年来搜集和掌握的气象、水文、地理、管理等各方面知识,每晚我们完成技术资料整理工作后,还要结合港址区地形、水流、潮汐、风力、风向、地层情况、船舶大小、作业班组状况等综合因素,精心组织,合理调配安排第二天各勘探船舶出海施工工点和作业时间,凌晨工前碰头会还再次协调布置，以充分发挥各自的比较优势。如一期工程所在的口门海域，涨潮时，主要对老鸦嘴岛区域剧烈冲刷侵蚀，而落潮时，主要对镬盖塘西部区域剧烈冲刷侵蚀，水流湍急，形成漩涡现象。所以要综合考虑风浪、潮汐影响，精确计算何时抛锚何时终孔，确保人与自然和谐相处，否则被漩涡冲刷，走锚翻船，后果不堪设想。所以戏称自己是“风水先生”。

立功竞赛为抓手。为充分调动员工的积极性和创造性，安全优质高效地完成勘察，为洋山港建设作贡献，为三航院发展添光彩，我们在各勘察阶段多次组织了以“六比”为内容的立功竞赛活动：比安全生产、比技术质量、比诚信服务、比生产进度、比团队精神、比竞赛成效。当时还建立了项目临时党小组，利用大风、风后大涌浪等无法作业时间间隙，组织开展了卡拉OK、爬山等活动，适当丰富孤岛生活。

四、争创一流

监测检测技术。项目中我们采用钻探取样、静力触探、标贯试验、动力触探、荷载板试验等手段检测地基处理效果，并结合上部结构设置了大量的沉降位移观测点、分层沉降观测点、孔隙水压力监测等，为公司日后开展的岩土工程监测检测工作积累了经验。

原位测试技术。海域软土的原位测试主要是水上十字板剪切试验，我们采用“单侧悬臂式水上勘探平台系统”结合具有创意的“套管支架平台测试法”实现了电测十字板的水上使用，该方法适用于水深不超过10米的海域，已被列入《水运工程岩土勘察规范》(JTS 133-2013)推广使用。

勘探平台技术。集多项关键技术的第一代“动”平台：单侧悬臂式水上勘探平台系统，把目前国内海上勘探作业限于5级海况标准提高到7级海况，并使海上有效作业时间延长约30%和生产效率得到极大提高。解决了水上勘探成本高、易走锚等困扰整个水运勘探行业的难题，使近海沿岸勘探抵御气候和环境影响因素的能力大幅提高。

五、从这里启航

作为工程建设的先行者，外海孤岛勘察，我们经历了风吹浪打、日晒雨淋，颠簸晕船，吃了吐、吐了吃，也“享受”过阴暗潮湿，“享受”过黑夜孤独。

但我们没有畏惧、没有推诿、更没有退缩，迎难而上，办法总比困难多。

正是通过洋山深水港区的勘察，我们不断实践总结，打造了一整套的“近海工程勘察新技术”，获得了2013年度中国水运建设行业协会科学技术一等奖。洋山深水港区一、二、三期工程勘察，也分别获得了交通运输部水运工程优秀勘察一等奖、二等奖、一等奖，其中洋山深水港区三期工程勘察还获得第十四届全国优秀工程勘察设计银质奖。所以说是洋山港给予了我们机会，我们就是“洋山精神”缔造者之一，我们从这里启航，更催生了我们今日的“勘察梦”。

海上勘察，尤其是原位测试，难度远高于陆域及湖、河、江水域，最能显示企业乃至国家综合勘察水平及国际竞争力，我们与欧美各国海洋勘探设备及技术上还有一定差距。我们唯有奋起直追、赶学比超，我们也正在打造近海岩土工程勘测一体化技术，争取早日成为近海岩土工程勘测的领军者，实现我们的“勘察梦”。

我们从这里启航，要感谢洋山港，更要祝福为之建设先行的勘察人！

（作者为勘察公司党总支书记、常务副总经理）

用一生来爱洋山

党委办公室　刘　速

1998 年 8 月,我大学毕业即来到三航院工作,在原东华监理所实习一年后,被分至原设计一所水工二室从事专业技术工作。2003 年,我被评为工程师职称,就在这一年,室主任交给我洋山石油储运项目一期工程的设计任务,安排我担任该工程水工专业负责人,这一干就是 4 年。那时我根本未意识到,这项位于小洋山岛沈家湾的工程,是上海国际航运中心洋山深水港区的重要组成部分,建成后油库库容达到 44 万立方米,成品油年设计吞吐量 736 万吨,成为远东地区最大的商业石油仓储基地。

有幸参与洋山深水港系列工程。这项工程原名嵊泗县洋山外后门成品油储运项目,后改名为洋山石化储运项目,最终定名洋山石油储运项目一期工程。工作中为称呼方便,我们各专业技术人员都亲切地称它为“洋油”。该工程 2003 年 12 月完成设计图纸,至 2006 年 8 月 26 日上午 10:30 正式打桩开工,准备工作历时长达近 3 年。与此同时,我还配合同室的水工专业负责人参与了上海国际航运中心洋山深水港区二期工程和车客渡码头工程。翻开当年的工作记录,我详细记录了那段如火如荼的岁月:在负责“洋油”项目的同时,2003 年 12 月绘制洋山二期工程地质剖面图;2004 年 7 月校核挡土墙结构图;10 月开展碰桩计算调整桩位,绘制预应力纵梁和节点、桩帽节点结构图;11 月绘制现浇纵梁结构图等。2004 年 7 月完成了洋山车客渡码头工程平台横梁计算,绘制地质剖面图;10 月负责碰桩计算;11 月绘制现浇面层、预制面板结构图等。能同时参与洋山三种不同类型的码头设计工作,是为数不多的。

首次登岛见证重要历史时刻。我第一次登上小洋山岛是作为团委书记随同院领导和技术人员参加我洋山工程设计研究所在岛上的成立仪式。2004 年 12 月 3 日,东海大桥已经开工一年半但尚未结构贯通,小洋山仍孤悬大海之上。登岛的唯一方式就是乘船。一大早,我们从芦潮港乘坐客船历经2小时左右来到小洋山岛。上午9:30,三航院洋山工程设计研究所成立揭牌仪式在岛上举行,标志着三航院"洋山时光"掀开新的篇章。历史证明,洋山所成立后,扎根洋山岛、服务洋山港,依托于三航院雄厚的技术支撑,为洋山深水港的建设发挥了突出作用。那时,岛上还是一个大工地,但观景平台已经建成。我特意在观景台上拍了几张照片。照片我至今还保留着,身后可以清楚地看到堆场已基本成形,推土机和工人们正在紧张忙碌着。如今沧海桑田,这里变成了世界最大的外海集装箱港区。

苛刻的老专家撕图纸毫不留情。分管"洋油"的水工专业主任工程师是刚退休并返聘的老党员陈洪钧教授级高级工程师。他在我们水工室以要求苛刻著称,杀手锏"撕图纸",提交给他审核的图纸错误太多的话就会被他撕掉要求重画。在1999年前,计算机还未在三航院广泛推广,设计图纸基本采用手绘,花费数天心血的图纸被拆得粉身碎骨,确实让人胆战心惊。2004年"洋油"工程正式铺开时,图纸已经全部采用计算机绘制,撕了大不了花几分钟重新打印一张,所以老陈已不撕图纸了。即便如此,我的图纸也被他揉过一张。每次提交图纸给他时我仍忐忑不安,任何细小的错误都很难逃脱他的"法眼",被他毫不留情地挑出来大大曝光一番,并严厉地要求马上改正。老陈也有我们公认的"可爱"之处。在暴风骤雨之后,他必和颜悦色为你详解错误之然及其所以然。我的工作笔记本"洋油"篇章多次记录"老陈提出"之类的详细内容,这都是他数十年在水工领域中积累的金子般的经验。他毫不保留地传授给我等年轻人,成为我们后辈在专业技术岗位上不断进步的台阶。有次他心情大好,翻出深藏得发黄的工作笔记,给我看他几十年前的实践经验,让我顿然感到"额骨头碰到天花板"了。

我是一位转行的洋山设计师。2007年4月基本完成"洋油"的设计后,我调入原人力资源处从事管理工作,2011年1月正式调入原党群工作处担任负责人从事党建、宣传等工作,并在2个月前正式卸任已兼任10年7个月的团委书记职务。因为主管宣传工作的原因,近年来我先后接待了中央电视台导演,《新华社》《光明日报》《经济日报》《环球报》等国内媒体记者、南亚记者团、网络大咖对洋山港的采访报道。我总会用一位巨人来比喻专业性很强的码头,腿是桩基、臀是墩台、腰是梁板、身是桥吊、手是吊臂、头是桥吊驾驶室,用此生动的宣传语言向媒体人介绍洋山港,看到他们会心的笑容,我有一种发自肺腑的自豪感。有时接待媒体受到冷落时,我就亮出洋山港设计师的身份,立马就感到他们转而对三航院的重视和亲近。近两年来,中央电视台记录片《东方大港》《参考消息》《经济日报》《环球报》和上海电视台等多家媒体先后点名报道我三航院为洋山港所作出的重大贡献。公司为我创造了为洋山港建设作贡献的机会,成为我倍加珍惜的一段经历,使我在宣传岗位上能更好地"反哺"推介三航院良好的社会形象。

光荣的洋山建设者永远在路上。"洋油"是我专业技术生涯中参与的48项工程中规模最大亦是最有影响力的一项工程,既是我个人的巅峰之作又是收官之作,让我像呵护儿子成长一样爱意泛滥。2017年年底,世界最大的自动化码头——洋山四期工程即将竣工,因此,这一年再一次迎来了各大媒体关注的高潮。我把参与洋山一期至四期、洋山石油储运项目、洋山LGN项目等和东海大桥专业技术人员撰写的技术总结、科技论文等汇总进行整理,撰写了《上海国际航运中心洋山深水港区的总体介绍》宣传稿,把一些严谨枯燥的专业术语作了翻译,比如洋山一期到三期码头岸线共长5.6公里,一个成年人从一端走到另一端大概需要1小时;集装箱标准箱大体相当于一间15平方米的卧室;AGV(自动导引小车)从外形上看就像一辆没有驾驶室的卡车,但(造价)相当于一辆兰博基尼豪华跑车等,开始被媒体引用,产生了良好的社会效应。日前,由我牵头正与北京一家出版社合作编著洋山港科普绘本。为洋山港建设作贡献,永远在路上!

这次公司开展"洋山精神赞·我的洋山故事"征文,是在举世瞩目的洋山四期工程即将投产,上至上海市委领导,下至各个企业都在重视宣传国际航运中心的这一大背景下举办的一项非常重要的活动。三航院几代人为世纪工程——洋山港建设作出了突出贡献,需要记录传承这段历史。我们希望更多的三航院人关注洋山了解洋山喜欢洋山。而我自己,也积极投身征文活动之中,满怀深情地写了这篇文章,并且把十年前已经开了头但未完成的洋山多类型驳岸实践应用的科技论文一并续写完成了。我想,自己与其他洋山工程建设者一样,希望借助本次活动契机,表达对她最真最深最久的爱!

(作者为党委办公室主任、企业文化部部长)

洋山港的“海上高速公路”

水利所　金　晖

在上海国际航运中心洋山深水港建设的宏大篇章中，中交三航院始终把“洋山精神”作为开展各项设计服务工作的根本宗旨。“洋山精神”好比是通往成功彼岸的高速公路，凭借高效、快速、创新、敬业的动力，引领着三航院的洋山设计团队，纵情驰骋于海天之间。

这是一条以精神铺筑的成功之路，贯穿于洋山建设的各个方面。在洋山港一期东海大桥建设中，真的就有一条在茫茫大海上凭空垒筑而起的高速公路，这条路凝聚着设计人员超常的胆略和智慧，承负起设计人员的创新和担当。在上海市科技进步一等奖的名册中，“外海高速公路海堤关键技术”是其中非常亮眼的一串名字，这是横穿在洋山港区和东海大桥之间的一条海上卧龙，是中交三航院人对海事和市政工程的一次完美结合，是复杂海洋和地质环境下对三航院岩土工程技术的一次亮丽展示。

项目一开始就在技术上引起巨大的分歧。在建的东海大桥从上海南汇芦潮港出发，抵达至离洋山岛最近的颗珠山岛，接下去就要建设位于大乌龟岛~颗珠山岛之间的港桥连接段，这是进出洋山港区的高速公路和唯一的集疏运通道。东海大桥在宽阔的大海上如巨龙般延伸了30公里，却在进入港区的最后一公里“卡”在了瓶颈口，短短的一公里集中了工程建设者最不愿意碰到的自然难题：靠近大乌龟岛~颗珠山岛的地形冲刷非常严重，水深从七八米直接冲深形成二三十米深槽；作业环境相当恶劣，每年的季风天气超过100天，每年在海上可供作业的天数不足180天；最大浪高达到13米，潮差高达5米；同时二岛之间的地基条件极其软弱，淤泥土的厚度最深达到50米，天然地基强度极低，理论计算的滑动稳定系数仅为0.89，不能满足海堤建造的安全要求，预计总沉降量达到3.8米，沉降也很难满足高速公路的工后沉降技术要求。

作业环境差、地基强度低、海堤沉降大、工期要求紧，在如此困难的条件下，建设国内第一座外海高速公路海堤，难度极大。

如何打通这条难度极高的瓶颈呢？东海大桥的设计专家一致认为还是应该建桥，可以确保施工和使用的万无一失，但是洋山港区的规划者不是这样想，建桥方案当然毫无问题，但随着今后二期、三期、四期港区的推进，大乌龟岛~颗珠山岛的港桥连接段是未来总港区的陆地边界，而洋山港又是在海上通过回填造陆形成的，桥梁是透空结构，怎么可以作为港区回填的“围堰”？

面对如此逆境，中交三航院人当仁不让，经过细致的分析和大胆的决策，毅然提出了建设高速公路海堤的方案。历史总是如此的相似，回想起20世纪90年代，在著名的澳门国际机场人工岛规划建设中，葡萄牙的权威设计专家当时认为，在海上深厚软土地基上建造机场跑道风险太大，只有桩基平台才是唯一稳妥可行的方案，三航院就是不信“邪”，作为机场人工岛的总体设计院，创造性地提出了海上清淤、排水固结、海上回填形成机场跑道基础的一系列大胆措施，不但省下了不菲的建设费用，更是把我国的海事工程和岩土工程技术提高到了一个崭新水平，造就了国际知名、世界一流的工程品牌。在洋山港这样一个举世瞩目的世纪工程中，三航院人又一次跳出常规，大胆创新，打造出又一张“外海高速公路海堤”的亮眼名片。

建设方案的决心是下了，难题一个个接踵而来。在类似此区域建造高标准海堤，其设计施工在国内完全缺乏工程实例参照。海堤填筑的堤身高达14~29米，在30~50米的深厚软弱地基打设塑料排水带作为排水固结的通道，这些看似常规的技术措施放到特殊的工程环境下，技术难度和风险被无限放大；海堤的建造工程中会受到风浪的严重侵袭，尤其是填筑出水面进行合龙施工的时候，按照有些技术专家的评价，就是“合龙流速超过三峡大坝，可能会直接冲垮堤身”；海堤上部是进港高速公路，对路基的沉降量和沉降后形成的纵坡有非常严格的要求，非一般性海上堤坝工程所能比拟；还有施工过程中海堤的填筑速度和它的稳定性，对施工设备和工艺要求极高，要配备一套严密科学的监测和检测体系。

在技术方案的制定过程中，三航院的工程师认真倾听来自各方面的意见，会同业主和专家研究对策措施，在短短半年多的准备期，三航院收集了大量的现场一手数据，研究出了一系列的创新技术方案。项目的建设引起了上海市交通建设系统和科委的高度重视，在上海市科委的支持和资助下，成立了由设计、科研及施工等单位组成的"东海大桥海堤关键技术研究"课题组，通过自主研发、技术创新、实践总结，攻克了海堤施工的多项技术难题，形成了一套外海高速公路海堤关键技术。

时隔十多年，这些新技术、新工艺即使放到今天来看，仍然没有过时，有着强大的生命力，凝聚着设计科研团队的辛勤汗水和智慧。这些关键技术归纳起来就是：论证确定软土地基处理方法，研发改造适应外海环境的施工作业装备，改进现场监测与检验技术手段，构建高效施工过程控制体系。

首当其冲的当然是设计攻关，而海堤的地基处理方案又是整个工程设计的关键，采用何种地基处理方案，直接关系到施工期地基沉降及工后沉降控制、加荷速度控制和海堤整体稳定性等问题，经多方案的技术、经济、适用性及施工条件等方面的比较，三航院最终制定了斜坡式抛石填筑海堤+塑料排水板软土地基处理方案，由于本海堤工程特殊的地质、施工条件和使用要求，软土层厚度远远超过规范和实践经验确定的塑料排水板有效作用长度20米，使实际排水作用范围随着深度增加而递减的规律无法准确量化计算。同时，高回填筑堤对排水板地基的排水固结效果、加载速率控制、卸荷时间、堤身整体稳定和沉降变形等也提出很高的要求。设计团队经过详细的计算分析和技术攻关，研究制定了宽反压棱体的海堤结构、排水板固结随深度递减规律、海堤分级回填的稳定性和加载速率分析、海堤监检测标准和预警制度等一系列设计成果，预先从理论上建立起一整套的海堤施工模型和保障体系。

设计方案确定了，关键还在于施工技术、质量和保证措施，在特殊的施工条件下，必须改造现有的塑料排水板施工装备，进一步提高施工效率，并且对海堤填筑施工过程控制要求更加严格，这也是在外海环境进行海堤填筑技术的一次大胆尝试。

在施工装备改造研发中，设计和施工方通力合作，对插板装备进行了创新改造，第一，创新和改造了施工作业船的船体结构，增加了船身长度，提高了抗风浪能力，解决了风浪环境中船身不稳，无法正常施工的难题；第二，在插板船四个角落增设了调节水仓，改进了船体平衡控制能力，提高了插板施工精度；第三，研发设计了专用剪板装置，发明了深水自动剪切塑料排水板新工艺和装靴装置，提高了插板施工效率、节约了材料。新研制的施工作业船能够在30米的水深、每秒3米的流速、9米潮差、7级风、2级浪的外海环境中施工，提高了恶劣环境的适应能力，节约了工期。施工中还创造性地应用了网格分仓定位技术，通过袋装砂吊装定位，解决了在风浪大、水深流急环境中，难以控制水下铺设砂垫层厚度的施工难题，保证了砂垫层厚度的均匀分布，形成了有效的塑料排水板排水通道，在保证塑料排水板软土地基处理效果方面起到了关键作用。

在海堤施工过程中的动态监测极为重要，目的是通过准确采集监测数据，准确评价地基稳定状态，严格控制每层填筑厚度和固结时间，及时指导施工，确保海堤安全，并满足工期要求。设计和科研单位密切配合，综合采用了三种监测手段，保证了海堤安全和工期要求。首先，在海堤填筑施工的全过程中，连续监测地基中的孔隙水压力消散过程，时时分析地基强度增长，确定了每层填筑厚度和固结时间，起到了指导施工的作用；其次，在海堤成陆后，增设海堤沉降速率监测内容，沉降速率多次超过每天15毫米，最大沉降速率达到每天33毫米，经过及时报警，及时采取停止施工、减轻荷载等措施，防止了地基产生滑动破坏，保证了海堤安全；最后，在海堤填筑到露出水面的关键时刻，通过钻孔取样手段，检验了地基处理手段在提高地基固结强度、减少工后沉降等方面的实际效果，表明塑料排水板处理技术应用于外海软土地基处理，取得了成功，处理效果明显，分析结论为指导后续施工过程，加快施工进度，节约工期等方面起到了关键作用。

拦海大堤顺利出水合龙

海堤施工控制孕育了两方面的创新：第一是创新发明了监测设备保护装置以及监测设备保护装置施工安装专利技术，大大降低了设备损坏风险，确保了数据采集工作正常连续，在指导施工方面发挥了关键作用；第二是首次提出了“滞固圈”概念，研究发现了孔隙水压力与潮位之间存在椭圆状非线性的“滞回圈”关系，根据这一研究成果，剔除了潮位及波浪影响因素，获得了有规律的、正确反映地基真实固结状态的孔隙水压力值，在准确评价地基安全稳定，确定每一层填筑厚度及固结时间等方面发挥了关键作用。

除了设计、科研和施工，三航院还协助业主引入了信息化管控的措施。对于本工程地质条件及海洋环境条件下建设海堤工程，尤其是海堤高速公路工程，采用塑料排水板进行深海深厚软土地基处理，并通过高回填抛石排水预压筑堤，这一系列外海堤防工程的建设手段和要求、标准具有很高的难度，在国内同类工程中尚无先例。在采用常规的设计和施工组织基础上，采用现代化信息控制和管理的手段，及时采集、研究施工数据，与设计要求进行比较分析，再反馈至施工现场，指导施工正确、合理地进行。信息化施工控制的内容包括以下三个部分：第一，水抛填筑作业信息化施工控制，主要是控制施工作业区域、排水高度、停抛等待时间以及下一道工序的抛石增量控制等；第二，陆抛填筑作业信息化施工控制，主要包括分层填筑厚度、填筑速度及与下一道工序的间歇时间，超载部分的填筑分级以及相应的间歇时间，堤身填筑顶标高等；第三，高速公路路基路面信息化施工控制，主要包括残余沉降及工后沉降的预测，路床施工预抛高量及路床顶标高的确定，基层和面层材料厚度及基层顶标高的确定，设计调坡等。在信息化施工控制的同时，信息化控制技术研究同步开展，主要内容包括信息数据库的构建、控制过程及现代化通信技术的具体设计和运用等。

通过设计、科研、施工的协同攻关，突破了外海极差环境中软土地基处理技术及海堤施工过程控制技术难题，形成了外海高速公路海堤的软基处理设计施工与海堤填筑过程控制的成套技术，在不到 2 年工期内建成了我国第一座达到高速公路标准的外海海堤，并且工后沉降稳妥的被控制在 20 厘米以内。本项目与国内外同类研究成果开展综合比较，同匈牙利 Kaposvar 跨海高速公路海堤、曼谷海湾软土海堤、科威特 Beheith 国防道路计划海堤、广东省阳东县台平三丫联围一期工程海堤及温州龙湾标准海堤相比，东海大桥海堤是在外海环境差、作业难度大、施工风险高、工期要求紧的情况下顺利建成的，同时满足高速公路通行的高标准，比原计划缩短工期1~2年，减少了项目投资。经综合比较和检索，项目成果总体已达到国际先进水平。

东海大桥进港高速公路海堤建成后的雄姿

由三航院承接设计的东海大桥海堤工程最终按期完成，实现了洋山深水港集运通道的顺利开通，有力地推动了洋山港一期的整体开发，满足了深水港总体发展要求。在海堤工程的设计、科研和建造过程中，三航院人大胆创新，勇于变革，敢挑重担，不怕吃苦，日日夜夜地加班加点，无数趟往返于建设工地，风雨无阻，任劳任怨，把“洋山精神”发挥到极致。如今，凝望宏伟的洋山港区，脚踩着再熟悉不过的这条进港公路，我们不禁感叹，人生几回搏，一次记终生。在外海环境中建设的洋山港高速公路海堤，已真正填补了我国海堤及高速公路建设领域的空白，标志着我国海堤设计与施工技术水平正大步跨入国际先进行列。

（作者为水利所党支部书记、常务副所长）

我的洋山建港故事

洋山所　黄明毅

一、走进洋山

2002年上海国际航运中心洋山深水港区一期工程的初步设计通过评审，为适应当时的建设环境，确定一期工程建在小洋山和镬盖塘岛之间，遵循“封堵汊道、归顺水流、减少淤积、安全靠泊”的建港原则，第一项工程就是在小洋山和镬盖塘岛之间的港区后边界建设一条封堵堤，称一期工程北围堤。港区陆地大部分为吹填砂形成，围堤首先作为陆域维护建筑；其次各岛屿之间的水流较为紊乱，围堤的建成有利于调整水流形态，有利于码头桩基施工。围堤的轴线选择在南北冲刷槽水深较浅的端部，其水深在－4.0～－17.0米，北围堤总长度为1189.59米，围堤的功能之一是作为陆域形成的围堰，它要求堤心的密实性较高，特别是防渗流的作用。其堤心材料的选择是工程较为关键的问题，一般堤心材料主要有黏土、砂和块石，其中块石结构的空隙较大，必须有防渗结构处理。在水深较浅处，这些结构处理是比较简单的，也是有保证的，是可以实现的。而在水深较深时，防渗结构的处理是非常困难的。黏土在海岛中是非常缺乏的，在水深较深处也是不可能实现的，而当时砂资源相对较为丰富，袋装砂成堤后密实度较高。土工合成材料的技术进步和广泛采用，使防渗处理较为方便。根据洋山的实际情况，当时开山工程尚未开始，建堤的材料确定为袋装砂，在如此水深和双向水流条件下，采用袋装砂建堤，在国内外尚无实例。我当时正在参与长江口深水航道治理二期工程，对袋装砂建堤有一定的体会，领导就指派我负责一期工程北围堤的设计，这是我第一次进入洋山的首项工程。

当时指挥部并不相信我院能承担此项工程的设计，同时要求其他设计院也开展设计，北围堤作为洋山一期工程的第一条围堤，在水深、浪大、流急的工况下主要的难点是堤身材料和护堤结构，在材料和施工工艺上进行充分研究后，确定堤身袋装砂分为水上铺设冲灌袋装砂和水上抛填袋装砂。水上铺设冲灌袋装砂的技术在当时也是相当成熟了，该技术一般都在水深较浅的滩涂上应用广泛，但对大于10米水深的环境，当时的设备已无法适应，在与施工单位作全面的交流和根据船机设备的情况，确定在深水区域采用抛投带装砂。但在这样的水深条件下，袋体的尺寸和布体的材质都是需要进一步研究，在对相关的土工材料和船机设备进行了研究，并对袋体在抛投过程中的形态分析后，采用不同尺寸和强度的袋体进行现场试验，最终采用4×6米的机织布袋体作为抛投袋装砂的主体结构，该体型既能有效地完成水下棱体的形状，又在这样的水深条件下不破袋。至今这样的尺寸和材料的袋体在其他工程中得到广泛使用。在设计过程中。我和乐凌、马骏等同志深知如果我们不能按时完成，以后洋山工程的围堤结构设计就有可能落入他人之手，项目组的同志不分白天晚上，连续作战，在各方面的支持下，最终提前完成，得到指挥部的认可，赢得洋山第一堤的设计。

完成图纸的设计仅仅是开始，在工程开工后，我作为院副总工程师，带队进入洋山工地，全面负责现场服务工作，由于当时的环境所限，设计人员都分散在各个地方，有的在大洋山，有的在小洋山，我跟指挥部的人员，住在上海航道局的“上浚一号”船上，那是一条单点系泊的船，每天二个潮水，船就转两圈。晚上睡觉是在船用发电机的轰鸣声中入睡，几天不下船，脚都涨肿。下船也是坐船才能到工地，有时要“跳绑”几条船，还是有的危险。当时由于工程刚开始，事情很多。经常是白天到工地，晚上开会，设计需根据现场情况，及时作出反应和调整。我以自己的专业知识，积极配合业主、监理和施工单位，做好全面服务。经过半年多的施工，北围堤在业主要求的工期内顺利完工，完成了我走进洋山的第一步。图1是一期工程北围堤完工时的场景。

二、留在洋山

当一期工程北围堤顺利建成时，我原想任务完成，可以回院工作了。当时工作船码头基地陆域形成正在施工中，在2003年3月15日大潮汛时期突然发生沉陷和滑坡，工作船码头的桩基也受损。当时疑问全部指向我院，认为我院设计不合理,有重大缺陷。院内部也有不同的声音,争论很大,具体的设计同志站在自己的角度,认为各自都没问题,不能客观全面去分析问题。时任王陈水院长指示我,要求我认真听取各方面的意见,最终由我来组织有关人员分析原因,确定加固方案,向院里汇报,妥善处理滑坡事件。

图1　洋山一期工程北围堤

对此,我带队到现场,安排勘察和测量,对每天高低潮数据汇总分析,自己也对现场的桩基位移进行每天测量,掌握第一手资料,安排有关设计人员对结构进行全面的复核,对较大滑弧面的产生作出定量分析,对原因的分析提供了基础。通过对工程区域软黏土特点、后方的开山爆破作业、施工顺序安排和结构稳定性分析,最终认为驳岸发生沉陷和码头部分基桩受损的主要原因是对开山爆破不规则动荷载作用下导致下卧软黏土强度降低的认识不足,基础处理受客观条件限制处理不彻底,施工顺序不合理,遇到不利的潮位组合而发生岸坡滑动。

根据原因分析和专家评估意见,主要是对坡岸进行加固和对码头进行修补,总体的修复设计方案分为驳岸和码头二部分。

关于驳岸修改设计(图2),在这里简单介绍一下,有利于对在软土地基的认识。用了在不对下卧软土进行处理的条件下,在驳岸区分别采用钢管桩和冲孔灌注桩作为止滑桩,驳岸改为低桩承台结构。考虑到附近有大量开山爆破和蒋公柱岛还有一部分石料需要开采,防止不规则爆破动荷载影响软黏土，在开裂区域施打砂桩，形成一条隔离带，使附近软黏土内产生的孔隙水压力迅速消散，减少土体侧向移动，改善抗滑桩受力状态。

对码头及引桥的修改设计，采用了一些新的构造处理，对以后工程也有借鉴意义，如工作船码头向西端接长部分与码头悬臂段连接，悬臂段采用双凹凸槽，可传递横向与纵向水平力。悬臂段的下部悬臂纵梁设置垂直铰结构(图3)。这样的结构处理在其他工程中不会采用，也是一种创新的结构处理，但在当时的情况下，能及时有效处理该事件，确保工作船码头的正常使用，这样的创新就不宜高调了。

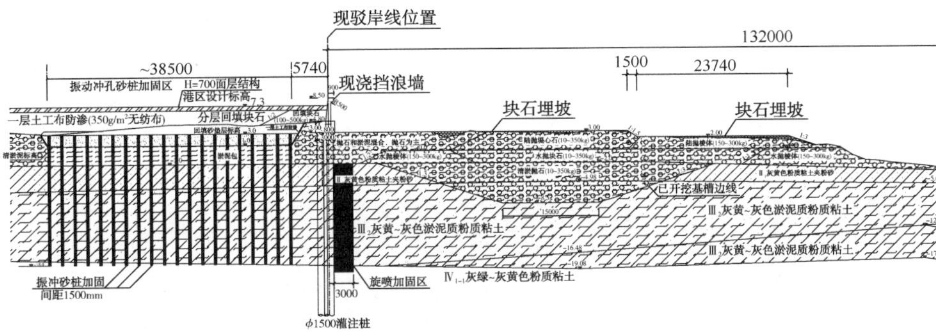

图2　修改后的驳岸结构(尺寸单位:mm)

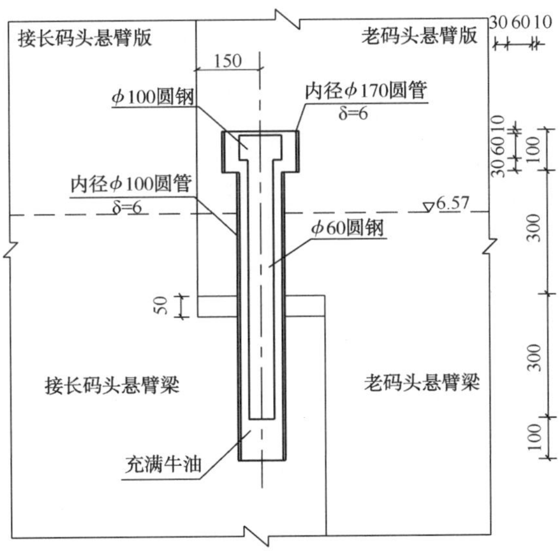

图3　悬臂纵梁垂直铰结构图(尺寸单位:mm)

经过对引桥的接长和加固，水手间平台的加固，码头Ⅰ分段的加固和工作码头西端接长等一系列的工程措施，同时对码头区的水深地形及码头后沿的固定断面进行近一年的检测结果显示，地形稳定，没有对码头结构产生新的影响，驳岸位移趋于稳定。码头和平台结构加固后满足设计使用要求。最终较为完善地处理好该事件。该码头现已改为5000GT的滚装码头，使用情况良好。

指挥部根据工作船码头驳岸滑移事件，要求我院加强现场设计服务，院里决定成立三航院洋山项目管理部，由于我前期参与了北围堤的设计和工作船码头驳岸的处理，洋山工程指挥部也对我的工作充分认可，领导决定让我从组织上加入洋山的团队。留在了洋山，包括后来洋山设计所的成立，开始了我十几年的洋山生涯。图4名片是成立设计项目部印制的，我一直保留着，以纪念自己的历程。

图4　名片

三、赢得洋山

正当洋山一期工程初步完成，指挥部决定启动洋山的二期工程设计招标，如此规模的洋山工程，必然会引起各设计单位的重视，很多单位都想参与洋山工程的设计，参与投标的都是我国水运行业一流的设计单位，甚至还有国外公司参与，竞争是相当激烈。院里组织了精兵强将，我也参与了设计投标工作，由于我院的斜顶桩板桩承台结构在洋山一期的成功应用，在对该结构进行全面分析优化和一期工程的实践经验下，我院仍以斜顶桩板桩承台结构为主的方案参与投标。但投标是有不确定的因素存在，有单位和个别人员针对我院在一期工程某些问题，特别是工作船码头驳岸滑移事件大做文章，以此影响投标结果。在院领导和有关人员的积极争取下，最终得到了二期工程的设计标，这中间的磨难和委屈只有经历过的人才能体会。洋山工程二期设计中标是我院在洋山工程设计的一个重要的里程碑，赢得了洋山工程的设计市场，根据工程的需要，院决定成立洋山工程设计所，我担任副所长和总工程师，常驻岛上进行现场设计和服务，确保二、三期工程顺利进行。

斜顶桩板桩承台结构作为我院在洋山工程中采用的主要接岸结构，替代了陆域形成的挡土围堰，该结构可以阻隔后方高填土产生的地基变形对码头结构的影响，回避了采用其他结构形式存在因后方加载速度快对码头结构的影响，解决了深厚软土地基上回填 25m 以上砂土对码头结构的影响以及陆域施工与码头施工同时进行的问题。大大提高了陆域形成的施工速度，为后续工程的顺利开展创造了较好的条件。填补了我国港口界在外海实施高填土挡土结构的技术空白。

板桩承台后方是需要形成陆域的粉细砂，因此，在结构后方设置减压棱体后倒滤层。倒滤层是确保后方回填料不流失的基本，其要求和构造设计相对较高，指挥部领导对该构造的处理原理不是很清楚，认为我院采用透水保土性能优良的复合土工布与混合级配倒滤层相结合的倒滤结构结构太复杂。在一次会议上，我就从土工布的反滤原理，特别是布体孔径与后方土体颗粒的“桥”作用作了解释，分析了结构构造的合理性，使指挥部领导认可了我院的方案。事后院领导对我说，你怎么能这样给指挥部领导“上课”，但我认为在某些关键点，作为设计人员一定要大胆提出自己的认识和观点，使业主充分理解，场合还是要把握好。该结构首先在洋山深水港区一期工程斜顶桩板桩承台中采用，总体效果很好，并在二、三、四期工程中推广应用。本人参与编写《外海岛礁大型高桩梁板式码头及斜顶桩板桩墙接岸结构技术》，该技术成果获上海市科技进步一等奖和国家科技进步二等奖。

创新永远是工程中的主题，在洋山工程设计所的工作中，作为总工程师，一直提倡这样的理念，如三期工程中工作船码头中的浮趸船设计中，通过对各种系留方式进行比较，趸船系留方式采用定位桩以避免对航行和靠泊船舶的影响，创新地采用由三根钢管直桩定位的趸船系留方式：趸船海侧采用一根桩，趸船陆侧采用两根桩对称布置，整体为三点支撑的平面布置，具有良好的稳定性。趸船两侧靠船时，趸船的运动轨迹使支撑点的受力均匀，其平面位置得到有效的控制，桩基受力相对较小。定位桩和抱桩装置之间采用特殊的缓冲隔离设施，保护桩和抱桩装置的表面防腐涂层。同时为了便于港池疏浚施工及趸船维修，在趸船海侧定位桩的抱桩装置上设置了可拆卸挡板，当码头水域需要疏浚或趸船大修时，可以通过拆掉挡板将钢趸船移出。优化钢引桥的支承方式，避免了趸船横摇对钢引桥的影响。在钢引桥的海侧端部横梁的中间，设计了 1 个椭圆形滚轮支座，这样在趸船横摇的情况下，支座与趸船始终保持接触，保证了钢引桥的安全可靠。就是这样一个小的项目，取得了突堤式浮码头的三定位桩系留式趸船、突堤式浮码头的三点支撑式钢引桥和趸船与定位桩之间的连接结构等三个专利。

图 5

洋山工程东港池是三期工程的工作船基地，地处小洋山岛链东部，为大岩礁岛、小岩礁岛、大指头岛、西门堂诸岛环抱，工程前为典型的多岛屿、多汊道地形。在三期工程陆域和 LNG 联络堤开工后,自然形成了近 90 万平方米的挖入式港池的水域形态。当时三期工程正在进行初步设计,我拿了有关的图纸,直接找当时的归墨指挥,提出在这水域建设三期工程的工作船基地,在得到他同意后,就在三期工程总平面布置时,考虑了利用该水域建设工作船基地,委托了有关单位进行模型试验,并坚持了一年半的地形测量,基本认识了该水域的淤积机理,为决策提供了依据,该港池建成后,为洋山的拖轮和其他公务船提供了一个很好的避风条件,每当台风来临,港内就用大批当地渔船,不用到很远的地方去避风,为社会稳定提供了基础条件。由于当时是我提出的,有人就戏称该港池为"明毅湾"。由于后期管理上的问题,没能及时疏浚,十几年下来,淤积还是相当严重的,随着小洋山的开发进一步展开,有关方面已开始重视该港池的利用,相信此港池会发挥更大的作用。

由于洋山工程的品牌效应,2009 年 6 月,浙江省领导在洋山视察时指示:要加快发展港口服务业、现代物流业与集疏运体系建设,努力拓展浙江省港口经济腹地;推进现有港口资源整合,加强海岛、岸线资源的规划与管理,为未来长远发展留下充足空间。为此,全面启动小洋山北侧围垦工程。

根据浙江省政府的决策部署,决定以浙江省能源集团有限公司为小洋山北侧围垦工程建设方,成立浙江浙能洋山建设开发有限公司作为小洋山北侧围垦开发项目实施的法人主体。实行一个主体、一个规划、一体开发、围垦与开发一体化的开发模式,该业主到岛上进行调研时就直接到洋山所了解情况,得到他们的充分信任,将小洋山北侧围垦工程委托我院设计,至此,整个洋山地区的主要大型工程都纳入我院的设计范围。这也是继洋山深水港区工程后,在洋山地区我公司承接的又一个大型的围海工程,进一步确立了公司在洋山的地位。

洋山深水港区四期工程设计目标为:以高度发展的现代机械、信息科技为基础,将洋山深水港区四期工程打造为世界一流的、更加高效、节能、安全、绿色的全自动化集装箱港区。经过近三年的努力,目标已基本完成,整体合理的平面布置和先进工艺的要作重点宣传。但我在这里要告诉大家,在一个高大上的东西背后,一定有许多小的设计和智慧。如一种可调的轨道基础,AGV 磁钉与钢筋的关系,进出港的信息收集和布控,变电所设施的远程控制,港内外的交通组织,复合材料在海港中的应用等。这些都是支撑全自动码头的基本,多少设计人员为此付出了心血,才有今天的成果。

洋山的故事还在继续,随着 2017 年 12 月 10 日上海国际航运中心洋山深水港区四期工程投入运行,一个国内最大,与世界先进水平相当的全自动集装箱码头将屹立于东海之滨洋山岛上。这是一个里程碑,也标志另一段征程的开始,愿我们的梦想继续。

回顾洋山工程

综合所　顾祥奎

上海国际航运中心洋山深水港工程包括东海大桥工程和洋山港港口工程两部分。东海大桥工程与洋山一期工程同时设计、建设、投入使用，上海市政工程设计院是主体设计单位，我院为协作单位，我直接参与了该工程，并负责大桥防撞设计。洋山港港口工程的主体设计单位是我院，2003年起我参与洋山二期工程设计，为水工专业分管室主任。后续的洋山三期工程和洋山四期工程我都是水工专业技术主管。从2001年开始参加东海大桥(当时称为"芦洋跨海大桥")设计以来，已经将近十七年，亲历洋山工程设计建设，见证了洋山深水港工程从孤悬海上的小岛礁建设成为目前国际上最大的港口，包括了集装箱码头、洋山油码头、LNG码头、沈家湾客运中心等一系列项目。

洋山一期工程的设计，我院前期准备了数年时间，倾注了大量心血，确保了工程如期开工建设和洋山港如期投产开港。洋山一期的水工结构采用高桩码头和斜顶桩板桩承台接岸结构，这是在深水软土地基上快速形成高回填土挡土岸壁的创新结构，是从国内外众多结构方案中优选出来的结构形式。

洋山二期工程包括1400米集装箱码头和180米车客渡码头。设计开始称为洋山一期延续工程，后来改为洋山二期工程招投标设计。与一期工程相比，码头使用荷载更大，地质条件更复杂，特别是西段400米范围，泥面标高-23米左右，表层为深厚的淤泥质土，力学性能极差，陆域回填厚度达30多米。而业主又要求陆域形成与码头同时建成使用，因此设计和施工难度之高前所未有。2003年院领导决定重新挑选精兵强将来负责洋山二期工程的设计，进行结构方案论证比选，于是组成了以王大刚(项目总负责人)、陈洪钧(技术主管)、顾祥奎(分管主任)、方君华(水工主办)为骨干的设计团队。

二期工程的设计过程中,得到了众多领导、专家的帮助、指导,特别是程泽坤总工在关键技术问题上的指示和决策。参与过洋山一期工程设计的顾蔼然、陈熙珍、朱林祥也把设计、施工中的经验和教训倾囊相授,充分体现出团结协作的大局精神。

担任洋山二期工程水工技术主管的陈洪钧同志即将退休,是我院经验最丰富的老法师。他向所长指定人选,由方君华、柯学、邹頙、周晓春、沈惠龙、蒋腊梅等分别对高桩码头、板桩结构、沉箱、大圆筒、双排板桩、斜坡堤等各种可能的结构型式进行了计算分析。所谓实践出真知,正是通过对他们的所有结构方案设计过程、计算过程的审核和把握,我才真正体会到,能够满足洋山二期特定环境条件和使用要求的接岸结构型式,只有板桩结构和斜坡堤结构,而从减小高回填土对码头结构的不利影响和确保快速施工适应性的角度分析(洋山二期工程招标要求第一条是确保施工工期),斜顶桩板桩承台结构无疑是最合适的。

洋山二期工程投标方案是在总结一期工程的经验教训,吸收国内专家和施工单位的意见下完善优化而来的。码头排架间距达 13 米(一期为 10 米),上部结构采用装配化程度高的现浇桩帽节点和预应力梁、板,大大改善了现场施工条件,加快施工进度。码头桩帽节点上采用双纵梁结构,减小面板跨度,增加上部结构横向刚度。斜顶桩板桩承台结构设计时对单排斜顶桩加板桩和支承桩、双排斜顶桩加板桩,以及斜顶桩加板桩等结构型式都进行了计算对比。由于回填厚度比一期工程大得多,土压力成为影响结构的关键因素。为减少作用在板桩上的土压力,我们采用了简支板卸载方式,并能更好地适应桩基承台与陆域之间的沉降差。板桩承台还用来作为公共综合管沟,有利于水、电管线的安装和维修。对于斜顶桩板桩承台结构的计算模式和土的力学参数取值提请院里组织专家评审,并由同济大学进行数值模拟分析验证。

洋山二期工程的车客渡码头设计也异常复杂,水工主办是沈惠龙。码头主体结构需要考虑将来作为改建为集装箱码头的挡土接岸结构,而地质条件非常复杂,岩面深埋区域采用打入桩桩基,岩面浅埋区域采用嵌岩桩桩基。码头结构既能满足车客渡码头的使用要求,又能与集装箱码头的斜顶桩板桩承台结构一致,可以满足将来挡土岸壁功能要求。采用这种码头结构型式,小船靠泊时,人员在低水位上下船很困难,我们设计出利用预制靠船构件下部悬挑登船平台的结构方案,这个做法后来在舟山外钓岛某工作船码头和厦门某避风港工程的码头设计中进一步完善为“低位登船平台结构”,并申报成功为国家专利技术。

洋山二期工程的设计工作真的是艰苦卓绝!复杂的地质条件、反复多变的技术要求,使我们的工作压力非常大。2004 年 10 月 1 日,我们在洋山岛上接到港口指挥部紧急通知,要求 10 月 8 日完成全部桩基工程施工图。偏偏 2 日因为风大浪高,没有航班离岛。3 日上午乘船回上海,中午到设计院,下午立即开始画图、排桩位、逐根计算桩长。总共 2635 根桩,包括 28 种桩型(其中接岸结构 13 种、集装箱码头 5 种、车客渡码头 10 种)的桩位图、桩结构图,计算、画图、审核的工作量巨大,天天加班,7 日夜里通宵达旦,至 8 日上午六点半完成全部图纸的打印、签名。上午出版,下午送到洋山岛上去。团队成员潘国红加班到半夜一点才回去,上午还要送儿子上学;李敏还是由老婆陪着加班到凌晨四点半;方君华陪我忙到六点半,嘴巴上都是水泡;他们真的让我很感动!没有勇于承担的拼搏精神和前期的知识积累是不可能按期完成任务的。

洋山二期工程投产庆典现场

2006 年我担任洋山三期工程的水工技术主管，集装箱码头的水工主办是高志伟（后来担任分管室主任）、杨旭东和蒋腊梅。这是国内泊位等级最高的集装箱码头，也是技术难度最高、技术创新最多的工程。仅仅水工专业就有 2 个国家发明专利、6 个实用新型专利，该工程荣获全国优秀工程勘察设计金奖。三期工程集装箱码头长达 2400 米，地质条件复杂多变，直径 2.5 米的大直径嵌岩桩多达 152 根，嵌岩桩段码头预应力横梁采用了 T 型断面结构，是国内首创。在业主的支持下，设计与施工单位合作，在接岸结构采用了当时国内直径最大的斜桩嵌岩技术。但是在第一根桩的嵌岩施工中出现了意外，由于地质异常，存在塌孔埋钻的风险。院领导非常重视，程泽坤总工带陈洪钧和勘察公司专家到现场与设计、施工人员一起分析讨论，最后确定了后续施工措施，并采用交通部正在推广的桩端后注浆新技术，完成了该桩基的施工，满足设计承载力要求。

洋山三期工程的工作船码头延伸段设计主办是王晓晖，这是国内第一个建于淤泥质地基上的重力式码头，设计计算理论和施工技术都是创新的，“建设于淤泥质地基上的重力式码头及其施工方法”获得了国家发明专利。该码头的决策、施工还离不开业主领导的担当精神和设计、施工的技术创新精神。在淤泥质地基上建设重力式岸壁码头技术风险非常大，一是因为天然地基承载力远远不够，需要采用三航局刚刚从日本引进的挤密砂桩技术进行地基处理,大幅度提高地基承载力,在国内还没有实际施工经验;二是因为淤泥质土的回淤很快,基槽施工难度相当高,如果基槽和基床施工不能及时清淤,码头的稳定安全性不能保障。港口指挥部的诸葛指挥听取设计、施工汇报时问得非常详细、专业(还问到了设计是怎样确定置换率的)。随后果断决定同意我们的设计方案,并要求三航局首先进行典型施工试验,验证施工可行性和实测承载力,在正式施工中也随时关心施工进程。记得有一天听说码头后方陆域边坡施工中发生了滑坡事件,我们设计刚到现场,诸葛指挥和周副指挥也到了,了解情况、听取我们意见,当场决定后续陆域形成不再进行抛石陆推施工,滑坡坡脚的淤泥必须挖除,其他抛石工作必须从码头后方向陆侧开展。在一次三航局月度会上,三航局根据业主项目经理的要求提出了加快施工进度的计划,我表示坚决反对,认为按此进度计划施工,极有可能导致码头滑掉。诸葛指挥听后立即决定不得赶工期,施工中每一个后续工序必须经设计同意后才能开始。这个码头的顺利建成离不开诸葛指挥的担当精神和对设计的坚决支持。

洋山三期工程集装箱码头施工现场

洋山三期工程的东港池浮码头设计主办刘丽娜刚刚参加工作,但善于学习思考。这个项目我们获得了三项实用新型专利:“突堤式浮码头的三定位桩系留式趸船”“趸船与定位桩之间的连接结构”“突堤式浮码头的三点支撑式钢引桥”,既完美完成了设计任务,又很好地锻炼了工程设计和技术创新能力。该码头设计还荣获我公司“四新”技术一等奖。

洋山四期工程岸线长度2770米,包括2350米长的集装箱码头及接岸结构、350米长工作船码头和70米长连接驳岸,水工主办是王晓晖(后来为室主任)和陆敏,我是技术主管。这是我院设计的第一个全自动化集装箱码头,水工结构设计面临新的挑战。2009年4月我完成的“洋山四期工程集装箱码头和接岸结构专题研究报告”通过了专家评审会的评审。该报告全面总结和分析了洋山一期、二期、三期工程的设计、施工经验。提出了满堂式和栈桥式两种平面布置方案。满堂式平面布置的几个比选结构方案中创造性地提出了基于施工工序控制的中板桩高桩码头结构方案,兼具码头和挡土岸壁功能。

洋山四期工程的码头集装箱桥吊最大轮压达到了233吨,是一期工程的3倍多,而码头面标高比一期工程低0.5米,码头排架间距达12米,因此上部结构的梁高特别是预应力轨道梁受施工水位影响很大。设计采用顶面不等高的异形桩帽节点满足轨道梁梁高要求,并用空间计算进行桩帽设计。打入桩为直径1.5米钢管桩,嵌岩桩直径根据不同区域的地质条件分别采用2.5米和2.3米,在打入桩和嵌岩桩分界处,又创新性地提出了同一排架中直桩为嵌岩桩、斜桩为打入桩的结构型式。为满足码头面自动化控制的要求,面层钢筋采用了绝缘的FRP筋材(高强耐碱玻璃纤维)。洋山四期工程的设计建造,使我院的集装箱码头设计水平提升到新的高度。

洋山四期工程开工典礼

洋山四期工程集装箱码头面层

我有幸参与洋山工程设计十几年，辛勤和智慧得到充分发挥，个人技术水平和工作经验得到极大提升，还获得了国家优秀设计金奖、省部级优秀设计一等奖以及十几个国家专利，多次获得“上海市重点工程立功竞赛建设功臣”等先进个人荣誉，深刻体会到洋山精神的巨大作用：“不辱使命的负责精神、勇挑重担的拼搏精神、保持本色的奉献精神、求真务实的科学精神、团结协作的大局精神”。

迎击台风

生产监管考核部　隗祖元

每个洋山建设者心中的印记是不同的，也许是一期建设洋山环境的艰辛，也许是渔村建成大港的欣喜，也许是职业认同的满足，也许是职位升迁的快乐，而小洋山建设之于我，更是关于一个季节的印记，一段成长的追溯……一次次经历台风，却是我记忆深处的故事。

2004 年 8 月，我刚刚熟悉洋山深水港孤岛建设生活，就迎来了人生的第一个海上台风经历。

8 月 10 日上午，项目部接到上级通知要求加强收听台风信息，做好食物、饮用水储备。项目部的同事们议论纷纷，听沿海一带的务工人员介绍台风经历，感觉既刺激又恐慌。我赶忙上网查阅资料，台风不只是个风，而是一种气候现象。台风发源于热带海面，那里温度高，大量的海水被蒸发到了空中，形成一个低气压中心。随着气压的变化和地球自身的运动，流入的空气也旋转起来，形成一个逆时针旋转的空气漩涡，这就是北半球热带气旋。只要气温不下降，这个热带气旋就会越来越强大，最后形成台风，七到十月的夏季生成最频繁。台风是一种夹带豪雨强风的气候现象，铺天盖地而来，并根据其中心风速分为轻度、中度、强烈。强烈台风，能刮出 16~17 级的风力，风力时速可达 185 公里以上，可轻易掀掉一般屋顶或将树木连根拔起。但是台风实际侵袭陆地时，究竟会刮多强的风、下多大的雨，却很难说，因为和气流变化、陆地地形及各种不可控因素相关。所以，台风的具体路径和危害程度一直让气象部门头疼，预报难于精确。台风能不能来，还很难说。因为好奇，我是既希望台风到来，又害怕台风到来。

10 日晚，在台风距离镇海还有 600 多公里的时候，大风就开始呼呼地刮了起来，不时还夹带着尖厉的哨声，偶尔打开一点窗缝，风吹进来，屋子里重量稍轻一点的东西就会被吹起来，在屋里翻飞，那种湿凉的感觉还带有浓浓的海风腥味。收听台风信息,14 号热带风暴"云娜"已经增强为台风,正以时速 15 公里向西北方向推进,看来台风真的要来了。

11 日上午,指挥部召开会议,布置防御台风的工作。要求密切关注"云娜"的走向、风速以及影响半径,各项目加强人员防台防汛的宣传教育,做到全员认清形势,提高防范意识,切实从思想上重视本次台风可能带来的各种影响,做好相关防台准备工作。紧接着项目部召开防台工作会议,除了正在施工的分部分项工程外,正准备施工的项目一律暂停;通过已建立的防台防汛组织体系及保障措施进一步将责任落实到人,明确各部门及人员防台防汛的职责,结合当前工程实际情况落实现场安全防控措施。

11 日下午,受"云娜"影响,洋山港水域刮起了 8 级大风。为确保安全,沿海港口的客轮航线已经相继停航,洋山工地进出的交通基本中断。接到海事部门的通知,要求在洋山港水域的 500 余艘施工船舶全部进港或到锚地避风。中心气象台发布上海市沿海海面台风警报,台风"云娜"正开足马力,以 17 公里的时速向西北方全力挺进,预计 12 日上半夜到次日凌晨在浙江沿海一带登陆,上海沿海海面风力将增强到 9~11 级,并伴有较集中的大规模降水。空气顿时紧张起来,接受台风考验的时刻不远了。

12 日上午,指挥部再次召开会议,要求各项目部统计人数,汇报各项目部防台准备工作,分配各单位防台避风地点,进一步结合往年洋山港防台防汛的经验对重点部位、薄弱环节加派人员监控。项目部根据会议布置,对项目部范围内的临时宿舍、围栏、机械设备、现场排水、临时用电、应急照明等进行全面检查;对现场履带吊的吊臂、钻机全部放倒并加固,要求施工车辆停放到指定地点;对现场临时彩钢板房进行加固,做好施工及办公生活区的排水系统的检修;对现场的临时用电设施、加油设备等进行拆除转移;对居住在无掩护条件板房的工人进行转移疏散,组织他们到小洋山战备坑道内避风。

午饭后,就陆续看到务工人员抱着凉席,拎着简单的行李,在斜风细雨中排着队向战备坑道走去。看着转移的队伍,一股凄凉的感觉涌上心头。天上的云似乎要掉下来,天黑沉黑沉的,大地好像凝固了一样,黑云压城城欲摧,感觉十分压抑。我匆忙地整理着资料,打包,不时地观察天空,云层越积越厚,风很小,时不时还会飘下几点小雨。

下午3点,项目部开始实行管理人员24小时值班,定时汇报台风应急情况,应急人员随时待命的值班模式,以应对突发情况,坚持台风不走、力量不撤。

下午4点多,"云娜"终于露出狰狞的面孔,狂风大作,项目部门前的旗杆哗啦啦剧烈地摇曳,升旗绳撞击旗杆梆梆地响,大雨纷飞,工地上已不见一个人影。天空中随风卷起的几个塑料袋十分抢眼,瞬间消失得无影无踪。

我和同事李工在办公室里值班,负责在台风应急记录簿上记录项目部各避风点汇报上来的情况,每小时向指挥部汇报项目部的应急状况。晚饭就是一碗泡面和提前蒸好的馒头,十分简单。

黄昏时分,狂风暴雨在夜幕的掩护下呼啸而来,豆大雨点猛烈地砸在南边窗户玻璃上,雨水沿着屋檐迅速形成一道雨帘,远处的景色一片模糊。隔窗而望,狂风裹挟着一团团的雨,重重地摔地上,腾起一片白雾,借着风势在空中卷起,转瞬间又飘向远方。天边的云来回翻滚,变换着各种形状,快速地急行着,时而如天马行空,从远处匆匆赶来,时而像惊鸟掠起,向天边匆匆飞去,连绵不断,无穷无尽……

入夜,四周漆黑一片。只有噼噼啪啪的风雨声直往耳朵里钻,如虎啸狮吼,似万马奔腾,简易板房在大风中哗哗作响,不时地颤抖一番。办公室所有的窗户、门都被风刮得在抖动,给人的感觉就像房子随时会被扔到空中。塑钢窗框的沟槽里,已经灌满了水,大风透过窗户下面的缝隙顽强地挤进来,吹得水花四溅,溅出的水落在地板上,慢慢地汇成了一摊水,逐渐向周围蔓延。门卫房里的孤灯在远处一闪一亮,仿佛在倾诉着它在风雨中的飘零与悲伤。

十点左右,"哗啦"一声巨响,迎风的窗户玻璃被大风刮破,风雨一下子灌进了办公室,桌上的纸片也随风飞了起来满屋子打转。怎么办,我和值班的李工一下子傻眼了,气氛顿时紧张起来,心里充满了恐惧。这么大的风雨,跑到其他房间已是不可能了,万一"穿堂风"掀翻屋顶,一排房子都保不住,情况十分危急!

我和李工赶忙翻起值班休息的床垫向窗口堵去,风雨打到我们脸上,水直往下淌。我们来不及擦一把满脸的雨水,一心只想把窗堵住,保住房子,也就保住了我们自己。床垫不够高,上面还有一个30厘米左右的空隙,风从缝隙涌进来，直接刮到屋顶上，屋顶被大风阵阵抬起又落下，撞击墙壁，轰隆隆地发出巨大声响。我顶着床垫，让李工搬来一张办公桌，再把床垫立在桌上，刚好能把整个窗户堵住。房间内的风顿时小了许多，心中的恐惧感也小了很多，我们俩开始一边叫骂可恶的台风，一边加固堵口。我们把床立起来斜撑在床垫后面，然后用椅子抵在床架上，我们轮流坐在椅子上抵御台风的侵扰。

风雨联手，无情地把玩着大地上的一切。不时听到窗外铁皮、木材和水泥地摩擦的声音，嘎吱嘎吱地随风滑动听起来特别刺耳，闪电犹如一条条弧线不时地划破漆黑的夜。我和李工相互鼓励着，一边讲着青春故事，一边调侃着“云娜”，多好的名字呀，如果作为少女的名字肯定还是个美女，可惜好白菜让猪拱了……

那时候手机不能拍照，也没有微信，要是把当时的情景发个朋友圈，相信能圈粉不少。

凌晨四点，风雨渐止。收听台风信息，12 日 20 时，云娜于浙江温岭石塘镇和乐清虹桥镇蒲岐沿海先后两次登陆，因而迅速减弱。13 日清晨，云娜转向西北偏西移动并减弱为一强热带风暴。我和李工心里的石头终于落地了。

天刚放亮，我走出值班室，冷冷清清的工地满目疮痍，项目部绿化带的树木没精打采，有的甚至被连根拔起，倒在地上；一块一米见方的大石头从山上滚落，砸在项目部水池壁上，正咕咕往外淌水；施工标识标牌被刮得七零八落，有的“身首异处”，有的倒在地上埋在污泥里；临时道路被雨水削去一层，露在外面的全是石头，到处都是水冲刷的痕迹；进港道路 B 标项目部两层的临时房只剩下一层，几张床板、办公桌孤零零摆放在一层屋顶上，二层屋顶已不知去向。我和李工看着眼前的一切，相视一笑，真是幸运啊。

这是我第一次经历台风，也为我以后经历台风增加了许多经验和镇定。2005 年 8 月“麦莎”扫过洋山时，项目部很从容地撤出洋山，最后撤离时我看着大雨在身后追赶着撤离的汽车感到无比的欣慰，不用再抗台防风了。2007 年“韦帕”、“罗莎”影响洋山时，正好还是我值班，看着窗外港基临时屋顶和传送带上盖被大风像翻书一样一页页地卷走，心中除了感慨就是自豪。随着洋山建设的推进，工作条件逐渐好转，台风不再是洋山的敌人而是过客了。

每一场强台风都是对一个项目、一个城市、一个地区综合管理能力和应急能力的考验。每次在不同的工地做防台防汛布置时，我都会讲洋山台风应急的故事，或认真或调侃。经历过洋山深水港的从无到有，经历过迎击台风的生死一线间，那就用不同的心情去感受每一件遇到的事情吧。在台风面前，我们有欢乐的谈资，有开心的故事，最重要的是我们能收获一份感受、一群朋友、一个经历、一个成长……

台风来临前的洋山工地

那段共同奋斗的岁月

综合所　刘广红

又是一个周末，惬意地坐在沙发上，尽量使身心放松，赶走一周的疲累。打开电视机，随意拨弄着遥控器，一档寻亲的节目顿时吸引了我的目光。画面中，一个风烛残年的老人，热泪盈眶地拿着一张60多年前和战友的合影，想通过央视寻找到曾与他同生共死的战友。老人饱经沧桑的脸上，涌现的是浓浓的战友情。此情此景，我不禁眼角湿润，也不禁想起昔日在洋山生活和工作的5年岁月，想起洋山所那些为共同理想而努力拼搏的兄弟姐妹。

那是2004年年末，在东方大港——洋山深水港一期工程建设如火如荼之时，站在国家战略的大局高度，公司顺势而为，成立了洋山工程设计所，将设计团队直接派到了工程的最前沿，不折不扣地实现“扎根洋山岛，服务洋山港”的服务承诺。就这样，一个朝气蓬勃、充满理想、满怀渴望的崭新团队——洋山工程设计所踏上了洋山岛。王大刚、黄明毅、方君华三人成了我们这个崭新团队的领头羊。而我非常有幸地成为这个团队的第一批成员，同行的还有高志伟、张峰、刘家才、韩时捷、杨旭东、孔繁俊等几位年轻才俊，以及钱明山、佘沪杰、蒋锡惠、沈耀东等几位前辈工程师。洋山所是一个人才培养的基地，在驻岛的5年时间里，我们的队伍也在不断成长，前后近40位工程师在这里生活和工作过，许多人现都成了公司业务骨干。

如果你是一名勤奋向上的人，那么洋山是你的天堂；而如你是一名懒惰懈怠的人，洋山就是地狱。因为，对于一名工程师而言，洋山具备了成就事业的一切条件。只要你想，你够努力，你就可以充分展示你的才智，恢宏的洋山工程为所有参与其中的人提供了无限的机会。同时，洋山也是艰苦的代名词，这里没有超市、没有饭店、没有影院，现代城市有的纷繁热闹在这里都没有。在洋山，你必须有理想、有事业心，否则必然度日如年。记得初踏上洋山之时，大桥还未通车，我们必须经过2个小时的车程和1个小时的轮船才能最终到达目的地。而到了目的地，我们发现除了恢宏的工程现场，生活和工作都局限在一块面积不超过2公顷的办公园区里。没有娱乐，工作成为我们最好的娱乐。后来，随着洋山工程的推进，在院领导的关心下，我们终于建成了自己的基地，生活工作条件得到很大改善。我们还有了自己的娱乐设施——一张乒乓球台，晚上不忙的时候大家在此轮番竞技，好不开心，这里留下了太多的美好回忆。

洋山的工作是紧张而有序的。早班第一件事，便是我们的晨会，所领导、科室领导和各专业负责人聚集一堂，总结前一天的工作、作出当天工作的安排、讨论未解决的问题。随后是现场服务时间，按照以老带新的方式，各专业设计人员到工地现场进行巡视，一方面查看施工是否达到设计意图，另一方面及时解决施工中遇到的技术难题。潜移默化中，年轻工程师们的现场解决问题的能力得到了极大提高。回到办公室后，便开始了一天真正的设计工作。在最初，我们同步推进了洋山三个阶段工程的设计工作。洋山一期工程正在紧张地施工，洋山二期工程已开展初步设计，洋山三期工程进入到了前期的总图和工艺方案论证阶段。三个阶段的工作同步推进，工作压力可想而知。但是，年轻就是力量，时间是我们的本钱。在洋山，我们的工作完全突破了8小时的界限。大家团结一心，每天清早，许多人就早早来到了办公室，先干上1个小时再去早餐。到了晚上，晚餐过后，大家散散步、打打乒乓，适当放松后到办公室接着干。甚至到了睡梦中，也会因突发情况而随时回到工作岗位。

洋山工作的5年时光，对于每一个洋山人都是弥足珍贵的，不但收获了事业，还收获了友谊。洋山工程是一项世纪工程，能够参与其中对于每一个工程师都是可遇不可求的。5年里，我们取得了一系列的科技创新成果，工程设计斩获了多个国家和省部级设计大奖，为我院的核心竞争力的提升作出了巨大贡献。5年里，每一人都有了自己的进步。以本人为例，我从洋山一期工程的制图员，成长为三期工程的设计总负责人，工作能力和专业技能都获得了很大提升。5 年里，我们团结协作、互助互爱，建立了十分深厚的工作友谊，这必然成为每个人一生的精神财富。

洋山工作的 5 年时光，我们度过了人生最青春的时光，取得了事业最重要的进步，收获了最珍贵的友谊，值得我们用一辈子去怀念！

（作者为洋山四期项目总负责人）

我的洋山监理故事

东华公司　刘朝清

2017 年 12 月 10 日，是上海洋山深水港一期工程竣工开港十二周年的日子，当年上海洋山深水港的开港，标志着上海港由长江河港时代跨入了海港时代。开港十二年来，伴随着中国经济的快速发展，上海洋山深水港区也不断建设发展，集装箱吞吐量节节攀升，2010 年以来上海港一直稳居世界港口集装箱吞吐量第一位，奠定了东方大港的地位，也有力地支撑和促进了上海市与长三角地区乃至中国的经济发展。作为一名港口工程建设者，我曾参与了洋山工程的建设，并有幸见证了当年上海洋山港开港时刻。2003 年 12 月至 2007 年 12 月、2009 年 12 月至 2011 年 11 月、2012 年 12 月至 2013 年 10 月我先后三次在上海洋山深水港区工地及其周边从事监理工作近 7 年（其中上海洋山深水港区 43 个月，沈家湾与中门堂 40 个月），参与了许多项目的监理工作，其中主要有小洋山开山填筑工程、小岩礁炸（清）礁工程、洋山保税港区扩区工程（岛域部分）以及洋山石油储运项目一期工程、中门堂爆破工程、沈家湾客运码头工程等。回想过去，往事历历在目，其中影响较深还是开港前的岁月往事。

一、艰苦岁月，默默奉献

2002 年 6 月，洋山港区一期工程正式开工，开工一年多后的 2003 年 12 月 4 日，我来到洋山工地。当时东海大桥正在施工，交通还不方便，从上海到洋山港区工地，需先在上海十六铺码头乘车到芦潮港，然后在芦潮港搭乘"甬兴轮"到达大洋码头，最后转乘"洋渡 1 号"到小洋码头。当时洋山港区基地尚未建设，生活条件也很艰苦，小洋山岛上原有居民全部搬迁，岛上缺少基本的生活设施，没有商店，没有理发店，没有医院，食物和办公生活用品均需出岛采购，淡水也是从上海用船运来的，每吨水费高达 25 元，且还难以及时供应。当初我们住在小洋山28号待拆迁的民房内办公生活，在岛上住宿条件还算是相对较好的，由于淡水缺乏和没有洗浴设施，无法洗澡，只好每隔半个月坐船到大洋山澡堂洗澡一次，并顺便采购一些生活用品。遇到生病，小病只好扛一扛，实在扛不住了，才出岛看病。记得有一次患感冒，扛了几天，病情不断加重，实在扛不住了，只好乘小船到大洋山卫生院看病，返回时，风浪变大，小船在海中上下起伏，剧烈颠簸，海浪不断地打进船内，险象环生，似乎随时面临沉船的危险，至今想起来还后怕。

洋山工程最初的建设者们，是在比这更为艰苦的环境下辛勤工作，默默奉献的。

参加上海洋山深水港开港仪式的东华员工留影(2005.12.10)

二、经历强台风“麦莎”感受

在洋山港区建设期间，每年都要经受几次台风影响，有时人员被困，临设被毁，工程受损。其中我所经历的2005年的强台风“麦莎”是较大的一次。2005年8月上旬，洋山港区工地遭受当年9号台风——“麦莎”袭击，“麦莎”台风到来前，洋山工地参建人员通过东海大桥(当时大桥尚未正式通车)紧急撤往上海避风。该台风影响范围大，持续时间长。当时我一人留守在东华炸礁监理部驻地——大洋山岛(租住的民房具备抗台能力)，因输电线路被台风刮断,所在区域停电,大风连续3天不停地刮,大雨连续3天不停地下,我独自一人连续3天被困在室内,不能出门,无法与人交谈,没电,无法用电脑,不能上网,不能看电视,不能跟踪台风动向,不能了解外面的信息,与外界信息隔绝。在当今信息时代,一个人与外界隔离半天尚可,隔离1天也能忍受,但连续隔离3天,实在难熬。

洋山一期西侧围堤遭受台风"蒲公英"袭击受损(2004.07.04)

2011年受"梅花"台风影响沈家湾工地临设损毁(2011.08.07)

三、爆破安全,重中之重

洋山工程是国家重点工程,举世瞩目,安全工作非常重要,安全管理任务繁重、艰难,且责任重大,不能有丝毫疏忽。在所监理的众多项目中,小洋山开山填筑工程的爆破安全至关重要,我们东华监理人员迎难而上,把爆破安全放在各项工作的首位。小洋山爆区周边环境条件复杂,临建设施距离近且数量多,人员密集且复杂,同步施工的其他工地,过往人员、车辆、船舶频繁,相互干扰大。为了爆破的安全,必须做好预防预控工作,监理部督促施工单位建立健全安全保障体系,并通过港口分指挥部牵头,各爆破施工单位、友邻单位参与共同制订、签署《小洋山爆破安全公约》,切实把安全工作贯穿到施工的整个过程。要求爆破施工单位优化爆破设计,加强爆破作业检查验收,落实爆破安全防护措施,做好安全警戒工作,控制好近 300 万立方米的开山爆破、2.3 公里的山区道路爆破开挖、4 万平方米的边坡爆破开挖,确保各方面的安全。

在开山爆破的安全工作中,以爆破影响区域内的人员清场和作业船舶撤离工作最为繁重、艰难。爆区周边有中建的港区管理中心施工现场和临时设施、上海港工临时设施、上海港工与三航局的水上作业船舶,每次爆破前需对每间房间、每个作业点、每艘作业船,水上与陆上逐一检查,不留死角,人员和机械、船舶全部撤离到安全地带,经检查确认后方可起爆,几乎每天如此,一天两次。本来各家施工单位的工期都非常紧张,人员撤离直接影响作业工效,特别是港区管理中心大楼施工,是整个港区工程的关键工作,是重中之重,直接影响港区能否按期开港。但大家都能相互理解,相互配合,充分体现了洋山工程铸就的团结协作的大局精神。

小洋山开山填筑工程消耗炸药 1038 吨,实施规模爆破(炸药 1000 千克/次以上)134 次,1000 千克/次以下的爆破几乎每天都有。如此高频度的爆破,实现了无责任安全事故,安全爆破率 100%。

在东华监理部有效的动态安全监管下,在友邻单位的密切配合下,经过施工单位的不懈努力,实现了安全文明生产。小洋山开山填筑工程荣获上海市重大工程建设办公室授予的“2004 年度重大工程文明工地”光荣称号,同时获得港口指挥部颁发的“2004 年安全生产杯”荣誉。

小洋山开山填筑工程爆破瞬间(2004.07.08)

四、勇挑重担，不辱使命——纬三路 2003 年年底如期贯通

小洋山开山填筑工程于 2003 年 8 月 18 日开工，合同要求 2004 年年底前完成开山与回填、堆载施工。该工程作为洋山深水港区工程的一个组成部分，必须满足指挥部要求的主要节点和总工期要求。2003 年 11 月，指挥部根据港区工程总体进度要求，调整小洋山 D3 区开山爆破时间节点，要求纬三路在 2003 年年底率先贯通。五十多万立方米的爆破挖运任务，处于 450 米长、30 米宽的狭长地带，要在短短的一个多月内完成。时间紧、任务重、难度大，为了确保按期完成各节点目标，项目监理人员倾注了大量心血和汗水，督促项目部进一步优化施工方案，采用多作业面立体交叉作业方式，配足施工机械设备和人员，24 小时连续作业，努力加快施工进度。2003 年 12 月 31 日，纬三路到了最后冲刺的关键时刻，为了确保了按时贯通，施工总监蔡洪波带领人员，冒着凛冽的寒风，亲临现场督战，指挥抢运爆破石料，平整道路，经过连续奋战，2003 年 12 月 31 日深夜，纬三路终于贯通，并超额完成 120 万立方米的阶段爆破任务，达到 126 万立方米。2004 年 1 月 1 日上午 9 时，指挥部领导专程驱车视察纬三路，对为纬三路如期贯通付出辛勤劳动的施工与监理人员表示亲切的慰问和祝贺。

小洋山开山填筑工程 D3 区纬三路立体多作业面挖运(2003.12.09)

纬三路贯通后指挥部领导到现场慰问(2004.01.01)

洋山工程的建设者们就是这样勇挑重担、不辱使命,出色地完成了一项项工作任务,最终创造出“洋山速度”。

五、严格控制,狠抓质量——D3 区纬三路边坡爆破开挖质量控制

小洋山开山填筑工程有 4 万立方米的边坡爆破开挖工作,边坡爆破开挖质量控制难度较大。其他项目施工,质量不合格大多可以通过返工重做

来提高，但对于边坡开挖来讲，一旦出现超爆，就无法挽回，形成质量问题，只能通过其他途径（如护坡）来弥补。

由于根据港口指挥部要求，纬三路先期强行贯通，给后期纬三路边坡开挖和光爆技术的实施带来很大的难度，给施工和安全带来不利影响，加之工期要求紧这一实际情况，故监理部要求施工单位要正确对待，采取合理有效的措施予以克服和解决。起初，施工单位主要采用以凿岩机打孔的浅眼加扩壶炮法为主的人工修坡方法，边坡效果较差。为了确保边坡这一"面子"工程质量，监理部督促施工单位充分认识到边坡开挖属于"细活"施工，不同前期大规模开山爆破等"粗活"施工，要求施工单位充分认识纬三路边坡开挖的重要性，边坡开挖施工进入决定开挖工程质量的关键时期，到了在洋山工程留痕迹创品牌、最能体现施工单位技术水平和管理能力的时候，要求施工单位明确技术要求和施工的关键点与难点，从管理上到位、从技术和设备上予以保证、从施工上严格控制，从而达到确保工程质量的目的。要求施工单位统一思想、转变思路、提高认识、高度重视开挖工程质量，改进施工方法，采用先进的预裂爆破或光面爆破技术。按照先设计、后实施、再调整的程序先进行小面积光爆试验，取得合适的光爆技术参数后，再推广实施。在修坡过程中，针对施工过程中出现的质量波动情况，监理又多次及时召开边坡质量专题会议，督促施工单位加强管理，严格控制，坚持不懈，认真做好边坡开挖质量控制工作。经过不断努力，施工单位技术质量管理工作显著提高。虽然在施工过程中，施工单位对监理的严格要求曾经颇有怨言，但最终当一段平整美观的边坡展现在人们眼前，受到人们交口称赞时，施工单位管理人员对监理当初的严格要求一再表示深深的理解和由衷的感谢。大家纷纷说："要是没有监理当初的严格要求，D3 区纬三路边坡就达不到今天这样完美的效果。"

有了 D3 区纬三路边坡的严格管理和成功经验，对于其他边坡来讲，施工单位的重视边坡质量的意识就大为提高，质量工作的自觉性大为增强，监理的质量监控工作也就轻松了很多，边坡爆破开挖取得了较好的效果。

洋山工程的建设者们，就是这样求真务实，严格控制质量，创造出一项项优质工程。

回首往事，我们倍感骄傲自豪！广大洋山工程建设者铸就了"洋山精神”,创造了“洋山速度”,上海洋山港的发展与中国经济的发展蒸蒸日上。2017 年 12 月 10 日,全球最大的集装箱自动化码头“上海国际航运中心洋山深水港区四期工程”将开港试运营,标志着上海洋山深水港产生质的飞跃,进入新的历史阶段,将由世界大港变成世界强港。经过洋山工程的洗礼,展望未来,我们更加豪情满怀！立足国内,进军世界！愿上海洋山港的明天更加美好！愿中国的港口建设更加发达！愿“一带一路”战略快速推进！

D3 区纬三路边坡(2004.12.14)

石头堆里的项目部

勘察公司　李　江

我于2002年6月30日大学毕业,8月8日到三航院报到,那时设计院全名叫交通部第三航务工程勘察设计院,我一直在测绘技术室从事测绘技术工作。我第一次去洋山是在2002年3月毕业实习的时候,在洋山待了1个月零4天后返校。参加工作后第一次到洋山则是在2002年国庆节时。这次来洋山与7个月前我初次来洋山,已有很大不同,洋山一期已经开始陆域形成施工,每天开山爆破的声音和警报声都要响好几次,码头也开始打桩了。扎根洋山岛,服务洋山港的标语到处可见。岛上的居民还没迁走,岛上还是一片热闹的场面,人民广场(小洋山中心的一块场地)熙熙攘攘,卖鱼的、买鱼的、卖菜的、买菜的、吃早餐的、聚在一起聊天的、嬉戏的小孩,好不热闹。我们勘察公司的项目部就在广场附近,站在二楼阳台就能囊括人民广场全貌,那时经常能吃到新鲜的螃蟹等海鲜,都是成盆装的。

2003年春节过后,小洋山岛上的居民陆续迁走,有到上海的,也有到嵊泗的、大洋山的……不但人迁走了,所有的坟也迁走了。岛上的房子也几乎拆了,到处是废墟,仅留了几栋作为项目部的房子。我们的项目部也搬家了,住的房子是我们测量船老大家和他弟弟家的两层楼房子,两幢房子连在一起。开山爆破的石块,除用于回填施工和堆载在软基压载区,其余则堆存在岛上有限的空地上,我们项目部除后面有两幢房子挡着,周边也堆存了很多石块,一层一层,堆得足足有十几米高,就像在房前矗立了一座山。可惜那时的手机不像现在这样可以随手拍,没有留下那时珍贵的照片。从2003年5月到2005年7月,项目部在这里运转了两年多时间,项目部的人员以及那个阶段参与洋山工程的先后有30多人。项目部主要是测绘的人员,岩土技术人员和钻探工人基本都住在钻探船上,他们也会不时来项目部。李孝杰、董淑海、诸海平等都曾在这个阶段担任过项目经理。这些人中有的现在走上了领导岗位，有的辞职了，有的退休了，有的依然坚守在自己的岗位，奉献着自己的一份热情和担当。

岛上的人都搬走了，各个参建单位的人员成了这个岛上的新居民、新主人，待的时间长的都被称作岛主。我们的项目部位于现在洋山二期闸口附近，楼上是办公室和宿舍，楼下是厨房、餐厅和仓库。院子里有两个水窖，自开始拆除房子，自来水就断了，生活用水主要依靠水窖里的水，水窖里的水主要是收集的雨水，有时长时间不下雨或人员增多时，水根本不够用，就将一百多米的水管拉到石头堆顶，好几个人配合再将水管拉扯到山边水井抽水，两个水窖注满约需半天时间，在大热天，这时最开心了，大家都拿出脸盆、水桶，接了山水冲凉，山水清凉清凉的，非常舒服，水井水不够用时，还到其他地方去拉水，水拉到项目部前面的石头堆上，再抽到水窖里。夏天时，水窖里有时会生虫，刷牙时、洗脸时经常能看到。煮饭烧汤用桶装水，洗脸刷牙、洗衣服、洗菜都是用水窖里的水，洗澡没有热水，不能淋浴，只能提两桶水到卫生间搽洗一下，冬天还要另烧热水，马桶不能抽水，每次都要提水冲马桶。项目部院子里还有一颗橘子树，待了两年，我一个橘子也没吃到，都是在快成熟的时候，你说尝一个，他说尝一个，到成熟时都尝没了。

开山爆破的一个工地就在我们项目部不远处，有几次爆破的石子都飞到我们项目部的院子里，我们都事先走出项目部远远避开，等爆破警报解除再回到项目部。起初没有车，每天出去测量，都是背着仪器，有时扛着 3m 长的沉重的铟钢尺爬上门前的“山”，走到工地，测量结束再背着、扛着、抬着仪器回来，从我们门前的“山上”再走下来回到项目部。尤其测水深时，提着沉重的电瓶、测深仪爬上去，结束了再把这些设备搬下来，特别累。有人和同学、朋友打电话时戏称自己在山沟沟里。断电也是常有的事，经常遇到正画着图，突然断电，又从头开始画。项目部没有空调，只有电风扇，晚上还停电，夏天有时天热睡不着，有人就拿席子到楼顶上睡觉，睡着睡着半夜下雨淋醒又跑回房间睡。刮大风时，风吹着窗户玻璃呼呼作响，门窗都不严实，桌子上积很厚一层灰尘。岛上蔬菜种类较少，都是从上海用船运来，价格比上海也贵不少，有的还不新鲜，岛上仅有一家简陋的超市，各参建单位都在这里买菜。岛上卫生环境很差，夏天苍蝇蚊子也比较多，吃饭喝汤碰到苍蝇早已见怪不怪了。

2003年和2004年是洋山一期陆域形成、水工码头施工、工作船码头施工全面铺开的阶段，整个洋山就是一个热火朝天的大工地。从2003年6月起，我们勘察公司接手工作船码头沉降位移观测任务，起初每天高潮时观测一次，低潮时观测一次，每天观测两次，观测一段时间后才调整了观测频率。工作船码头位于锦鸡岛和蒋公柱岛附近，开始没车没路，只有自己走出来的路。拿着测量仪器从小洋山走到工作船码头，要先爬上石头堆，从石头堆走到山脚边，沿着崎岖的山路走挺长时间才能到工作船码头。工作船码头沉降位移观测一年，共计观测176次。在2004年3月又接手对洋山一期水工码头AB标段进行沉降位移观测，每周观测一次，洋山一期水工码头AB标段占了洋山一期水工码头2/3多的区域，工作量非常大，作为第一个建在外海岛屿上的离岸式集装箱码头，没有任何经验可循，当时测量积累的数据都是今后宝贵的参考资料。在一期AB标段测量，有时刮大风，将附近陆域形成的沙土吹得漫天都是，有时眼睛也眯得睁不开，干完活回来，灰头土脸的。洋山一期一直观测到2015年5月底，共计观测78次，相当于78个小型的测量工程。我记得有一阶段，测量项目很多，有时手上同时有六七个测量技术要求，除了变形监测，不时还有水深测量、地形测量、控制测量、施工放样、第三方监测等方面的工作，公司投入的测绘人员也比较多，我参与和负责了这个阶段大部分的测量项目。工作忙的时候，有时就是工地、项目部两点一线跑，早出晚归，白天外业工作，晚饭后稍事休息就开始处理数据、画图、写简报、技术报告等，经常都到晚上十一、二点才睡觉。

有一次我在小洋山连续待了80天，未曾离开过。工作上遇到的问题也很多，有的向同事请教，有的自己钻研，也是在那个时候，我对全站仪、测深仪、GPS、GPS平差软件等反复钻研，熟悉它们的性能特点，在工作中遇到问题基本都能解决。为了赶工期，2005年春节，洋山项目部的测量人员和勘察人员都坚守在工作岗位上。粗略统计，单我们测绘方面，在这两年多时间里，完成的大小测量项目就有上百项，若将变形监测的项目分解为若干小项目，就有300多个测量项目。岩土勘察在这两年多完成的水陆域钻孔也是创纪录的，尤其对钻探抛石孔积累了丰富的经验，这在洋山后续的工程中发挥了很大的作用。

现场生活条件艰苦，工作也很辛苦，有的人心里虽有不快，唠叨几句，但总的来说，还是能够被大家的工作热情所感染，工作上服从安排，积极配合，从不将不满带到工作中。那时洗澡不方便，去大洋山是大家比较开心的一件事，可以在那里美美地洗个澡，几个人一起吃点好吃的，也许是在一个地方待久了，就想换个地方。工作忙的时候，经常吃饭都不在点上，下雨天也在测量。夏天天热的时候，在野外测量，脸晒得黝黑黝黑的，衣服湿漉漉地贴在身上，非常难受。项目部有时会准备一些解暑的汤，冰一些冷饮或冰啤酒。白天大家都工作，傍晚工作结束回来，我们的一些老师傅喜欢喝酒的，就边喝酒边聊天，有时一喝就喝到八九点钟，一楼餐厅靠墙放了好多啤酒，我们几个晚上要整理资料的，一般不喝酒，吃好饭就去办公室整理资料。项目部没有电视，没有网络，手机都还是黑白的，不能上网，不能拍照。闲暇时间就打牌、下棋、看小说。那时的电脑性能也比较普通，操作系统都是 Windows98，U 盘还是稀罕物，使用必须安装操作系统，3.5 英寸软盘还在使用。那时有一个小游戏——连连看，会电脑和不会电脑的人都很容易学会，也是大家闲暇时的一个娱乐项目，好几个人围着看，帮忙找相同的小动物，看谁坚持的时间长和能通关，这是挺开心的一件事，有人为了玩这个游戏抢电脑，晚饭三分钟就解决了。碰到刮大风不能测量，我们几个年轻小伙子都喜欢去爬山，每次都是去爬小洋山最高峰——观音地，观音地实际上是一个约 2.5m×2.5m 的石头房子，里面供着一个菩萨，是一个简易的庙。我们爬到山顶看着正在建设中的东海大桥，期盼它早日建成通车，改善我们的生活环境。我们对着天空肆无忌惮地喊着，有的喊着女朋友的名字，有的说着心想的事，对着天空吼几声，感觉压抑的心情一下舒畅很多。站在山头上，迎着风，就有一种勇立潮头，无所畏惧的豪迈心情，各种工作上的不爽都一挥而散。

我们的项目部于 2005 年 7 月从石头堆里搬了出来，搬到位于工作船码头后方的新家——三航院洋山基地。2005 年年底，东海大桥通车了，洋山一期也开港了。

从 2003 年到 2005 年上半年，是我们勘察公司在洋山最辛苦的两年，但是却是最重要的一个阶段，无论测量还是勘察，虽然项目部条件艰苦，完成的工作量却很大，同时也培养锻炼了一支能吃苦、能打硬仗的队伍，扩大了我们三航院的品牌影响力，为后续的二、三、四期工作的开展储备了技术和人才。我们所在的项目部也获得年度“先进集体”称号。就我个人来说，我也是在这个阶段，从一名技术员，从参与、负责小工程逐渐开始负责中型的工程。2002 年刚到洋山只是听人讲这是多大多大的工程，根本没什么概念，现在回头看时，洋山港确实是宏伟的世纪大工程，被称作“东方大港”当之无愧。它，有我们的一笔！洋山港为我们三航院创造了巨大的社会效益和可观的经济效益。我们作为洋山精神的缔造者和践行者，必将在今后的工作中奉行“不辱使命的负责精神、勇挑重担的拼搏精神、保持本色的奉献精神、求真务实的科学精神、团结协作的大局精神”，展现我们三航院人的风采。

洋山港的砂

海外所　刘家才

朋友,当你登上洋山岛,俯瞰宏伟壮阔的洋山港时,一定惊叹于满眼五彩斑斓的集装箱和虎踞龙盘的桥吊吧？如果你还记得这里曾是浩瀚的大海和泥泞的滩涂,一定会好奇:是谁让茫茫沧海变成了坚实的大地？让我来回答你吧！是那无数颗微小的砂子。是的,正是微不足道被人讥为"一盘散沙"以松散闻名的砂子在地面之下,支撑着一层又一层的装满货物的集装箱,默默地见证着洋山港的热火朝天的繁忙景象。而让松散的砂子紧密地集合起来手拉手肩并肩形成坚实的大地的就是我们这些洋山建设者的智慧和力量。

如果揭去洋山港道路堆场的面层,映入眼帘的将是绵延数公里的暗黄色的砂,这是因为洋山港的陆域是用砂子吹填出来的。整个洋山港总计用砂九千万立方米,按每立方米十亿颗砂子计算,一共有九亿亿颗之多。为了保证吹填进港的砂子不被海流带走,在吹填之前要形成围堰和隔堤,它们大多采用袋装砂建造,袋装砂就是把砂子灌进大大小小的袋子形成的一种筑堤新材料。在软土地基上建造围堰、隔堤,首先要确保它的稳定,需要对软基进行加固,这时要用到砂桩,所谓砂桩就是通过套管把砂子埋入软土里形成的竖向连续的砂柱。为了减小场地沉降,需要对天然的软土进行排水固结法处理,排水垫层要用到纯净的砂。瞧,建设洋山港陆域的每个环节都离不开砂。

砂子从近百公里外的长江口运来,挖出来的时候就成了一堆散砂,是我们广大建设者让这些松散的砂子发挥出整体的力量。粉细砂垫层、水上大直径砂桩、袋装砂和粉细砂无填料振冲这几种方法和工艺就是我们在洋山港和砂子打交道的过程中取得的技术突破,现在已被广泛应用在水运工程建设中。这些方法看起来简单,当初却出现了不同程度的困难,每当此时,无论是设计、施工，还是指挥部、监理，大家都直面困难，群策群力，想尽办法去克服困难，在困难中进步，在困难中提升。

先说砂垫层吧。洋山港成陆面积约7平方公里，不同程度地分布有软土地基，如果全采用传统的中粗砂排水垫层，不仅费用高昂，料源也没有着落，势必影响工期。设计提出利用大南岙有利地形和一期工程多余开山料，进行粉细砂排水垫层试验，在指挥部的支持下，制定了完备的试验方案。系统的监测资料分析和检测结果表明，这一想法完全适用。后续工程建设中推广使用了这一方案，保证了建港速度，节约了工程费用。

再说海上大直径砂桩。这项技术在国外已有成功案例，但是在国内受设备条件限制，还不够成熟，大规模应用更属首次。一开始，甚至出现了套管仅下沉两三米就无法继续下沉的问题。由地质资料分析发现，下面还有十米左右的淤泥质黏土，砂桩必须打穿这层土才能达到加固目的。我当时担任专业负责人，坚决抵制了按贯入度控制沉桩深度的错误思想，在莫景逸副总工程师的带领下，多次登上砂装船查看打桩情况，和施工、监理人员一起查找原因，寻找解决措施。最后采取在套管内预灌砂和开孔等方法使沉桩达到了设计标高。对砂桩成桩质量的检验是这项技术的另一个难题。由于工作面位于水上，桩位确定困难，在水流波浪作用下很难控制钻杆垂直度，造成常规钻探方法很容易过早从桩身偏出，从而无法判断砂桩的连续性和桩底标高。我们和指挥部、监理、施工一起协商，最后采用了在桩底灌白砂然后钻孔检测确保成桩深度的方法，并提出施工过程控制的质量管理思路，施工单位开发出套管内砂面实时监控技术，根据砂面变化曲线确定拔管速度，从工艺上保证桩身连续性。由此摸索出一套水上大直径砂桩的质量检测方法。

最后说说袋装砂。散砂装袋后，整体性大大加强，对稳定性非常有利，但是袋布之间的摩擦力较小，在堤内外水位差的作用下容易沿界面滑动，造成损失。界面间的摩擦力又很难估计，只能按过去的工程经验设计断面。二期工程西围堤的倒滤层采用了袋装砂作为压重作用在土工布上，安全问题一直受到各方重点关注。记得在西围堤即将合龙期间，恰逢大潮汛，白天施工单位报告了水位情况，预计夜间水头差将持续增大，我和方君华吃完晚饭就带着手电筒跑到西围堤巡逻，看到海水从堤身缝隙处汩汩地冒出来，都感到很紧张。当晚最高潮时堤内外形成了近两米的水头差,但袋装砂形成的围堤稳稳地矗立着,我们这才放心地回宿舍休息。事后我们反算了袋布间的摩擦系数,积累了宝贵的第一手资料,在后续工程设计时就没有那么紧张了。

洋山港的砂子们按照各自的使命在默默奉献着,它们是幸运的,因为它们构成了洋山港坚实的基础。而我们也即将挥别洋山港踏上新的征程,我们也是幸运的,因为我们经历了洋山港建设的洗礼,创造了洋山精神,并继续传承着洋山精神。

(作者为公司副总工程师)

梦想与理想

总工办　浦伟庆

梦想与理想,可以通过人们百折不挠的努力成为现实;也可以不经任何的努力使人永远处于梦想的境地和一个始终处于幻想状态的理想主义者。

洋山深水港工程的成功建设,使我国几代筑港技术人员的梦想变成现实,令世人赞叹;同样洋山深水港工程的成功建设,也使我国筑港技术达到了较完美的理想境界。

洋山深水港工程是一项跨世纪的宏伟工程,它的建成是我国筑港史上前所未有、史无前例的,在世界建港史上也是一个伟大的创举。从20世纪末开始进行前期研究、策划历时六年,又从21世纪初启动建设(2002年6月26日),再历经十五年(2017年12月)全面建成,凝聚和倾注了我国筑港界的智慧和精力。作为一项工程它震动了世界港工领域;作为国家经济腾飞、参与国际航运竞争的重大战略举措,它震撼了世界！与此同时充分证明了建设上海国际航运中心是党中央、国务院的英明决策;是上海市坚持改革开放、积极参与国际竞争的具体实践。

回首往事,那日夜工作的场景历历在目,那每个技术方案的形成到完善都令人心潮澎湃。看着眼前的一景一幕却难忘昔日每一天每一时刻艰苦而卓越的工作。为了抓紧落实党中央国务院关于加快上海国际航运中心建设的重大战略决策,2002年1月总指挥部和港口分指挥部向设计所下达了一期工程的军令状:“5月底通过初步设计审查,6月份开始施工建设,确保2005年底建成投产。”众所周知,洋山深水港工程是特大型的现代化集装箱港口工程,无论从哪个角度去理解都是十分重要的,尤其是一期工程,俗话说“万事开头难”,工程令世人瞩目,摆在设计人员面前的困难和压力简直是无法想象:首先是时间问题,在近四个月的设计周期里,不仅仅是大量的设计工作要做,还包括了勘察工作;其次在初设阶段有大量的高难度技术问题需要作专题研究:诸如总体布置方案、高回填土情况下的码头结构型式、陆域形成及地基加固等重大技术问题直接涉及整体工程的建设和一期工程的施工周期;第三还是时间问题,在完成初步设计的同时,还需完成部分子项目的施工图设计,以保证6月份一期工程开工建设。可以说一期工程初步设计阶段的设计工作无论是工作量、技术难度,还是设计周期,在我国筑港领域都是前所未有的。在那个时段内,设计按"一周工作量在一天内完成"以七比一的比例组织日常设计工作,用体力、智慧争取时间。经过港口分指挥部在设计一线的现场高效得力的组织指挥,全体设计人员的顽强拼搏,2002年5月下旬顺利通过了交通部、上海市的联合审查,高质量地完成了一期工程的初步设计,并确保了一期工程在2002年6月按时开工建设。

在完成初步设计后,要求设计人员必须发挥连续作战的精神,夜以继日顽强拼搏地工作,确保一期工程在2005年内建成投产。自2002年6月26日开工起到2005年12月10日进入试运行,在这短短的三年半时间里,设计人员同广大建设者一样,在港口分指挥部的直接领导下,历经了千辛万苦,克服了常人难以克服的困难,谱写了一曲曲催人奋进的凯歌。为了确保施工一线的建设进度,设计必须确保每个节点的施工图设计和现场大量的设计服务和设计优化工作,从2002年1月起至2005年年底建成一期工程,在这整整四年里,对设计者而言同其他建设者一样,包含了无数的艰辛也付出了极大的努力,尤其是前一年半的时间,设计的工作更为艰苦,工作压力和思想负担更为沉重,在港口分指挥部的精心组织和指挥下,设计者与广大参建者一起奏响了一部当代中国筑港领域令世人赞叹的人生拼搏交响乐。一期工程的顺利建成,奠定了整个洋山港工程成功建设的坚实基础。尽管洋山港工程已建成,并已历经十五年的建设周期,但时常还会有深更半夜技术方案论证、编写设计文件的场景出现在眼前;来往岛屿与大陆间交通船舶隆隆的轰鸣声、冬季海岛特有的北风呼啸声仍会回荡在耳旁,这也许是那段日子的工作生活太充满激情,太富有挑战性的缘故而铭刻在我们每位设计人员的心坎里。

洋山港的成功建设,再次印证了我们的民族是一个吃苦耐劳、聪明能干的优秀民族,我们的党和政府是完全有能力带领全中国人民奔向具有社会主义特色的幸福境地。洋山港的成功建设也使我国的筑港技术进行了一次大的变革和提高，也证明了我国是世界港口建设强国，包括设计人员在内的所有筑港技术人员是世界一流的。当初有很多问题，从设计周期到技术难题的解决看似都是天方夜谭的事，最终都被一一攻克、解决了，这是一种精神，就是值得我们赞美和骄傲的“洋山精神”，也正是这种高昂的民族精神展示了广大筑港技术人的风采，激励我们去克服和迎接前进途中的任何困难，不断实现我们更美好的梦想和更高的理想。

（作者为公司常务副总工、原洋山一期工程设计总负责人）

颗珠山的夜晚

勘察公司　赵树光

黄浦江畔的夜晚灯火辉煌繁华时尚，巴黎的夜晚灯红酒绿奢华奔放，然而这都不是工程师们时常要体验的，颗珠山对大多数人来说是个陌生的名字，而它的夜晚却是无数港口建设者们生活的缩影，平静而平凡，却演绎着不平凡的故事。

和舟山群岛其他岛屿相比小洋山并不出名，但是和港口的结合就显得非同寻常。小洋山旧称羊山，因岛上有较多放养的羊群而得名，又因岛屿狭小改名小羊山，逐渐演化为洋山、小洋山。小洋山历史悠久，唐代就有历史记载，明清时期为水师海防要地。颗珠山是洋山岛系列岛屿的一部分，没什么特别之处，其实就是几处高程不过几十米的露出海面的岛礁而已，颗珠山大桥位于东海大桥港桥连接段，东接颗珠山岛，西连小城子山港区，距上海市南汇区芦潮港约30公里，离开大桥不远就是以前各参建单位项目部所在地，我们三航院的项目部也在其中。

2009年我有幸参与了洋山四期工程施工图阶段的勘察工作，虽然才工作一年多时间，但是能参与这个标志性的港口项目也觉得十分幸运。2009年过完年不久接到领导通知后，我马上奔赴洋山现场，刚到项目部碰到了测量队伍从工地返回，每个人面色黝黑显得牙齿特别洁白，汗水湿透工作服，脸上有一丝疲倦但精神状态很好，门口的阿姨非常热情地接待了我，随后安顿好了住处。

平常的工作主要奔波于四期施工现场和项目部驻地之间。每天的工作忙碌而有规律，白天主要在项目部处理资料、协调班组施工或者去现场监督察看勘察外业质量。晚饭后时间稍有富余，可以享受短暂的自由活动时间，洋山岛上没有上海市区繁华的娱乐设施，业余时间可以进行的活动实在很少，于是沿着项目部周围散步便成了主要的休闲放松方式，三五成群，谈谈白天的工作,聊聊家常或者时事政治,颗珠山下单位很多,上海港工、三航局等施工单位、指挥部等等,因而常常会遇到熟人,于是约上一起行进,相互问候一下,交流一下工作或者闲谈几句,也可以增加亲近感。

散步的人群有时候变得很庞大,成了一道特别的风景线。年轻一点的朋友有时候会选择去打球,球场设施不是很好,水泥地面有点损坏,篮筐也有点变形,但是不影响热爱运动人的心情,球场上挥汗如雨,传切配合,既锻炼了身体又加深了默契感。偶尔也有女同志加入我们的队伍,我们也表示十分欢迎,对她们来说,能够投入工程一线,展示巾帼不让须眉的精神很不容易。喜欢跑步的人也有不错的选择,晚上路上车少,空气很清新,顺着项目部周围再沿着公路可以跑到颗珠山大桥脚下,也有好几公里的距离,对于长跑爱好者来说,可以继续顺着小洋山隧道,再沿着上坡经过水库,顺着下坡返回到项目部,这一段路途比较有挑战性,要经过上坡和下坡,全程路途将近 7~8 公里,特别是经过爬坡段的时候很艰难,是对毅力最大的考验,但对工程人来说这都不算什么困难,工程中我们遇到的这样的压力和考验还少吗,每个项目都会有平稳期,有迎接项目顺利完工的喜悦,也有艰难的爬坡需要考验,这就像是长跑一样,拥有一颗想赢和战胜困难的决心是必不可少的,等冲过终点线赢得胜利的那一刻回头再看,一切的付出都是值得的。这一段跑步的体验是特别的:通往颗珠山大桥的道路很平整,在小洋山下蜿蜒曲折,北侧就是渔船避风停港的地方,这里有新鲜的海产品,肉质细腻的鲳鱼,味道鲜美的基围虾,为工程人提供好的营养补充,这一段的海水夹杂着鱼腥味,对于港口建设者来说这种气味是熟悉的,不会反感;等到了颗珠山下一般会驻足停留,稍微休息片刻,欣赏一下大桥夜晚的风光,近看大桥显得身姿更加高大,像是巨人矗立在海岛之间,承载着脚下的车水马龙,见证着工程人的辛勤奉献,但是工程人欣赏风景的角度似乎有些特别,会在想主桥墩基岩这么浅灌注桩要多深才能满足承载力要求,这么急的水流勘探船是如何抛锚定位的;穿过隧道后接近上坡段,视线也被小洋山主岛遮挡,等到达顶峰转弯后可以从另外一种角度欣赏东海大桥的雄姿,在夜色和迷雾中大桥宛如活动的巨龙游向海岸,甚为壮观。散步、长跑、打球、和家人打个电话等等构成了颗珠山下洋山工程人的生活画面,虽然很平常,但却是一天很难得的时光,一天工作的疲劳和疲惫在这一刻短暂消融在惬意中。大多数时候工程是繁忙的，休息也只能是短暂的，甚至要选择放弃，加班成了洋山工程人的常态，也成了洋山工程人的常规生活节奏，晚上十点后，办公室仍然灯火通明，热火朝天，和颗珠山大桥的灯光交相呼应。

6月份正好是端午放假，颗珠山下的大部分单位都放假了，三航院项目部也不例外，放假前设计负责人找到我说：节后要提交一批地质资料，务必要按时提交。我粗略估算了一下完成所有工作差不多需要放弃整个假日，来回上海市区也要花费大半天时间，我选择了留守，但是仍有纠结，因为食堂的师傅也回去了，连外面的小卖部也关门停止营业，吃饭怎么解决呢，还好看门阿姨给我吃了定心丸："小赵，我给你做饭，放心吧。"冰箱里的食物剩的不多了，阿姨也想了办法，去山上挖了野菜也算是加了餐。水工室的刘工是东北人，性格很豪爽，也选择了留下："我的防波堤断面图还没画完，回去后也没什么事。"端午节的聚餐伙食很简单，但都没有怨言，晚上家人来电话问：端午节怎么过的？有没有很多人一起啊？伙食怎么样，有没有吃粽子？工程人都有脆弱的时候，接到电话的那一刻心里百感交集，思乡的心情涌上心头，这是每个工程人常有的经历和共同的体会。那一天我撒了谎：我一切都好，有很多人一起，伙食也很丰盛。节日的颗珠山夜晚更加宁静也更利于安下心来工作，平复了心情后，继续投入到工作中。

如今项目部所在地均已被拆除，成了港口集装箱堆场的一部分。以前颗珠山的夜晚成了美好的回忆。

有人形容做工程的人"除了孤独和酒，什么都没有"，我不敢苟同，孤独的表层含义在于无人陪伴或内心空虚。但是真正懂得孤独的人内心是丰满的，因为还有理想、信念和追求。

洋 山 之 路
——记东海大桥港桥连接段建设

综合所　高志伟

今天从上海市区到洋山港区,可以说是一场说走就走的出行,用时一个半小时,基本能从市区驱车直达洋山港区,除了在32.5公里长的东海大桥穿越一望无际的大海外,和到上海周边郊区相比,并没有其他明显感觉,因此现在如果到洋山出差,习惯说"到洋山去"。然而在十多年前,如果去洋山港区,人们会习惯说"上岛去",并要好好做一番准备。

十五年前,2002年的晚春,洋山深水港区及配套的东海大桥正式核准批复,小洋山这座远离大陆的小岛很快成为建设的热土,数千名建设者从四面八方赶来参加这场举世瞩目的港口大会战,当时的小洋山岛只是一个外海的小渔村,水电不通、交通只能乘一天一两班的小轮船,建设人员更多是乘渔船改建的交通船,海上是无风三尺浪,交通船缓慢地在浪尖上起伏穿行,从大陆一侧的芦潮港码头起航到小洋山岛,常常是早上八九点钟出发,下午三四点钟才到达,坐在甲板上也是一路颠簸,时间一长,下船时反而感觉陆地在晃动。海况常常是风云莫测,有时能来得了洋山岛,却回不到大陆,特别是冬天寒潮季节,小洋山岛受岛体掩护海况良好,但芦潮港码头直接面对北向波浪,常常是波涛汹涌,在小洋山码头上可以顺利登船,船到了芦潮港只能在浪头打转,就是靠不了码头,只好重新返回小洋山岛等海况好转,经常一等就是两三天,遇到紧急情况要赶回大陆,只能等海浪变小了搭乘抗浪能力强的海事船回来。这个时候就翘首盼望着东海大桥何时能够通车,尽早把外海孤岛和大陆连成一体。

东海大桥是中国第一座真正意义上的长距离跨海大桥,东海大桥的建设是为了满足洋山深水港区大宗集装箱对外集疏运及港区开发后的客流与物流运输等需求,同时也把大陆的水、电及通信等配套内容接入洋山港区,可以说东海大桥也是洋山港区核心组成部分，然而建造这样一条联系洋山港区与大陆腹地快速、便捷的陆岛通道，要面对复杂多变的海浪、潮流和地质情况，虽然上海建桥技术实力是全国一流的，在大江大河建设多座超大型桥梁，但要在近三年工期内建成东海大桥，对建设者无疑是重大考验。三航设计院作为洋山港的总体设计院，除参与港区建设外，还联合上海市政设计院参加了东海大桥的设计，重点研究主线桥梁下部基础结构、港桥连接段及后方港区高架路。

港桥连接段是东海大桥到洋山港区的最后一段，洋山港区的原始地貌是由一系列小岛组成，简称崎岖列岛，港区一期工程的位置在镬盖塘岛，因此港桥连接段是从最西边的大乌龟岛登陆，穿越颗珠山岛、小城子山及小洋山岛，最终到达东部的洋山一期港区。其间既有大乌龟岛、颗珠山和小洋山段的开山道和隧道，又有大、小乌龟岛及颗珠山间的海堤，还有颗珠山至小城子山间的海上大桥——颗珠山大桥，全长约4.35公里。

港桥连接段是在岛礁地形上筑桥修路，自然条件相当不利，并且使用功能复杂，在设计过程中遇到多个世界级的难题，像大乌龟岛到颗珠山岛之间的道路为了减少当时规划的洋山西港区（现今洋山四期工程）的投资并增加港区土地面积，从桥梁方案优化成海堤方案，海堤既作为港区北侧陆域边界，又要按高速公路建设标准设计，但岛礁之间水深流急，软土层深厚，海堤高度近30米，下方还有最厚达35米的淤泥层，相当于在豆腐块上盖10层高的楼房，这个“楼房”使用时还不能超过30厘米的沉降，国内外没有实例可借鉴；颗珠山东引桥桥高30米，局部基岩裸露，常规的支架现浇、整梁吊装、节段拼装等工艺均无法胜任，只能寻找新型建桥方法；如何在高腐蚀的海洋环境下按100年不大修的设计标准建造桥梁也是国内第一回遇到。

面对种种技术难题，三航设计院抽调精兵强将，成立港桥连接段设计团队，团队成员绝大部分都是35岁以下的青年，特别是桥梁结构设计人员还以水工结构专业为主，他们深知使命重大，大家团结协作、勇挑重担，有的到工程现场进行踏勘，有的去类似工程调研，有的去科研单位进行联合技术攻关，设计方案反复认证，有的地方推倒重来多次，到了方案评审前一个月基本都是工作到深夜，大家都是一双熊猫眼。经过严谨的科学认证，针对关键性技术完成大量支撑性报告，最终一个个技术难题被攻克。方案中首次在高速公路深水海堤上采用排水板地基加固工艺，首次在岛礁地形运用MSS滑动模板支架建桥工艺，首次提出了成套桥梁防腐技术标准，最终主要设计方案得到李国豪院士为首的专家的肯定。

港桥连接段都是孤岛施工，条件相当艰苦，每一方混凝土中的淡水、砂石料都要从大陆船运过来，有的桥梁建设者直接住在密不透风的箱梁空腔内，但越是建设难度大，对建设质量越严格，在颗珠山大桥西引桥箱梁浇筑过程中，支撑的钢支柱受强风浪影响有沉降，导致箱梁出现细小裂缝，对于常规桥梁至多进行裂缝修补，但东海大桥是百年工程，经反复论证，最后将整个350米长的引桥全部拆除重建，虽然损失了数千万元，但换来的是高品质的桥梁质量。

2015年12月10号，东海大桥正式通车，自此“一桥飞架南北，天堑变通途”，洋山深水港区也陆续从一期工程建设到如今的四期工程，大桥来往的车辆日益增多，现在一年有800多万集装箱通过大桥来往洋山港区，十多年下来，东海大桥良好的运行状态有力支撑了上海航运中心的发展，同时东海大桥也是中国长距离跨海大桥的先行者，在它之后，杭州湾跨海大桥、胶州湾跨海大桥、港珠澳跨海大桥也陆续建成，中国桥梁建设史上将永远有东海大桥的杰出地位。

作为洋山工程的建设者，我深深感到工程建设的浩大、艰辛，也为建设者“敢叫日月换新天”的斗志折服，在洋山建设中提炼出来的“不辱使命的负责精神、勇挑重担的拼搏精神、保持本色的奉献精神、求真务实的科学精神、团结协作的大局精神”的确是建设者群体最好的写照，也是上海城市精神的生动诠释。

（作者为综合所所长、党总支副书记）

洋山有约

东华公司　阮学成

2017年7月，一位多年不见的老同学来上海，我正琢磨带他去看哪个景点，想不到他先入为主："带我去看看洋山港吧！"老同学工作生活在海南，真没想到洋山深水港在"天涯海角"还有这么大的知名度。

作为一个刚到三航院工作第一天就到洋山工地的我来说，洋山于我的关系真不是一句话能道得清了。自2005年10月以来，我前后在洋山工作了8年多，基本参与了洋山一期到四期的建设过程。是呀，洋山那春天的金银花，夏天的蒲公英，见证了岁月与季节的更替；洋山那夏秋的台风，冬春的寒潮，磨砺了建设者的顽强意志；洋山那东边的小岩礁，中部的镬盖塘，西边的小乌龟，从东到西都留下了东华公司同志们战斗的足迹。我们见证了洋山港的萌芽壮大，也经历了建设过程的艰难磨砺。

2015年4月，公司领导一个电话把我从温州状元岙工地调回洋山工地，我知道全球最大、国内领先的洋山四期自动化集装箱码头道堆工程建设已经拉开了帷幕，我们承担道堆5个标段中2个标段的监理任务。

经初步了解，四期自动化堆场的"四新"运用特别多，有关技术标准也是严苛的！例如为了满足ARMG（自动化堆场吊）高速重车的行走要求，堆场相邻轨道接头表面高差允许偏差0.5毫米，400多米长的钢轨焊接成一整条轨道，中心线允许偏差仅仅5毫米，31米间距的两根整长钢轨轨距允许偏差5毫米，这么高的安装精度很难实现，同时也对轨道基础、轨枕预制安装等土建工程也提出了高精度要求，这是"毫米级"的挑战呀！洋山四期的定位是"确保部优，争创国优"，在诸多创新点与严苛的自动化堆场工程精度面前，我们绝无退缩的机会。我深感责任重大！

道堆三标5个单位工程，94个分部工程，283个分项工程，道堆五标5个单位工程，155个分部工程，400个分项工程，一条近3公里长的纬二路纬三路贯穿两个标段，总面积31.2万平方米的场地内分布着自动化堆场、超限箱堆场、大型拱形钢结构闸口、15个房建单体，还有复杂地下通信、电力、供水、排水等管网。其中U形槽轨枕道砟基础、大型拱形钢结构都是首次在港口工程运用，三标的自动化堆场同一条轨道还存在地基复杂现象。监理部分析了建设内容、有关标准及要求后，总结了四个字“新、难、险、重”。

2015年6月，监理部召开了如何做好工程监理“诸葛亮会”。会议在短暂的几分钟沉默之后马上就“电闪雷鸣”了，卢总说：“施工合同13.1.5、13.1.6条款说得很清楚，工程质量一次验收合格，达不到一次验收合格要求，则按合同价款的1%向指挥部赔偿损失，验收一次合格不容易呀！”仲工说：“三标自动化堆场轨道基础有两种结构型式，其中3号、4号箱区地基一半是石头一半是‘豆腐’（吹填软基），如何协调两者的沉降量，同一箱区轨道的沉降变形梯度仅允许偏差0.5%，只有严格控制好软基基础上的轨道基础沉降量才有‘活路’，必要的话还必须预留一定的沉降量。”钮工说：“大家别忘了安全，安全是一票否决权，如此规模、如此难度、如此工期，要控制好安全，做到零伤亡、零责任事故，必须靠大家齐抓共管、群策群力，严格执行‘一岗双责’。”王工说：“进港闸口大型拱形钢结构体量大、造型新颖、拱架相互贯通，安装难度极大，很难保证一次安装到位，对一次验收合格是个很大的挑战，这是土建的重点与难点！”储工说：“这么多的新工艺、新材料，监理部要加强学习，首先要办个培训班，把他参透，否则无法监管。”潘工说：“要把标准化施工、质量通病防治的要求从一开始就树立起来，不能没有目的的东一榔头，西一榔头，脚踩西瓜皮滑到哪是哪！”……大家你一言我一语的，大浪淘沙，头脑风暴，基本罗列出监理监管工作的重点与难点。我心里想：虽说监理部目前只有7个人(其中2人还是兼职的)，但是我们这个团队是有能力、有战斗力的，一定能圆满完成业主所托，树东华品牌监理形象！

2016年3月18日上午，“洋山四期进港闸口钢结构制作安装专项施工方案审查会”正在进行中，进港闸口是五跨20米×80米×12米的大型拱形钢结构，是洋山四期的地标之一。面对施工单位花费了两周时间三易其稿的制作安装方案，在总包方、钢结构专业制作方分别阐述完施工顺序、工艺方案、安全重点等细节后，监理方陆续“开火”了，由于监理部内部预先进行过制安方案模拟推演，显得胸有成竹，阮工：“安装方案没有考虑到拱形柱网的交叉制约,上下部结构各四个杆件,加在一起就是相互关联的8个制约,假设每个构件的制作安装精度都符合设计及规范要求,也完全可能导致上部机构与下部结构对接不上或偏差超规范,方案把柱脚先现浇固定死了不可行,柱脚必须临时固定为与上部结构的对接创造冗余可调度!”卢总:“安装施工季节是雷暴多发季,一旦雷暴来临,哪怕安装过半吊机也必须松勾撤下,方案的支撑没考虑此不利工况,必须按照最不利工况核算支撑结构!”郑工:“720毫米×20毫米的钢管,曲拱如何制作?如何保证幅度控制在规范范围内,没有详细的说明。安装时考虑构件自重影响了吗?”……施工方原来觉得信心满满的方案想不到有这么多反对意见,免不了一番唇枪舌剑。最后,业主方总结:“真理越辩越明,监理的担心是对的,方案确实有欠缺,进港闸口是洋山四期的门户与地标,这个结构制安有很大的挑战性,但是必须保证达到合同要求的一次验收合格,必须保证达到优质工程的标准,方案必须进行修改完善。”由于把理由说透了,施工单位心服口服,连声说“多谢把关!多谢把关!”如今看到恢宏圆润的进港闸口,我们心里总是荡起一丝自豪的涟漪。

2017年3月,自动化轨道梁式基础正在施工中,监理在检查中发现轨道预埋螺栓的精度与标准相比差了1~2毫米,监理部马上通知施工方暂停施工,“虽说只有偏差1~2毫米,但是若强行施工将影响轨道安装精度,轨道中心线与轨顶标高偏差将不达标,问题的关键是预埋件的固定与定位不可靠,必须改进!”仲工告知施工技术主管。本着优质服务、团结协作的精神,仲工充分调动其丰富的工程经验,在一番苦思冥想下大声说:“有了,用型钢制作一套可以重复使用定位模具。”这么一点,大家豁然开朗,施工方连声说:“对呀!事半功倍呀,我们当初怎么就没想到呢!”在两年多的监理历程中,这样的事例举不胜举,大家尊重科学、追求卓越、勇于担当、拼搏奉献,共同阐释了“洋山精神”。

每个洋山建设者都对洋山工程充满自豪,同时每个洋山建设者都有一把辛酸,正是无数建设者的无私奉献支撑起了这个东方大港。一个小小的监理部内的感人事迹也不少。2015年11月,储工说他母亲住院了要请假回家照顾几天,一周后回来,他的衣服上多了一片黑纱,同事们问他:“你平时为什么不多请几天假回去照顾母亲?”他平静地说:“自古忠孝难两全,这是没办法的事情，工地这么紧张，大家都这样。”王工母亲88岁了，岳母90岁，家中孙子5岁，夫人身体不好，由于常年驻守工地，这些照顾老人、小孩的活大多只能由他夫人独自完成，他常常挂在嘴上的话就是：“等忙完这个工程我就真正退休了，回家尽点义务。”但是没等到洋山四期工程结束，2016年5月他的岳母在住院抢救1个多月后还是走了，爱人对他一肚子意见。仲工老婆眼底充血严重，2016年3月、4月连续住院治疗两次，均未能治好，由于工地忙、人手少，他均没有请假。2016年5月她第三次住院进行“玻璃体切割”手术，在手术前两天他才回家陪伴夫人。卢总精力旺盛、经验丰富，每日像只小蜜蜂一样不知疲倦地奔波在30多万平方米的场地上，白天忙工地，晚上忙内业，忙完工作洗好澡后躺在床上基本是5分钟进入梦乡，累呀！桃李不言，下自成蹊！

2017年2月20日，指挥部召开“奋战300天，洋山四期工程建设冲刺动员大会”。2017年7月10日，指挥部召开“洋山四期工程全面完成建设推进大会”。工程建设正如火如荼地展开，一场上海有史以来的高温也在“烤验”着大家，7月高温天（日最高气温≥35℃）23天，7月23日，阮工在监理日志上记下：上海最高温40.9摄氏度，高温红色预警。他边写边自言自语：“干两头，歇中间，防中暑，保进度。”40.9℃打破了上海145年气象史上高温极值纪录，整个7月大家四套工作服轮流穿，都是湿的，洗都来不及。战高温，促“三保”（保安全、保进度、保质量），大家头顶烈日战尤酣。

执笔之时，洋山四期已进入收官阶段，工程正在陆续交工验收中，我们负责的道堆三、五标段进展顺利，质量受控、安全“双零”，我们监理部追求并践行的“创双优”“品质工程”“质量通病防治”“主要工序标准化”“施工班组安全标准化”等也结出了累累硕果。远眺洋山四期已是吊车林立、AGV小车穿梭如织，2017年12月10日洋山四期将按时开港，按照原有规划上海国际航运中心洋山深水港区工程行将画上一个圆满的句号？且慢！据报道，上海港2016年集装箱港吞吐量3713万标准箱，超设计能力近1000万标准箱，2017年5月上海港集装箱压港严重，7月12日沪浙两地政府签订了《关于深化推进小洋山合作开发的备忘录》《关于小洋山港区综合开发合作协议》，小洋山北侧还有那广袤的海域、陆域，一个新的蓝图已经在绘就。

建者无疆，洋山有约！

洋山，我们的青春因你而精彩

生产监管考核部　隗祖元

洋山工程建设十五年，东华建设管理公司参与了上海国际航运中心洋山深水港区一期至四期工程的建设，先后承担了一期工程陆域形成、一期工程地基加固（I 标）、一期工程道路堆场（A、D 标）、一期工程小洋山隧道、一期工程东侧北围堤、一期工程小岩礁水下炸（清）礁、小洋山中门堂爆破工程、三期进港道路高架桥、西港区前期工程 A 区陆域形成、三期工程开山爆破与填筑、三期工程大指头大岩礁开山爆破与填筑小岩礁水下炸（清）礁工程、一期工程工作船码头及后方陆域加固改造工程、四期工程大—小乌龟联络堤工程、小洋山高泥滩围填促淤实验工程陆域形成工程、西港区西侧导流堤（含 3 号堤）工程、四期工程道路堆场工程以及洋山石油储运项目一期扩建工程库区基础工程、洋山石油储运项目一期码头驳岸工程等近二十个项目的施工监理工作，承监项目建安费达 30 亿元。

洋山工程的建设对国内水运工程监理是一个挑战，主要体现在：

①工程浩大，在外海孤岛作业，施工条件恶劣，国内甚至国际上没有类似经验可以借鉴；

②洋山工程监理的观念和以往监理有很大不同，需要第一线的实践摸索；

③参建队伍多，交叉作业多，相互影响复杂；

④工程涉及新技术、新工艺较多，许多内容在现行《水运工程质量评定标准》尚无对应的检验标准；

⑤工程质量要求高、工期紧，不同专业衔接紧凑，对监理人员综合能力要求高。

但在一个又一个困难面前，却活跃着一群年轻人，他们扎根洋山，用他们拼搏与自强不息的精神充实了自己的青春，为自己的青春添得了光彩。

范松涛、朱剑、王正义、汪涛、钮旭东、蒋杰、阮学成、蔡洪波……一个个充满朝气的名字,他们刚参加洋山深水港建设时年龄最大的不过 39 岁,一干就是五年、十年。在漫长的日日夜夜里,我们面对一个居民拆迁后的孤岛和浊浪滔天的大海,我们没有被吓倒;面对着季风、大浪、暴雨等变化无常的天气条件,我们没有被吓倒;面对着一个个新课题,一项项技术攻关,我们也没有被吓倒。相反,参与洋山工程的建设,让我们的青春变得更精彩!

“让青春烈火燃烧永恒,让生命闪电划过天边,用所有热情换回时间,让年轻的梦没有终点!”我们非常欣赏《烈火青春》里面的这段话,并一直用它激励自己的学习、工作和生活。青春就应该燃烧,发出亮光才有价值!当一个人的青春融汇到一个时代、一份事业中,这样的青春就不会远去,而这份事业也必将在岁月的历练中折射出耀眼的光芒。在洋山的工作,我们用自己的智慧和青春为洋山的建设贡献了力量,昔日的荒岛变成了今日的东方大港,蜿蜒的羊肠小道已成为宽敞明亮的城市主干道,傍晚夜泊的渔火已变成忙于装卸的耀眼璀璨!我们的青春也因为“建港—开港—建成”的奋斗历程变得格外充实!

时光荏苒,转眼间,洋山港四期工程完工了,洋山建设取得了多少丰硕成果,一个个单位工程的完工,我们的汗水化作一项项殊荣。上海市水运工程优质结构“申港杯”奖、上海市市政工程金奖、交通部水运工程质量奖、上海市文明工地、鲁班奖、国家优质工程奖,一个个荣誉的获得,都是参建者辛

勤汗水的结晶。

洋山的建设伴随着我们的成长，洋山上的婚礼，别开生面，更让人难忘。隗祖元、蒋杰他们的婚礼是在洋山工地举行的，他们的孩子也是在洋山建设期间出生的……我们对洋山已产生了一种难以割舍的感情。因为我们正是在洋山建设过程中逐渐成长起来的，我们所迈出的每一步都与她的建设息息相关。我们不同的部门之间、不同的专业之间加强融合、互相渗透、取长补短、合纵为一；我们互谅互让、互学互助、互通有无，在技术知识上保持共享，在任务上要保持平衡，在目标上要保持一致，在行为上整齐划一。“人无你有，人有你精”，这是洋山工程我们追求的目标，五年里，我们有过迷茫，有过喜悦，有过失败，也有过成功……最终明白：在这个世界上，做任何一件事情，都当以“用心营造”的态度，全力以赴地去追求“敬业、奉献、开拓、创新”的境界。

洋山工程是艰苦的。在远离大陆的一个孤岛，没有淡水资源，常年没有新鲜的瓜果蔬菜，更没有喧闹的都市生活，这对我们一群小伙子们来说无疑是个考验。洋山除了交通不便，更大的威胁来自台风。麦莎、彩蝶、卡努、桑美、帕布、蝴蝶、罗莎、海鸥、凤凰、鹦鹉……一串串熟悉的名字，它们是洋山的客人，也是我们意志和精神的考官，望着它们呼啸而去的背影，我们有了人定胜天的豪情。

洋山工程是一个大熔炉，工程之浩大，参建单位之多，历时时间之长，涉及专业之繁杂，都给了我们足够的学习空间。只要找到了适合自己的定位，虚心学习、自我完善，我们的工作能力就能不断得到提高。远离了都市的繁华，城市的喧嚣，却沉淀了心情，在这里驻足、扎根、守望。我们是失去一些东西，但我们没有失去青春。我们也没有辜负自己的青春，我们正用汗水见证着成长，用奉献丈量着价值。在这片热土上，安全帽在脸上留下的“帽带白”消了又长，一批又一批的新同志变成了老同志，一个又一个小伙子步入中年，一个又一个的工程是我们创造的新生命，闪亮着青春之花的人们在这里绽放，永不凋零。因为那些花儿已经变成了果实，成为了历史永恒的记忆。

洋山的建设，给我们机会的同时也给了我们更高的要求。我们时常告诫自己，要化压力为动力，不断完善自我，要以一种主人翁心态，做一个有头脑、有思想的执行者。蓦然回首，却惊喜地发现我们自己已经成了一个与往昔不同的我。伴随着洋山的建设,我们也在不断进步。我们为自己能独立地完成某一项工作任务而欣慰;更为能得到朋友们的热情帮助和积极鼓励而充满感激;也为能给祖国建设作贡献,同时最大化自己的价值而无憾。洋山总会给我们磨砺的机会,让你在做事中去体会其博大精深。因为奉献,我们得到认可;因为自爱,我们的工作更有尊严。

主持验收会议

然而最令人难忘的,是"洋山建设的5种精神",我们都为洋山建设者5种精神所感动,我们为是洋山建设者而自豪。这五种精神体现了一种舍我其谁的豪迈,一种义无反顾的勇敢。面对困难,面对考验,正是需要这样的精神来激励斗志。在新的建设与管理的形势下,在我们以后人生奋斗的过程中也将面临新的机遇和挑战,洋山建设给了我们这种精神,我们将受益一生!

青春,是我们一生中最美丽的季节,她孕育着早春的生机,展现着盛夏的热烈,暗藏着金秋的硕果,昭示着寒冬的希望,充满诗意而不缺乏拼搏的激情,时尚浪漫而又饱含着奋斗的艰辛。洋山,我们的青春因你而精彩!

共抒“洋山情”

勘察公司　李庆庆

2017年年底，全球最大的自动化集装箱码头——洋山四期工程将竣工运营，作为三航院的一名青年员工，振奋与自豪之情难以言表。同时，自己也是一名参与洋山工程建设的技术人员，回首来时路，三航院勘察人在奉献洋山工程所留下的生动事迹和宝贵故事，时常在脑海浮现，如此清晰、深刻。

一、初入洋山，我是一名实习生

2005年5月初，我在入职之初的实习阶段，就有幸参与了洋山二期工程的勘察工作。依然记得时任岩土技术室主任的陈智勇带领吴朝东、荣艳丽和我三人初次上岛实习的场景，当时交通十分不便，汽车、船舶、交通艇，几番周折后才到达工地现场。我们白天吃在船上，跟着老职工现场学习编录、打水深、封土样，晚上就在项目部学习整理内业资料，每天过得紧张而充实。在实习的两个月里，洋山最初给我的印象就是人烟稀少，尘土飞扬，条件艰苦，但是先辈们在洋山港挥洒热血的施工场景让我记忆犹新，也就在那时，我开始对洋山港有了别样的情怀。

2006年1月11日，作为三航院员工，我还参观了在上海展览中心举办的洋山精神主题展，接受洋山精神的洗礼。该展览通过生动形象的照片全面地回顾了洋山深水港工程从决策论证到规划选址，从工程建设到开港盛况的精彩过程，我们三航院人的身影也在展览中多次出现，充分展示了三航院人作为建设者敢于挑战自我，攻克难关，创造奇迹的感人画卷，更让我再次被洋山深水港工程建设者所展现的可贵精神深深折服。

二、再入洋山，我是一名专业技术负责人

转眼间到了2014年年底，国内首个全自动化集装箱码头——上海国际航运中心洋山深水港区四期工程正式开工建设，举世瞩目。我也逐步成长

为一名青年技术骨干,并作为岩土工程专业的技术负责人参与其中,我和所在的勘察团队深感肩上责任重大。

2006 年 1 月,参观洋山精神主题展

(拍摄时间:2006.1.11　地点:上海展览中心　拍摄背景:洋山精神主题展　拍摄者:参观者)

洋山工程参建者——李江,与会展上自己的照片合影留念

(拍摄时间:2006.1.11　地点:上海展览中心　拍摄背景:洋山精神主题展　拍摄者:李庆庆)

1.临危不乱,紧张有序开展各项工作

洋山工程任务紧急,意义重大,为保质保量、及时有效地完成工作,我作为技术负责人,主动提出常驻工程现场,始终冲在最前线,付出很大心血。我自2014年10月参与该项目,首先负责四期工程陆域一阶段、二阶段的勘察工作,在陆域勘察外业刚结束的时候,洋山四期水工码头工程也紧锣密鼓地开始了。我一边协助项目经理董教社开展各项工作,白天负责安排水域区施工任务、调动作业队积极性以及实地监督施工质量等工作,晚上及时整理每天的钻孔资料,分次分批地把已完成的勘察资料及时传给设计人员,与此同时,我还要见缝插针地及时整理陆域区勘察报告。在此期间,接到上级通知,必须在两天内完成洋山四期陆域一阶段勘察报告的提交。面对突如其来的任务,连部门领导都觉得措手不及,该阶段工程单是土建单体就多达30多项,涉及桩基、浅基、基坑等工程,报告编写有一定难度。我没有叫苦喊累,顶住各方压力,及时调整状态,紧张有序地开展各项工作,累了就在办公室的躺椅上睡一会儿,硬是熬了两个通宵,最终按时完成该阶段勘察报告的提交。

苦点累点都没什么,我始终坚信,自己作为一名青年技术人员能为洋山工程挥洒汗水是荣幸的,能在这样的舞台上得到锻炼是幸运的!

2.顽强拼搏,保质保量完成水工码头区外业施工

洋山四期水工码头区施工时正值隆冬,作业受现场天气影响较大,为保质保量、及时有效地完成本次工程任务,勘察公司组建了以副总工董教社为项目经理的洋山四期工程勘察项目部。

项目部成员在项目经理董教社的带领下,做了大量细致的工作,为本工程付出了辛勤努力。为方便我院设计人员能及时调整桩长、桩型和沉桩工艺,项目部技术人员每天除管理外业施工现场和技术质量外,每天晚上还要加班加点、紧张有序地处理已完成的钻孔资料,并定期给设计人员及时传递技术资料,以保证最大限度的、快速高效的为设计和业主服务,为此常常忙碌到深夜。

编录技术人员王松树、沈明云、孙宁、陈凯、张进为掌握现场施工的第一手资料,与施工人员同吃住,不怕脏不怕累,严把质量关,确保顺利完成每天计划的勘探孔。施工现场作业班组多,为确保施工进度,测量定位人员方贤哲、龚志坚每天早早就到达现场，不畏严寒，确保勘探孔定位的及时性、准确性。现场司机杨毅基本上全天待命，测量技术人员定位、项目技术人员现场接送、施工班组买菜等，不管早晚，有应必到，毫无怨言。

工程期间，为争取优质高效地完成任务，充分调动全体参建员工的积极性和创造性，勘察公司工会与项目部还开展了劳动立功竞赛活动。面对施工现场天气多变、寒冷，场地条件复杂，部分钻孔钻入基岩相对较深，勘探设备、器具磨损较严重，时常有机器坏损和维修等情况，各班组毫无怨言，积极配合项目部开展施工作业。尤其在 2014 年 12 月 24 日，为确保三航局正在进行的打桩施工对我勘察工程的影响减到最小，11 号船作业班组在项目部的动员、鼓励和指导下，项目经理董教社亲临现场压阵，李金龙队长亲自开钻机，当日连续奋力作战，班组从早上 6 点多一直坚持到晚上近 10 点，安全、顺利地完成 4 个勘探孔，充分展现了三航院勘察人良好的精神风貌。

就是这样一个特别能吃苦、特别能战斗、特别能奉献的勘察团队，急设计、业主之所急，全体项目部成员和作业班组默契配合，服从大局，以实际行动践行着“吃苦耐劳、甘于奉献、攻坚克难”的洋山精神，确保了洋山四期水工码头工程外业施工的顺利完成。

项目部成员与各班组讨论施工方案

（2014.12.18　　拍摄者：沈明云）

作业班组连续奋战至深夜(一)

(2014.12.24　　拍摄者:李庆庆)

作业班组连续奋战至深夜(二)

(2014.12.24　　拍摄者:李庆庆)

3.团结协作，按时提交满意勘察成果

通过项目部全体成员及作业班组的奋力拼搏，洋山四期水工码头外业勘探任务提前十多天，于2015年1月19日结束施工。

回公司后的第一时间，项目部成员就立刻集合开会，讨论研究工程勘察报告整理的有关要求。全体成员自愿放弃周末休息时间，大家分工明确、各司其职，每天工作至深夜，没有丝毫怨言。累了就趴在桌子上睡一会儿，饿了就到餐厅简单吃一点，稍事休息后继续工作，始终保持着高昂的士气。报告编写过程中，为了更直观地了解水工码头各区段的岩土层分布发育情况，办公室的墙壁上也贴满了工程地质剖面图，大家坚持精益求精的态度，对资料和数据反复锤炼，常常为了一个问题讨论至深夜，不断提高勘察报告的准确性和严谨性。2月上旬，勘察报告整理进入最后冲刺阶段，大家相互鼓励，有条不紊地轮流校对勘察资料，甚至加班至凌晨三点半，最终按时、保质保量地提交了洋山四期水工码头区的岩土工程勘察报告，为洋山四期工程后期工作打下了坚实基础，得到设计和业主的好评。

大家的共同努力也得到了公司领导的高度认可，洋山深水港四期工程勘察项目部还荣获了“三航院2014年度先进文明班组”称号。

项目部成员常常加班至深夜

（2015.2.8　　拍摄者：沈明云）

深夜时分，项目成员共同探讨技术难点

（2015.2.2　　拍摄者：李庆庆）

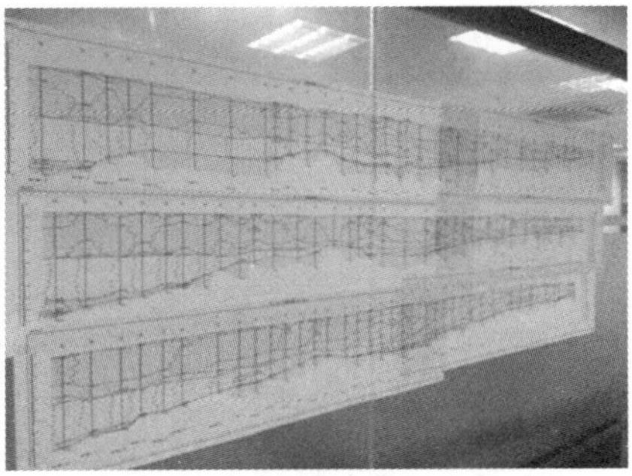

为更直观地编制勘察报告，办公室墙上贴满了工程地质剖面图

（2015.2.1　　拍摄者：孙宁）

4.尽心尽责，完成洋山四期后续工程项目

在洋山四期陆域及水工码头区勘察工作结束后，我作为岩土工程专业技术负责人，还先后负责了上海国际航运中心洋山深水港区四期工程110kV降压站铁塔基础工程、上海国际航运中心洋山深水港区四期工程110kV颗珠山降压站进线工程等项目。

110kV降压站铁塔基础工程中的D4铁塔区，由于目前仍为原始山丘，基岩裸露，标高+50.0～+60.0m，山高路险，安全风险很大，给本次外业施工造成很大困难。为顺利完成本次外业勘探工作,确保项目安全,我定期向公司领导汇报现场情况,并和作业班组根据现场实际,及时调整施工方案,积极克服困难,将钻机分解,采用钢丝绳缆车工艺将钻机设备运送至山顶,并搭设钢平台进行施工,保证了该工程的顺利完成。为公司今后实施山体钻孔积累了宝贵的工程经验。

山体钻孔搭设钢平台进行施工

(2015.9.6　　拍摄者:刘奇瑜)

采用钢丝绳缆车工艺将钻机设备运送至山顶

（2015.9.7　　拍摄者：李庆庆）

在此期间，我和副总工程师董教社因陆域土建单体及铁塔基础基坑验槽、现场电阻率施工、中心配电所差异沉降、山体边坡维护等问题，多次深入洋山工程一线。2016 年 7 月 5 日，顶着烈日高温，我们换上水鞋、拿上铁锹，汗水浸透了衣衫，深入坑底查看 DZ2 铁塔的基槽。通过对现场开挖的岩土层的发育情况进行认真分析，董总当即对 DZ2 铁塔基础各抗剪键的开挖深度给出了合理的推荐值，他还积极和现场施工负责人深入讨论，就基础施工的重点、难点问题进行交流，我们吃苦耐劳、尽心尽责提供后续服务保障的态度得到设计和施工方的高度赞扬。

深入一线进行基础验槽
（2016.7.5　　拍摄者：李庆庆）

与施工负责人进行问题探讨

（2016.7.5　拍摄者：李庆庆）

一路走来，三航院人见证了洋山从一座默默无名的小岛成长为世界超级大港。作为青年技术人员能够参与到洋山港的建设中，我深感荣幸，虽然过程中有忙碌、有艰辛，但更多的是喜悦和收获。如今，全球规模最大、设备最先进的自动化码头即将运行，心中的荣誉感油然而生，让我不禁想要高声呼喊：有一个地方叫洋山，有一种精神叫洋山精神，有一批建设者叫三航院人！我们骄傲！我们自豪！

洋山深水港的第一次测量

勘察公司　陆荣华

1995 年 12 月 22 日,公司安排我们这个主要由测绘技术室和仪电室技术人员组成的测量技术班组赴大、小洋山执行海上测量任务,我任测量技术负责人,仪电室主任孙强任队长。

说句实在话,那时我连大、小洋山在哪里都不清楚。据说是为上海的新港口选址,所以是测 1∶1 万的小比例尺地形图,比例尺小,但范围不小,将近有二三百平方公里。我们从芦潮港上船,那时候来往大洋山岛和芦潮港之间的客轮叫“蓝天”号,乘客大部分是大、小洋山岛的居民,除了少量外来民工外,很少有外来人员到岛上去。从芦潮港到大洋山,30 多公里的海路,“蓝天”号摇摇晃晃要开上半天,所以那时都是早上“蓝天”号从大洋启程,中午到芦潮港,然后下客、载客就直接往回开,一天打一个来回。站在芦潮港码头,朝东南方向望去,运气好的话,能隐隐约约看到在海天尽头的模模糊糊的岛屿影子,那就是大、小洋山。

大洋山圣姑岙码头,每逢班轮到来,那就是一天中最热闹的时候,蔬菜、大米、食品箱子等,一包包、一箱箱的往码头上扔,一会儿时间,长估计不超过 30 米的码头上就全是拥挤的人和货物了,人们就像过节一样。

我们一行 7 个人,住在岛上的诗意旅社。因为住在楼下,天又比较冷,岛上那时还很少有空调和暖气,所以一天外业回来,大家总要烧一个暖锅,围坐在一起吃饭。几位老同志还会喝点当地出的米酒和瓮装黄酒。谈谈工作,说说听到的趣闻。那时的大洋乡,远没有现在热闹,一到天黑,长不过百余米的街上基本就没人了。

因为工期比较紧,除了海上刮大风或泛白浪,我们坚持每天出海作业。那时我们用的测量仪器是美国产的 542 微波定位仪和配套 DF 型测深仪,那时国内测量用 GPS 接收机还不普及,我们拥有三台 Leica 200 双频接收机,进行控制测量作业。大、小洋山这里属于崎岖列岛区域，离大陆较远，除了住人的大、小洋山岛之外，还有一系列的无人岛屿，较大的如马鞍山、虎啸蛇、薄刀咀、沈家湾、筲箕、中门堂、西门堂、小岸礁、大岸礁、大指头、镬盖塘、将军帽、颗珠山、大小乌龟岛、大山塘、大小青山、双连山、唐脑山等，有很多岛屿几十年都没人上去过了，岛边礁石突兀，岛上荆棘密布，无处插脚。从控制测量到海上高程传递，以及水深测量，航道选址，西从唐脑山以西，东到小衢山以东，东西约30公里，南北约10公里，我们分成架台组、水深组、水位组等小组，分工合作，各负其责。

我们的交通船老大兼向导是我们临时找的当地的一位老交通，他原来是渔民，后来专门为大渔船和岛屿间来往作临时交通船，很有经验。每一个岛屿，只要在我们测量范围内，他都一一带我们上去，潮水涨落，礁石出露，上下岛屿，有了他，我们的工作顺利了许多。

选址工作的重点是水深测量。公司的水深测量船是一条七八十吨的木质海船，一天的生活大多在测量船上度过。早晨7点左右上船，冬天的傍晚，天黑得很早，一般5点多夜色就慢慢地合拢了。回到旅馆，天总是墨黑了。给我留下印象较深的有两件事，一是海上高程传递测量中进行的三天三夜水位同步验潮联测。就是三个各相距5~10公里左右的水位站，每个站各安排两位测量人员，共六人（孙强、何文炜、吴智荣等几位老同志积极主动要到困难的水位站上去值守）。三个水位站同步不间断观测水位值，每小时一次，涨落急时加密观测。这个工作说简单也简单，说难也难。简单，是因为外业技术性难度不高，稍微培训一下都会做；难，是指生活、吃住困难。选立水尺的地方都在无人的岛屿礁石边，因为每小时一次，所以在工作期间你无法休息或睡觉，两人一组一个水位站，另一个可以休息，但你怎么休呢？天当屋顶，地当床，那时也没有帐篷。尤其到晚上，一过半夜，黑漆漆的荒岛，听着旁边不息的海潮声，真正的“野外生存训练”。白天，交通船会开来给送点干粮和水，连续72小时后回到旅馆，大家都倒头就睡。二是海上下雪。有一天下午测量快结束时，天阴得厉害，早上电台天气预报说过有时有雪。为安全起见，我和孙主任商量后决定提早返航，船一路往回开，雪就飘飘扬扬开始下了。因为风不是很大，可以看得很清楚，片片雪花轻悠悠地飘落，快到海面时，突然好像就“簌”的不见了。雪花越飘越密，像一层鹅毛被一样，给人感觉越来越厚，渐渐地，远处的岛屿被盖了起来，看不见了，慢慢地，近处的岛屿也不见了。我们船放慢速度，估计着应该快到了哪里，终于，看到了圣姑岙码头。

1996 年 1 月 24 日，新港址选址测量终于完成了。这也是真正意义上的有关上海国际航运中心洋山深水港的第一套测量图（后来因为选址工作暂停等原因，这套测量图纸直到 1996 年的 12 月才正式出版）。虽然，这算不上是一个里程碑，但从多年后的今天来看，这也可以算作我们三航院人为洋山港工程正式启动和取得今日的辉煌所做的第一块“铺路石”。

一晃已经 20 多年，怀念那些为洋山港的勘察设计以及建设曾经默默付出的老一辈三航院人，祝福他们，也祝福我们的洋山大港未来更加辉煌！

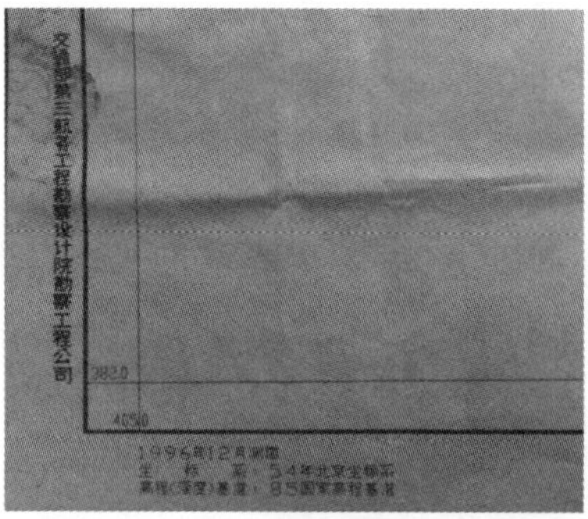

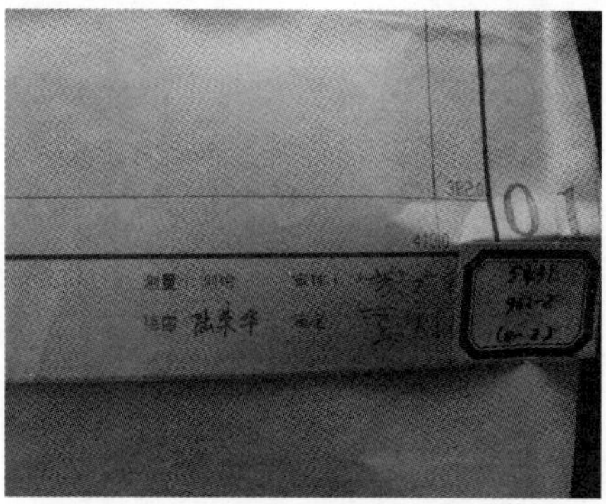

上海国际航运中心洋山深水港的第一套测量图

刻在记忆深处的那些日日夜夜

党委办公室　李华平

最近一段时间电视台正在播出《辉煌中国》系列纪录片，通过宣传各行各业取得的辉煌成就，庆祝伟大祖国 68 岁生日，迎接即将召开的党的十九大。在看过系列纪录片后，我的心里无比激动，在感慨我们伟大祖国崛起的同时，也感到无比自豪，因为，由我们三航院总体设计的上海国际航运中心——洋山深水港，就是中国辉煌的代表作之一。

2002 年注定是不平凡的一年。在经历亚洲金融危机后，亚洲乃至整个世界的经济开始复苏，我国进出口贸易持续增长，对港口类基础设施需求明显增加。上海自古以来就是世界经济贸易的窗口，由于其地理优势，为了达到国际航运中心的目标，对上海港口基础设施的建设提出了更高要求。我院从 1996 年就开始深入研究的适合建立和巩固上海国际航运中心地位的洋山深水港就应运而生了。

对我来说，洋山深水港是再熟悉不过了，因为，我是上海国际航运中心——洋山深水港的设计者、工程建设的见证者之一。记得那是 2002 年的初夏，时任的王陈水院长给全院职工传达了一条极大的好消息——上海要建设四个中心，其中一个是上海国际航运中心，根据上海市有关部门的要求，洋山深水港一期工程要尽快开工建设。全院职工在听到这条消息后欢欣鼓舞，奔走相告，见面就是笑声，开口就是洋山。虽然至今已经过去 15 年了，15 年前的那些笑容仍然历历在目，犹如昨日。

由于洋山深水港一期工程的工程量很大，工期很紧，我们必须在 1 个月左右的时间内完成本工程的初步设计，然后开展施工图设计，并立即开始施工才能如期完成。既然任务已经下达，同事们立即投入战斗。经院领导精心策划，周密部署，要求院里参与本项目的所有人员立即进入“早 8 晚 9”和“5 加 2”的工作模式，也就是每天早上 8 点上班，每天晚上 9 点下班，周一至周五正常上班，周六和周日两天加班，也就意味着这一个月左右的时间需要连续工作。尽管如此，参加洋山工程的项目团队成员仍是干劲十足。大家一致认为，像洋山港这样的大型项目千载难逢，在一期工程中一定要充分体现出我们三航院人在港口设计方面领先的技术水平，确保我们的设计方案在设计审查时百问不倒；我们一定要把规划方案中的大、小洋山两侧码头全部由蓝图变成现实。这就是我们三航院人的雄心壮志！

洋山港一期工程不仅包括小洋山岛的码头工程，还包括位于芦潮港的三个功能区——辅助作业区、危险品作业区和口岸查验区。本工程初步设计阶段各专业需要完成图纸、设计说明、工程量和工程概算，由于要求一个月左右的时间完成，因此非常紧迫。根据我们室马举楣主任的安排，我们水暖室共有10人参加本项目的初步设计。其中，蒋熙惠和沈觉明二位高级工程师负责码头工程设计，马建汶高级工程师负责危险品作业区设计，管春萍工程师负责口岸查验区设计，而我负责辅助作业区的设计工作。那年的我，还仅仅是一名助理工程师。我一直很担心，这么重要的工程，这么短的时间内要完成，让我一个助理工程师来负责是否合适。其实我的担心是多余的，因为我的身后还有强大的技术把关团队。另外，室主任安排我来负责辅助作业区的设计，其实是对我的充分信任，也是给我一个锻炼的舞台，因此，我必须好好把握这个难得的机遇。

接下来的日子就是努力完成任务。项目团队成员各司其职，有的负责绘制图纸，有的负责编制说明，有的负责工程概算，还有的负责对外沟通协调。遇到问题大家一起讨论交流，遇到技术难题则组织团队成员进行调研，或通过科研机构进行模型试验，寻求解决方案。由于洋山港区大面积堆场都是通过吹填泥砂形成的陆地，虽然经过地基处理，但是仍然存在不均匀沉降的可能性，因此，雨水排水管道管材的选择非常重要。雨水排水管道管材选择的重要性主要表现在，一是不同的管材具有不同的粗糙系数，相同的管径和坡度具有不同的排水量；二是不同的管材适应不同的地质条件，采用不同的管道基础，工程造价相差较多；三是由于港区道路运行荷载较大，不同的管材需要采用不同的环刚度，不同环刚度的管道价格也相差较多。如果排水管道管材及管道基础选择不当，有可能造成管道接口漏水，导致地层漏砂，地面下形成空洞造成塌陷，严重者可能造成地面设备损坏，甚至车毁人亡。为了确保我们的设计质量万无一失,为了确保我们的设计方案百问不倒,为了确保我们的设计成果技术先进经济合理,室主任带领水暖室项目团队成员一道,首先与道堆专业进行充分的沟通交流,了解地基沉降原因、沉降量的大小和存在沉降的区域;其次团队成员对常用的钢筋混凝土管、HDPE管、玻璃钢夹砂管进行充分调研,考察管道制造厂,走访项目工地现场,确保掌握的资料准确全面;最后经技术经济比较,最终选择玻璃钢夹砂管作为雨水排水系统管材,并采用钢筋混凝土基础。由于这种排水组合在洋山港一期工程使用效果非常好,在建港指挥部的要求下,后续工程必须采用同样的排水模式。为此,我们室还专门编制形成了一本《玻璃钢夹砂管雨水排水应用技术规程》。

危险品作业区的完美设计也是我们的一大亮点。危险品货物种类较多,不同物料的特性不一,其存储方式、火灾时灭火方式、泄漏时处理方式都不尽相同。由于国内对于危险品集装箱堆场及其污水处理工艺尚无设计规范,只能自己摸索。马建汶高工对新技术特别喜欢研究,在承担危险品作业区设计工作后,他充分利用网络查询有关方面的信息,前往书店购买相关资料进行研究,前往消防局咨询关于危险品的存储及灭火方法,前往科研机构了解危险品物料的泄漏处置方法。为了达到设计审查时百问不倒的目标,马建汶同志一丝不苟,精益求精,全身心投入工作。他每天晚上回去很晚,而且回去的时候还大包小包地带着资料回家继续工作。功夫不负有心人,经过一个月的努力,终于交出完美答卷。洋山港危险品作业区的设计成果,为国内港口建设中关于危险品集装箱堆场的设计树立了样板工程,前往参观学习的业主和工程技术人员络绎不绝,在此后的天津港、宁波港、福州港、深圳港等港口危险品集装箱堆场设计中,充分发挥了指导作用。

在这紧张有序的一个月左右的时间里,马举楣同志作为室主任,始终热情高涨,尽心尽责,带领我们室项目团队坚守岗位。虽然自己因高度近视,视力有些模糊,眼压很高,眼睛布满血色,键盘也不太熟悉,打字速度不算快,还是坚持自己编制设计说明,为大家减负。我们在设计过程中遇到困难的时候,首先想到的还是我们的老法师——马举楣主任。马主任始终微笑应对,带领我们找资料,搞调研,逢山开路,遇水架桥,感觉在他这里就没有过不去的坎。

经过全院洋山工程项目团队攻坚克难，日夜奋战，终于在要求的时间节点前提交了我们的设计成果——满满一卡车的设计文件。这满满的一卡车装载的不仅仅是设计图纸和文本，更是我们三航院人的心血！

在初步设计审查大会上，我们经受住了百问不倒的考验，顺利通过了初步设计审查。项目团队来不及休整，又投入到施工图设计战场。当然，洋山深水港工程的成功实施，给我院带来了极大的利好——洋山效应，从此我院的发展步入快车道，大量港口基础设施建设项目接踵而至。洋山工程的建设，不仅为我院培养了一大批优秀人才，还取得了大量创新技术，更重要的是培育了“洋山精神”。

时光飞逝，一晃十五年过去了。在这十五年里，我与洋山共成长，经过洋山工程的洗礼，从一名助理工程师逐步成长为工程师、高级工程师；在这十五年里，三航院人不忘初心，在完成洋山深水港一期工程后，继续将二期、三期工程由蓝图变成现实。在党的十九大即将召开之际，洋山又传来振奋人心的消息，由我院设计的全球最大的全自动化集装箱码头即将投入试运营，这是三航院人技术创新的又一重要成果。因此，我们有理由相信，我们更有坚定的决心和勇气，继承和发扬“洋山精神”，落实“五商中交”战略，实现转型升级，向海外进军，向城市进军，把我们的事业做强做大，做骄傲的三航院人！

我与洋山港的三次亲密接触

党委办公室　王文娟

这几年,每次家里有亲戚或者朋友来上海,我总会带他们去一趟小洋山,近距离感受烟波浩渺之上的东海大桥和气势如虹的洋山深水港。如今,举家搬到临港新城居住后,这更是成为我们家待客的传统节目。

与洋山港住得近了,去洋山港的次数也多了,对洋山港的了解也愈来愈深。依然清晰地记得自己第一次上洋山港的情景,2013 年 7 月 26 日,公司组织新入院的员工去洋山港工程现场参观学习。我们一行 30 多人坐着大巴车从院本部出发,临行前就听部门里的同事说那里很远,由于有晕车的习惯,我从上车伊始就闭着眼睛睡觉。车厢里刚开始大家还你一言我一语地聊着天,后来坐车疲倦了也都闭目养神起来。不知过去多久,车厢里开始躁动,耳朵被各种惊呼声吵醒。我睁开眼睛,"东海大桥"四个大字扑入眼帘,随车的人力资源部的领导方君华已经在为我们这一帮新人介绍东海大桥的基本情况了。当时具体讲了什么已经记不清了,自己先是被这一片广袤的海域和两边摇曳的风机所震撼,随后又被东海大桥上高耸的斜拉钢索惊艳了眼睛。半小时后,洋山港为我们展开了她的容颜,红,红,红,还是红,那般的浓烈和大场面,史诗般撞进心里,我一时无法理解我看到的是什么。在小洋山观景平台,随行的另一位领导站在我们队伍的前方指着山脚下那一片姹紫嫣红在作着解说,他说的那些名词很多我从未听说过,只记住了那些巨大的红色家伙叫岸桥。和洋山港的第一次亲密接触就这样发生了,她犹如一个天外的美女兀自地站在那儿,俊眼观看与接受着我们的朝拜。

2014 年的国庆节,父母来上海游玩。陪着他们逛了城隍庙和外滩后,我专门挑了一天时间把他们拉到临港,从滴水湖边上的公交站乘车前往洋山。父母难得来一趟上海,我私心想让他们更加了解我工作的单位,同时也感受一下东方大港的独特魅力。那一天我们都起得很早,要带父母去洋山参观,我的心里莫名地雀跃。为了这一刻,国庆前我花了好几天的时间从公司内网搜集东海大桥和洋山港的信息,一遍遍记着有关它们的数据和故事。

吃过早饭后,我们很顺利地登上了去洋山的公交车。车子先是经过滴水湖、南汇嘴公园等景点,随后就是一片无垠的芦苇地和荒野,不知几时拐了个弯,我们的车就上了东海大桥。我兴奋地像个孩子似的站了起来,“爸爸妈妈快看啊,这就是东海大桥! 它是我国真正意义上的第一座跨海大桥,全长有 32.5 公里呢。我们单位还是大桥的主要设计单位之一。”随着我的这一声咋呼,全车的人都向我侧目,老爸老妈一个在左一个在后伸着头到处看,“这么壮阔,了不起啊!”老爸低声回应着。听到爸爸这么说,我更是像打了鸡血似的,赶紧把我从公司内网上搜罗到的有关东海大桥和洋山港的信息噼里啪啦地倒出来,车内其他乘客也饶有兴致地听着我的解说,并向我投来敬佩的目光,我得意地替参加过东海大桥和洋山港建设的同事们收下这至真的敬意,同时为身为一名三航院人感到无上的自豪!

这是第二次与东海大桥和洋山港的亲密接触,由于距离上一次来港的时间已经过去一年多,而且是第一次乘坐公交车前往洋山,当车子穿过东海大桥和小洋山隧道,我的记忆有些模糊,不知道该从哪里下车和登上小洋山观景平台。犹豫间,车子就从洋山港这一站过去了,我们一家人被带到了前往嵊泗岛的码头上。发现目的地错误后,我们赶紧寻车想返回去,可是沿途的公交车稀少,一个小时才有一班。我们陷入纠结中,我又盲目自信地认为那里距离洋山港很近,便怂恿父母和我一起步行过去,走了很久却发现判断失误,坐车感觉很快,真的步行起来还是非常的遥远。在远距离的徒步后,我们精疲力竭地坐在地上老老实实地等着回去的公交车,再次经过洋山港这一站时父母已经累得不想再爬山了。我与洋山港的第二次亲密接触就在远眺和目送中溜走了。

2017 年 3 月 17—19 日,国务院国资委新闻中心、中国交建及环球网联合主办了“走进新国企. 网络名人当代中国奇迹之旅”活动,邀请了女性情感作家苏芩、军事历史作家战争史研究 WHS、产业经济研究专家杨建国、中科院气象学博士后大脸撑在小胸、漫画家兼景观设计师使徒子、DOTA 世界冠军伍声、世界超模大赛全球总冠军魏蔚-vivi 以及知名无人机飞手张陟等数位网络媒体达人前来上海参观东海大桥、东海风电和洋山港。作为洋山港的总体设计单位，我院被列为接待单位，我也作为一名接待人员，有机会第三次登上洋山港。

由于网络名人们要在参观过程中即时向网民直播现场情况，按照要求，接待单位需要事先准备一些洋山小故事提供给他们。我认真翻阅了建院50周年时的征文集，同时也从图档室借来当时建港的论证报告、可行性研究文本、初步设计等，过程中我了解到在对上海深水港的选址、规划与设计工作的漫漫征途中，我院创造了洋山港建设的多个“第一”：组建的设计团队是洋山港的首支技术团队；提交的“洋山港区初步规划设想方案”是洋山港的首份技术报告；架设的观测站是洋山港的首个观测站；进行地形测量的技术人员是首批登上洋山的建设者。

还有长达6年的论证过程中，三航院面临来自各方面的压力，各种反对的声音此起彼伏，其中水文泥砂的问题是核心技术难题，洋山港能不能立项就取决于泥砂能不能整治。在巨大的压力面前，三航院人毫不气馁，联合相关科研单位，基于平衡沙理论，运用复合模型试验技术，确定了洋山海域港区“封堵汊道、归顺水流、减少淤积、航行安全”的平面形态布局原则，成功解决了高含砂海域建港的淤积问题。

洋山工程立项后，市政府要求3年半的时间建成一期工程，欧洲一位专家说，“这不现实。”三航院设计团队不畏艰难、勇于创新，提出“斜顶桩板桩承台”新型驳岸结构，该结构将码头和大面积高填土隔离，使码头的施工和使用不受填土影响，特别适用于要求快速建设的软土地区大规模造陆的深海码头。方案经国内外专家评审后，以完全适应洋山地区的特点被评为第一名，并在洋山工程中得到广泛应用。因为这个结构，港区前沿的码头和后方的堆场可以同步施工，有效确保了工期的按时完成。这一技术创新也成为洋山工程的第一技术亮点，让世界同行叹服。

当把这些故事提供给网络名人们时，我的心里充满了对我工作的单位和我身边的工程师同事们崇高的敬意。19号上午，我早早地在东海大桥收费站前等候前来参观的嘉宾，随后和他们一起乘车前往洋山。远远地就能看到大桥右侧新建起来的洋山四期。将近有3年的时间没有踏足这里，变化真是大啊！我甚至有些气恼新建的四期工程“扭曲”了我对洋山港起先美好的记忆。记忆中，现在洋山四期的位置当时还是一片海，零星有些礁石，以及随着潮涨潮落时隐时现的小岛。回忆是如此的充满诗意,突然要切换到眼前这一整片一整片晃着白光的场地,我的审美一时无法接受。

车子直接把我们带进了洋山四期的工程现场,公司洋山四期的项目总负责人刘广红为我们介绍现场的建设情况。刘广红说,我们现在踏足的这片区域,以后将是无人区。整个洋山四期采用自动化的作业方式,所有集装箱的卸载和装船将由码头前沿的桥吊和行使在路面上的一辆辆 AGV 小车自动完成,控制员只需要在后方的控制室动动手指敲几下键盘即可,而且作业效率较传统作业提升 30%。等到四期开港的时候,它将成为全世界最大、技术最先进的全自动化码头。

无人机飞手张陟操纵着无人机俯瞰整个工程,名人们陆陆续续开始网络直播,大家都被洋山四期先进的技术震惊了。此刻,所有人心里想的都是我们的工程师太牛了,祖国太伟大了,而刚才袭击我的小忧伤也被耳边一阵一阵的海风带走了。中国由“制造”大国向“智造”强国的转变让我们看到了现实版,国家综合实力的强大昭然在目。网络名人们纷纷在微博中与网友分享心得,魏蔚-vivi 说:“迎着春寒,走访世界第一大集装箱港口:洋山港,很是震撼……中国当代建筑奇迹以及新时代的国企值得我们年轻人更深入的了解和学习。”伍声说:“父母也是国企人,看到中国基建成就,有些小震撼。”名人们的分享在网上引起强烈反响,新浪微博上,我们的活动进入全国搜索热点前十名。短短两天时间,网友阅读量网达到 1.2 亿人次。《环球时报》对本次活动作了专题报道。这就是我和洋山港的第三次亲密接触。

随着洋山四期开港时间越来越接近,洋山港建设的全面报道时期也来了,后面的时间因着各种各样的任务我又去过几次洋山港,而每一次去对她的感受又会更加丰富一些,不知不觉中,我也和参加建设的工程师们一起变成了“洋山人”。洋山港,我为你自豪!

十天“驻岛”留心迹，三登“平台”感自豪

经济所　李仙娟

临大海，箱成堆，吊桥如林，一派繁忙景象——那就是东方大港上海国际航运中心洋山深水港。作为洋山深水港工程的总体设计单位，我们中交三航院从20世纪末的1995年开始进行该工程的前期研究论证工作至今，三航院人在上海国际航运中心洋山深水港及东海大桥的选址、立项、设计和建设中倾注了大量心血和汗水。在数千个日日夜夜里，三航院人顽强拼搏、攻坚克难，突破了诸多关键技术难题，实现了创新设计；三航院人风雨兼程、筚路蓝缕、经历了千辛万苦的磨炼，铸就了今天洋山深水港工程精品力作。

一、十天“驻岛”留心迹

我在三航院工作20多年来，洋山工程一路伴随我成长，从洋山一期工程做到四期工程，不论是方案前期造价比选、经济技术相结合确定合理的方案，还是工程设计阶段的工程经济比较、工程实施阶段的造价控制以及工程招投标阶段招标清单、控制价格确定等等，一路参与。有时做预算、招标控制价任务重，时间节点紧，要加班加点，放弃了好多休息日，压力挺大的，真让人魂牵

梦绕,让人欢喜让人忧!最让我难忘的是在2006年5月下旬我第一次登上令人向往神秘的洋山岛,为了调整洋山一期工程概算在岛上住了10多天,在那个时候我第一次离开家人这么长时间,收获是巨大的但也有些遗憾。

收获是经过我们高效率、争分夺秒地收集工程资料、整理审核,编制了五册造价成果文件,共几千页概预算表格,得到了洋山指挥部有关领导的肯定和表扬。记得当时我们李所长带队,挑选了各造价专业精兵强将,把洋山一期几家施工单位的预算及监理单位的签单、设计变更的确认单、还有许多厂家设备材料采购合同等等一大堆资料作为编制调概的依据。洋山工程从2002年年底开工到2006年3年多时间了,眼看着一期工程完工了,已经运行,工程款还没有结算完,洋山指挥部要与施工单位做结算无法核对,有好几家施工队做的预算文件用的预算软件和编制的格式都不同,还有审价部门的资料等有几十本,而且他们的预算与我们三航院概算相差很大的,这个艰巨的任务就落在我们经济所头上了。我们接到任务个个像打鸡血一样,没日没夜翻阅资料仔细核对查找,把每个单体的预算出处、材料价格是否合理、设备价格合同订单进行整理,再与概算进行比较分析,大家对堆积如山的资料不厌其烦,一遍又一遍地审核修改,直到圆满完成任务,在最短的时间内交出满意的答案。

遗憾的是上洋山岛第二天,我就接到母亲来电说外婆住院了,很严重,叫我马上请假回来一次。我与外婆的感情很好,从我出生后在外婆家住的好几年,我都是由外婆照看的,理应我要及时赶回去的,但洋山工程调概任务艰巨,当时人手少,一个萝卜一个坑,如果我请假了要延误任务完成,那时我没有与领导请假，依然坚守岗位，甚至没有说起家里的事情，坚持到最后圆满完成洋山调概光荣任务。在岛上第三天我外婆过世了，我没有见到外婆最后一面，也没赶上她的追悼会，这么多年来，每当我想起外婆那和善的音容笑貌，心里止不住有丝丝遗憾。另外那年我儿子中考在即，为了洋山任务，我也顾不上儿子生活起居。我本来每天早晨为他煮鸡蛋、煲稀饭、热牛奶面包等，晚上烧他喜欢的菜肴，补补身体迎接不到一个月的中考。当时我在岛上 10 多天，正好赶上我爱人也出差，身边也没有老人照顾，一直以来家里照顾儿子我一手包办的，只好委屈儿子自己买早餐，自己解决晚餐，在关键的时候没能照顾好儿子，每每回想起来我有点心酸、有点歉疚。

二、三登"平台"感自豪

洋山港除了具有一流大港的雄姿外，洋山岛的观光平台也是迷人、难忘的。我去过三次观光平台，每次的感觉是不一样的。

第一次登观光平台是在岛上完成调概任务之后，我们几位同事登上那小洋山山顶观光平台，深感为我们刚刚完成重大工程洋山一期调概任务而自豪。环顾四周，中间已建成的港区已投入使用，左右两边的港区还在建设中，我们对快要竣工投入的一期工程充满期待和无限美好想象。

第二次是 2008 年春节，家人亲朋好友来上海，我做起业余导游，搞了一个通行证，从徐家汇出发，不到一个小时驶上了国内最长的跨海大桥。东海

大桥全长32.5公里,连接南北的芦潮港和浙江嵊泗大、小洋山,是我国第一座真正意义上的跨海大桥,也是当时世界上最长的跨海大桥。作为洋山深水港区的重要配套工程,它不仅要承担洋山港所有物资的运输,也是港区供水、供电、通讯服务的主要载体,因此,毫不夸张地说,东海大桥是洋山深水港的“生命线”。出于对大桥安全考虑,特意将造型勾勒成“S”形的曲线,桥上巨大的斜柱犹如定海神针,倒挂的九根斜拉索紧紧抓住“巨龙”的身躯,桥头堡也犹如美丽的彩虹。东海大桥的雄伟壮观,使亲朋好友发出了第一声惊叹。不到半个小时,我们已经从“龙尾”抵达了“龙头”,站在高高的观景平台上,眺望四周,东海大桥、洋山隧道以及举世瞩目的洋山深水港尽收眼底,如火柴盒大小的集装箱密密麻麻地整齐排列着,各式各样的起重机械忙碌运行着,数不清的集卡来回奔波着,亲朋好友们又一次发出惊叹,同时对我们从事的工作行业有了更深的了解。

第三次登上洋山观光平台是2016年10月份去舟山岱山县为一个项目去踏勘现场,要到洋山车客渡乘船到岱山岛。在候船时有一段空闲时间,我迫不及待地又一次登上洋山观光平台,洋山一期至三期工程已全部交付使用,一片繁忙工作景象,整个港区气势磅礴,看了心旷神怡,当今世界规模最大、技术最先进的洋山四期全自动化码头工程建设正在紧锣密鼓的冲刺中,2017年年底将正式投入试生产。时隔多年当我再次站在洋山观光平台上,除了领略港桥城一体化的恢宏场面外,且对洋山工程建设中铸就的“洋山精神”,即“不辱使命的负责精神、勇挑重担的拼搏精神、保持本色的奉献精神、求真务实的科学精神、团结协作的大局精神”所体现的新时代特征有了更深刻的认知,在以后的工作生活中,洋山精神将时刻鞭策我严谨务实、精益求精、优质服务,实现新超越。

洋山记忆点滴

退休　顾寄平

退休后有机会参与洋山深水港的初期建设甚感荣幸。2002年夏，我应邀从深圳回到院里，在熟悉洋山港的设计与施工情况后，作为“设计总代表”，我被派驻洋山现场，在大洋山岛成立三航院洋山项目工程部，负责施工现场的设计修改的实施和施工联系工作。

初到洋山港，我迫不及待地登上小洋山岛上的至高点，一睹施工中的洋山港一期工程全貌。施工场面非常壮观，东海大桥、工作船码头、一期码头、陆域形成(吹填造陆)等工程项目全面铺开，海面上停满了大大小小各类工程船舶和租用的民船，小到舢板，大到打桩船、挖泥船，最大的一艘是7500吨位的长字号客运船，小洋山岛上施工场地狭小，建港指挥部的工作人员在这艘客船上食宿、工作、召集会议，包括三航院在内的各参建单位在这艘船上都设有办公室。整个施工现场呈现一片繁忙的施工景象，打桩船在发出“呯、呯”的锤击声，耙吸式挖泥船在喷吐黑色的水柱，交通船、民船“突突突”地穿梭于施工区域……

当时，一期工程码头正在进行桩基施工，因为在开敞式海上打桩受风浪影响很大，起初打桩很不顺利，事故频发，进展缓慢。码头桩基采用钢管桩，因海底基岩面起伏较大，有的地方基岩裸露。设计要求桩端打入中等风化岩，对入土深度不足的钢管桩要求在桩端进行嵌岩处理。打桩时如何掌握停锤标准和嵌岩深度，是关系到桩基承载力的大事，施工单位往往对此存在争议，需要设计代表在现场作出决断。我在深圳盐田二期工程中积累了嵌岩桩的设计施工经验，探讨了打桩贯入度与承载力的关系，在洋山港桩基施工中起到了参考作用。

打桩期间几乎每天都要“出海”到打桩现场。从大洋山岛驻地乘民船在海上颠簸半小时到小洋山，登上打桩船，观察打桩动态，记录锤击数、桩顶标高，计算最后贯入度，对照事先制定的沉桩控制标准，然后决定是否停锤。在打桩船上观察锤击状态，数着锤击数，计算每阵次的贯入度。因为离锤太近，常常被贱上一身墨黑的机油。当桩顶标高或最后贯入度不满足停锤标准时便要求复打，记得有一根桩打到2300余锤，替打冒火星、垫木起火，却仍未满足沉桩标准，船长怕替打打坏，说什么也不同意再打了。每逢遇到此类情况，我便及时与设计负责人联系并根据自己的经验提出处理意见。

对于打入基岩深度不足的桩，需按设计要求进行嵌岩处理，即在钢管桩内钻孔，钻孔深度根据取出的芯样是否满足中等风化岩的标准，如不符标准则要求施工单位继续钻孔。施工单位每取出一组岩芯芯样，设计与监理就要一起爬上桩顶钻孔平台查验岩芯。在岩性判断上，设计往往与施工单位发生争执，后者为加快桩基施工进度总想尽早停钻，而设计与监理为确保桩的设计承载力，常常得据理力争。

入冬，每当寒潮来临，洋山海面上风起浪涌，往返芦潮港和大小洋山的渡轮常常停航，洋山成了孤岛，到了休假日也不能回家。一天强寒潮来袭，气温跌至零下8度，西北风呼啸，这天现场工作结束后我被困在小洋山，回不了驻地，只得在小洋山借住旅馆。第二天冷空气依然势头不减，继续滞留在小洋山。闲步于小洋山居民区，只见许多房屋墙上刷上了大红字“拆”，但仍有很多民房里传出麻将声音，显然部分居民一时还不愿接受动迁，成为洋山港工程的“钉子户”。一期工程已经全面展开，可是动迁尚未完全解决，可见难度之大……临近中午，风浪稍减，施工单位派船送我回大洋山，船停靠在码头上，发出“乒乒乓乓”的撞击声，我瞅准船贴近码头的一瞬间强行跳上船。在洋山坐舢板、走跳板、爬脚手平台已经习以为常。

我们在大洋山租用一套民房作为生活办公基地。在岛上租房的还有其他参建单位。房东是一位中年妇女，其丈夫是渔民，一次出海捕鱼时遇难，再也没有回来，她说岛上出海遇难的渔民很多。在我结束洋山港工作告别大洋山前，房东陪我上山，指着山上的一座庙说，岛上居民以捕鱼为生的家庭很多，为保佑平安，在岛上建有圣姑庙，渔民出海前，家人都要上山祈求圣姑娘娘保佑。随着洋山深水港的建设，岛上经济发生了改变，岛上居民很多已弃渔经商。

我没有参与洋山港的设计，但经历了初期施工建设阶段，留下了难忘的记忆。2003 年,尚在孕育中的洋山深水港就领略了大自然的威力,在台风和寒潮中饱受摧残。是洋山精神激励着一代建港人,在恶劣的水文气象和地质条件下,战天斗地,拼搏不息,经过数年如一日的艰苦奋战,于 2005 年底在远离上海陆地 30 公里的东海海面上建成了东方第一大港。

洋山深水港一期工程全景(2003 年)

回忆洋山工程

勘察公司　李孝杰

由于工作关系,每周或每月我都会往返上海和大洋山岛之间,每次乘船的时候,无论天气好坏,我喜欢站在甲板上,一路眺望繁忙的洋山港区,看着一条条巨轮穿梭、停泊在港区,眼里感觉是那么亲切,因为这项超级工程浸透了三航院人辛勤的汗水。作为勘察人员,由于专业的原因,洋山港区建设初期就活跃着勘察技术人员的身影,我们目睹了小洋山发生天翻地覆的变化,由一个普通的小海岛蜕变为世界级的现代化港口,叹为观止的建设速度,让世人赞叹,也让我们不由得赞许和自豪。

本人作为参与港口建设的一名勘察技术人员,看到今天的成就,感触很多,往日的工作场景历历在目,既有辛苦的付出,也有丰硕的回报,一些记忆深刻的场景不时闪现在脑海。

记得港区开发前期,岛上供电是柴油机发电,时断时续,即使正常发电,电压也达不到家电运行要求,当地民房没有条件安装空调,屋顶装有叶片电扇,但由于电力原因,电扇都是有气无力地转着,吹出的都是热风,住在顶楼的我们每天晚上汗流浃背,辗转反侧。有聪明的同事找到了好办法,住到房顶去。小洋山空气好,夜晚的天空干净、明亮,躺在房顶凉席上,看着天上的星星,带给人不真实、眩晕的感觉,虽然很不习惯,但有不时吹起的海风带来凉意,带走燥热,能让疲惫的我们很快入睡。那时的屋顶挤满了项目部的员工,很多人借此度过了炎热的夜晚,这也是我唯一一段天为被、地为床的经历。当然这种方式也有它的缺点,早上起来露水会打湿席子或被子,抑或正在熟睡的时候有雨点落下来。

洋山开始建设,施工队伍大批进场时,生活基地还没有建好。小洋山因为拆迁满目疮痍,废墟中孤零零耸立的民居就是勘察队伍的办公、住宿场所,当时虽然有电、但没有水,自来水管道已经被拆迁破坏,整个岛上后勤管理都处于忙乱状态,我们像没爹的孩子,没有部门为我们解决用水问题。没有水,没办法洗衣服、做清洁,项目部很苦恼,但每天工作又不能停。最后我们想到,居民楼虽然已经拆掉,但是每家地下的水窖应该还在,应该还有残留的水。我们马上行动,在那段时间的晚上,我们拉着几百米水管、四处找水。没有路灯,没有便道,走在建筑垃圾上,深一脚、浅一脚,腿上刮痕累累。不负我们辛苦的付出,终于找到几个有水的水窖,但每个水窖不仅水量有多少之分,还有好坏的区别。尤其夏天,有些水窖的水已经发绿变质,天黑目测又看不出,只能用水管吸出来尝尝,项目部几个人因此都体验过变质了的水的味道,就这样项目部自力更生解决了生活用水。这样的状况经历了差不多 2 个月,那段时间整个岛上环境卫生也没有人打理,条件极其恶劣,部分同事回上海后,都大病一场。

在洋山三期陆域吹填的时候,刚好是在夏季,南风吹来,夹杂着泥砂、灰尘,灰蒙蒙的天像北方的沙尘暴天气,灰尘从窗缝吹进来,很快就铺满桌面,天热,开不了窗,风扇又不给力,就只能光着膀子,穿着运动短裤办公,每天办公室人肉攒动,以现在标化工地标准看,是多么奇葩的景象。

在洋山勘察时,还有一个印象比较深刻的地方,野外毒虫多,尤其在小岩礁等孤岛或者偏僻的地方,人迹罕至,灌木丛密集,几米外看不到人,没有飞禽,据说都被蛇吃了。为了完成山体钻孔,我们每天穿越丛林,经常发现通体透红的蜈蚣蜷缩在树枝上,偶尔还会有蛇受到惊吓,窜到角落里。时间久了,我们都习以为常,还会抓一条蜈蚣仔细研究一番。相比较而言,勘察工人的胆量比较大,可能就是这样的环境经历多的原因。

类似的画面还有很多,勘察专业本身是比较艰苦的专业,作为每一项工程的先头部队,大家对一身汗水、一身泥水的工作状态都习以为常,对每一项工程也都会全身心投入,但相似的工作经历也有不同的地方,也许就是这样不同于其他项目的点点滴滴,让我尤为珍惜参加洋山工程的经历,为能在工作生涯里参与洋山工程,同单位各位精英一起服务洋山工程,铸就三航院勘察、设计史上最为辉煌的品牌工程之一而自豪。

(作者为勘察公司副总经理)

责任和梦想筑就无悔年华

澳门公司　董淑海

近日观看《东方大港》感慨万千,洋山港的建设过程描写了气势恢宏的建设场景,如火如荼的创业激情,从立项开工、技术攻关、突遇情况到圆满完成,仿佛又回到了那个激情燃烧的岁月。

伟人曾经说过:理想是需要的,是我们前进的方向。现实有理想的指导才有前途,一个无欲无求、安于现状的人,是永远也不会进步的。而我们的理想正是为了实现中华民族伟大的复兴,我们以此为前行的动力、奋斗的目标。带着梦想,17 年前大学毕业加入到三航院,我非常幸运地成为洋山港勘察设计大军的一员,并有幸分别参与和负责洋山深水港的一、二期勘察工作。

刚刚走出大学校门,对工地的一切都是那么的好奇,吃住都在船上,每天除了休息就是工作、学习。开工伊始,像扎根似的一直深入在勘探一线。勘探企业有他的特殊性,特别是勘探一线的技术管理人员,绝不能有朝九晚五的工作心态,要对现场的事做到未雨绸缪,凡事考虑细致,想在前面,充分做好出海勘探作业前的准备和作业中的隐患排查,丝毫不能有疏忽怠慢的地方,因为安全质量与钻探工人生命安全,企业的荣誉息息相关。所以在勘探船上,不分昼夜,到处能见到年轻忙碌的身影,每道工序都留下了踏实的足迹。长时间在大海上作业,炽热的太阳把我烤得黝黑,手臂和肩膀也早已褪了一层又一层皮,但这一切的付出都是值得的,在工作中迅速地成长和多倍于他人的付出都被同事和领导看在眼里,不久在洋山深水港一期的后续勘察项目中,我被领导破格提拔为勘察项目技术负责。

"攻克技术难题,需要执着的追求",洋山深水港区地处外海,水深流急、流向多变,海况较复杂,普通的船舶已很难适应"固定不动"这一基本要求,也就无法开展正常的勘探作业,更谈不上其他后续工作。为解决这些技术、工艺难题，根据自己和团队多年来掌握的气象、水文、地理、管理等各方面知识，结合港址区地形、水流、风向、地层情况、作业班组状况等综合因素，精心组织，合理调配普通的和大吨位、平底、电动铰锚的船舶等资源，确保了外业施工安全、优质。从预可行性研究到施工图勘察，从单班组作战到多班组会战，从船舶时常走锚到大潮汛施工不间断，从钻探物探到原位测试，作为项目技术负责，我和团队不断积累和总结经验，还与时俱进地提出了一些对策，为上海国际航运中心建设尽力，反过来也使自己各方面能力在实践中得到了培养和提高。港址区为中粒钾长花岗岩发育区，该岩石坚硬程度等级属坚硬岩，岩石可钻性分级为Ⅶ~Ⅷ级，基岩的钻进速度往往决定整孔的钻进速度，而以往的基岩钻进习惯采用单一的胎体硬度（HRC）的金刚石钻头，在本工程的基岩钻进中，建议并采用了中软、中硬、硬三种胎体硬度的金刚石钻头进行对比，最终选取了一种较适宜的胎体硬度的金刚石钻头，从而节约了时间，提高了钻进效率。

记不得多少次论证、试验和改进优化。洋山港二期勘察那段时间，我每天都第一个来到工地，了解各个勘探船舶的进度、检查安全、询问质量、解决问题……每天如是，从不间断，内心只有一个强大的信念：早日安全优质完成勘探工作，向业主和设计提供翔实的基础资料，尽快为大港建设决策提供最基础最完整的理据。

长时间在远海、孤岛施工，远离了亲人、朋友，我们用寂寞抒写诗情，把梦想刻在了碧海蓝天。“路漫漫其修远兮，吾将上下而求索。”作为一名勘察设计工作人员，要实现自己的人生价值，不辜负祖国的辛勤的培育，不浪费自己的青春年华，不挥霍如火的才华，我们就要在思想上寻求升华，以饱满的工作热情、扎实的工作作风、积极主动，尽心尽职，发扬不辱使命的负责精神、勇挑重担的拼搏精神、保持本色的奉献精神、求真务实的科学精神、团结协作的大局精神，用责任和梦想筑建我们无悔的年华！

（作者为澳门公司总经理）

档案书写大港传奇

——央视镜头下的洋山档案

技术部　王玉龙

船笛轰鸣,车辆往来,忙碌的工人身影……茫茫世界东方,上海一侧,洋山岛上,洋山深水港四期自动化码头工程正在紧张地收尾中。在这神秘而又普通的地方,一个传奇大港正屹立在世界东方,熠熠生辉,向世人闪耀着荣耀的光芒。

洋山大港闪耀世界东方

洋山工程可是我国建港史上的一个大动作。它是在上海市委、市政府的直接领导和上海国际航运中心上海地区领导小组办公室的具体组织下,从1995年年初至2002年3月,历时七年多,经过港址选择、方案论证和技术、经济、环境、施工条件等可行性研究和数十次国内外专家咨询评审,在2002年3月13日获得国务院第56次办公会议批准建设的特大型港口工程。从2002年6月至2008年11月,经过六年半的设计、施工、设备制造等数十家企业的共同努力,建成了洋山港一~三期工程。目前洋山四期正在建设中,预计于2017年年底完工。三航院作为主体设计单位,为洋山工程贡献了智慧和力量。

洋山港中的技术应用也值得点赞。洋山港区是我国乃至世界在海外依托岛礁、在多汊道、强潮流、高含砂量、地质极其复杂的条件下建成的至今世界上最大规模、高效、节能、环保的集装箱深水港区。该工程自然条件之复杂、技术难点之多、施工条件之差、工程量之大、工期之短,在世界建港史上实属罕见。洋山港的建成,打破了上海港从建港一个半世纪以来没有15米以上深水码头的历史,它是上海国际航运中心最基本最重要的组成部分,使上海成为名副其实的东北亚集装箱枢纽港和世界第一集装箱港。它为上海浦东开发开放、将上海建成一个龙头、三个中心创造了最有利条件。

洋山大港无愧是世界建港史上的一个传奇，璀璨光芒闪耀世界东方！

央视聚焦三航院档案室

"这里是洋山工程的缩影，最能真实反映洋山的情况。"三航院图档室里，来自于中央电视台的编辑、摄影师们边看边讨论着。为了向公众展现洋山大港的壮观景象及背后的洋山精神，央视联合中国交建集团策划拍摄一个大型的工程建设专题片《中国建设者》之《东方大港》，三航院作为洋山工程的总体设计单位，被选为采访、拍摄点之一。然而，关于选在三航院什么地方，拍摄什么角度与拍摄什么内容，编辑、摄影师们最初有着不同的想法，他们选看了很多场所和角度，最终，当他们走进三航院图档室库房的那一刻，被壮观的密集架和浩如烟海的档案案卷震撼。那一刻，央视的编辑、摄影师们竟毫无抗拒力地折服于泛黄的洋山档案和厚重的洋山历史，他们认为再多对洋山工程的赞美之词也不及洋山档案来的真实，来的生动。洋山档案虽默默无闻，却是洋山工程最真实最生动的反映。

2016 年，阳春三月，央视的编辑、摄影师等工作人员和采访对象（三航院洋山四期项目总负责人刘广红）聚集在三航院图档室的库房里，正式开拍展示上海国际航运中心洋山深水港设计、建设历程和创新点、重要贡献及建设者风采的专题片"东方大港"的镜头。央视镜头下，一排排洋山档案密集架被缓缓推开，浩如烟海的档案案卷渐渐展现，仿佛在演绎一幕幕朴实而振奋人心的故事，呈现一幅幅极具震撼力的画卷。那一刻，无需语言，无需表达，三航院工程技术人员谱写的壮丽史诗，一切尽在眼前！

果不其然，央视拍摄的"东方大港"在"五一"国际劳动节到来之际隆重推出，吸引了亿万人的关注，三航院图档室的洋山档案成了一道亮丽风景。

档案书写大港传奇

洋山档案作为洋山工程的原始记录，全景反映了洋山工程一～四期工程从勘察、规划咨询到工可、初设到施工阶段的全部情况和技术细节。从 2001 年开始，洋山档案开始逐步积累，至今，三航院图档室库房里保存着洋山工程各期的设计档案总计 14243 件，其中设计图纸 120378 张，设计报告 3018 份。

作为洋山工程的原始记忆和全过程记录，洋山档案种类多、数量大、跨度久、利用频繁,在整个三航院科技档案中占着非常突出的地位,其重要性不言而喻。三航院图档室近年来开展的数字档案室工程,数字化、电子化、信息化建设取得初步发展,目前包括洋山档案的全部科技档案已完成数字化工作,为洋山档案资源开发、利用提供了便利。今天,设计人员无需再像以前在忙碌的工作中奔波到档案室,他们坐在电脑前,轻轻点击键盘,就可以获得想要的档案资源。同时,三航院图档室工作人员始终以服务为本,为洋山工程展览、洋山宣传册设计、上海港口工程地方志撰写等各项工作提供了全方位的利用服务。

洋山档案,完美书写了东方大港的传奇!

东方大港幕后的兰台园丁

在亮丽的洋山工程背后,还有这样一支队伍鲜为人知:他们远离洋山工程前线,但始终坚守在洋山工程背后,默默守护着一卷卷洋山档案。他们虽然没有高水平的设计技术,也没有登上洋山大舞台的机会,但却为整个伟大工程的建设提供着档案资源管理支撑。他们就是三航院图档室的档案管理队伍,他们始终恪守职业理想和职业道德,承担着洋山档案的管理职责。作为兰台人,他们就像一个个兰台园丁,如果将一份份档案看作兰台园的一颗颗幼苗,那么,从育苗、施肥、浇水、除草到成长,就是洋山档案从收集归档、管理、保管、开发到提供利用。洋山工程建设期间,设计图纸、设计报告等大量档案如流水一样源源不断地奔流到图档室。设计人员将档案资料归档到档案室后,并非万事大吉,档案工作人员开始忙碌起来了,他们将一张张图纸、一份份报告进行扫描、著录编目、录入数字档案系统、查找借阅。有的档案人员说,更多时候,对待洋山档案就像对待自己的孩子:每个图签是否签字,每张图纸是否盖章,每张目录与图纸是否符合,每套图纸是否齐全完整,甚至每个字是否书写准确,都需要反复核对,都需要像对待孩子一样呵护备至。档案工作人员说,“当公司设计人员需要的时候,我们必须确保第一时间将档案呈现在设计人员面前。”

当前洋山四期工程即将顺利完工,档案工作人员将在公司领导的领导和支持下,继续发扬艰苦奋斗、攻坚克难的洋山精神,坚持创新与服务的理念,做好洋山档案管理工作,为洋山四期的顺利竣工和东方大港辉煌明天,做出应有的努力!

追忆为洋山港服务的那些美好日子

建筑所　陈希太

我是2005年人才引进进入三航院工作的，一到上海就有幸参与上海国际航运中心——洋山深水港的工程设计和现场服务工作，是一生职业生涯的荣幸和责无旁贷的大事。在东海之滨这个不足2平方公里的弹丸小岛上，正在建设着中国人几千年来从未想过从未干过的上海国际航运中心的一号工程——洋山深水港。

一、初登洋山岛

小洋山岛宛若一颗璀璨的明珠，镶嵌在东海之滨，以她悠久的阅历和持久的耐心，等来了新中国的发现，迎来了向世界展示独特魅力的新纪元。

第一次登上洋山岛，是2005年的秋天，从徐家汇驱车100余公里，经过一个半小时的颠簸，必经亦由我院参与设计的当时海上第一大桥——东海大桥，方才来到洋山岛。当时洋山港第一期工程正在收尾阶段。

进入眼帘的首先是还算荒芜的小岛，光秃秃的岩石在表明它的严酷，轰鸣的超大型施工机械，耸立在岸线上的巨型桥吊和停泊在海上的大型集装箱船，好一派威风凛凛的样子，还有我院设计正在夜以继日吹填的大面积陆域，洋山港已具雏形！所有这些都是我平生第一次亲眼见到，更增添了我为洋山港出力流汗多作贡献的决心和信念。

二、在工程设计服务中享受快乐

先后参与洋山一期收尾服务，二期、三期工程，特别是二期后勤服务中心，我担任本工程的项目负责人。每周一都要去岛上召开设计例会和现场服务，解决现场施工中遇到的各种难题，以饱满的热情，精准的技术服务，得到了业主、施工单位的一致好评。特别有幸和时任的王祥院长一起参加了竣工仪式,在竣工典礼上结识了南京工程兵学院政委杨彦春少将,至今还保持联系,留下了难以忘却的美好印象。在2005—2009年这段时间里,我经常到岛上服务,特别是周一的设计例会,几乎是每月都有。在工程进展的不同阶段,我先后得到了程骁总经理,归墨总指挥,诸葛老总的称赞,并几次邀请共进午餐,交流技术方案,倍感荣幸,更增添了作为三航院建筑师的自豪感和使命感,在技术服务工作中享受着工作成就感带来的快乐。

三、常来常往芦潮港

芦潮港是洋山深水港的辅助作业区,是洋山港密不可分的一部分,肩负着货物的检验检疫、分拆、加工整合等各种功能。自2005年以来,我参与了大部分物流园区和物流建筑相关的设计审核和服务工作,多次去现场服务解决工程中出现的各类问题。第一次去芦潮港,由时任的李树国副院长、王坚主任带队,讨论宽200余米的洋山保税区进出口闸桥外观施工措施各方会议,由同盛集团程骁总经理亲自坐镇指挥。会上,针对存在的技术问题和要求,我把自己的理解和看法一五一十地娓娓道来,有分析有措施,得到了参建各方的一致认同,会后,程总亲自请李院长和我们三航院设计师们共进午餐,以示对我们工作的肯定;曾在我院工作过的美国规划师,市政协常委任先正还专门请我去他办公室送给我名片,并对我当天的表现褒扬有加,增添了我爱岗敬业,热爱建筑设计事业的勇气和信心,现在想来,也是非常值得珍藏的一段美好回忆。感慨之余,有诗为证:收拾芦苇建辅港,初临东海第一枪。平阳何处有人识,无坚不摧定海疆。

四、温暖的洋山所

我院为了洋山工程的顺利进展和便于服务,专门在岛上成立了由王大刚为所长、方君华为书记担纲的洋山设计所,洋山所也就成了我们工程师去现场服务的驿站和温暖小家,特别是所长王大刚同志为人真诚、待人热情,雷厉风行,人品技术俱佳,为我在岛上服务提供各种便利,有种宾至如归的感觉。我们综合所和洋山所的配合更密切,联合办公,互相切磋,相得益彰,更融洽,更周到细致了。2006年元月25日,高兴之余,曾即兴赋诗一首,现晒于大家面前,以温当年之境之情之谊。

献给驻守洋山岛的三航院勇士

大小洋山斩碧浪，
沧海桑田变良港，
千顷碧海成陆域，
百丈荒丘换新装。

三院儿女多奇志，
扎根洋山写大纲，
十年汗珠洒东海，
辉煌硕果美名扬。

难忘洋山港，曾经干过的工程和结识的新朋友！

难忘洋山所，曾经带给的温暖和并肩的老战友！

难忘洋山精神，永远激励我做最好的自己，为祖国的建设事业增光添彩！

外海深水海堤的创新之作

综合所　阮春生

东海大桥港桥连接段是指东海大桥跨海段结束后，从大乌龟岛西南侧登岛至小洋山岛小城子山的这一段道路，通过港桥连接段，进入洋山深水港区。这是由三航院人设计并已建成的我国第一条满足高速公路使用要求的外海深水海堤。

由于港桥连接段的走向与港区总体平面布局密切相关，在当时确定港桥连接段平面线形时，将大乌龟岛、颗珠山岛和小洋山岛的小城子山等通过一条路线连接起来，使得东海大桥能够顺利通向洋山深水港区。但这个区域的自然条件较跨海段桥梁更为复杂，岛礁周边水深流急，海床泥面起伏变化大。尤其是颗珠山和小城子山及大乌龟岛至颗珠山岛之间海峡的局部区段，水深最深分别超过 35 米和 25 米，且地质条件、水文条件等都很复杂。

因此，在确定该段连接通道设计时，根据当时港区总体规划，我们提出了南通道和北通道方案，南通道方案沿规划洋山深水港区西港区规划陆域前沿线布置，北通道方案沿规划洋山西港区陆域后边线布置。由于南通道方案在将来实施西港区建设时，对港区的运行交通干扰大，虽然该路在地形地质各方面条件均占优，设计难度小，经过综合比选，最终选择了北通道方案。

此后，我们在进行北通道初步设计方案时又做了多方案的比选工作：一是全桥方案，二是堤桥组合方案。全桥方案比较容易满足高速公路标准要求，而堤桥组合方案既要考虑海堤路段堤身沉降变形能否满足高速公路的标准要求，又要解决进港道路到洋山深水港区的水、电、通信管线等适应地基沉降变形问题，由于海堤路段堤身填筑高度大、堤基软土深厚，满足上述沉降变形控制要求在有限的工期内难度很大，对此专家争论比较大，担心海堤的沉降难以满足高速公路使用标准的要求。鉴于大乌龟岛至颗珠山岛路段是规划洋山西港区的陆域后边界，需便利解决西港区建成后的陆路集疏运需求，若选择远离大乌龟岛和颗珠山岛，直接从小洋山岛登陆，对将来西港区交通组织难度较大，且不合理。而采用堤桥组合方案的海堤路段既是东海大桥港桥连接段的组成部分，同时又兼顾西港区的后方陆域围护边界，具有多重功能，较采用全桥方案可减少西港区后方围堤建设，同时可便利解决西港区的陆路交通问题。

对此，从该区域港区生产运行和交通全局考虑，我们坚持采用堤桥组合方案。为此，针对堤桥组合方案的海堤结构方案又专门进行了初步设计后的专题论证工作，针对专家担心的海堤沉降变形问题，进行了全面深入的分析研究，重点对海堤结构形式、地基处理方案以及各方案的工后沉降作了详细的分析计算。当时，对是采用砂桩预压地基的加固方案还是塑料排水板预压地基加固方案进行了详细的对比，由于当时国内外海砂桩最大入海施工深度仅40米左右，而海堤堤基软弱土层最深至-66米，无法打穿软弱土层。最终根据本区域的地基条件、筑堤材料来源、当时国内在海上实施软土加固的处理深度和施工船舶的施工能力、工程经济性等方面的综合比选，推荐了对海堤采用塑料排水板预压加固方案。

此外，针对工后沉降尚无法满足高速公路标准问题，收集国内外高速公路相关规范和标准，结合所收集的各国规范对沉降和差异沉降问题进行研究，提出差异沉降是影响高速公路运行安全和行车舒适性的主要因素，并参考机场跑道对差异沉降所形成的坡差要求，提出了海堤路段差异沉降控制标准为0.5%的目标；而沉降问题可通过海堤各堤段的计算工后沉降，对海堤路段路线竖向线形设计进行预留，在此基础上，征询行业内资深专家的意见，获得了认可，最后形成了港桥连接段初设优化报告并获得通过。

港桥连接段的建设工期非常紧张，它较东海大桥其他区段开工晚了半年多。东海大桥是2002年6月动工的，但港桥连接段是2003年1月才开工建设。整个港桥连接段的建设工期只有三年时间。最后港桥连接段长度是3.45公里（其中颗珠山大桥的长度是1.66公里，大乌龟岛至颗珠山岛之间的海堤长度是1.22公里，大乌龟岛和颗珠山岛上的开山路段有300多米），虽然工期较短，但由于方案设计合理、技术措施得当，使得工程顺利建成，建成后的港桥连接段完全达到了设计预期效果，满足了高速公路正常使用要求。

港桥连接段设计中最主要的亮点是大乌龟岛和颗珠山岛之间长达1220米的海堤结构，颗珠山大桥引桥设计和进港公共管线的设计也颇具特色。海堤结构按高速公路标准进行设计，最大堤身高度近30米，建造在深厚的软土地基上，又处在外海恶劣环境下，实属国内第一条按照高速公路使用要求设计的高标准深水海堤，且集高速公路、港区陆域围护边界、防潮防浪和公共管线通道等功能于一身。其设计关键是海堤沉降控制和确保堤身稳定性，通过塑料排水板分级堆载预压加固后，检测得到的地基变形和土体强度指标与设计结构相当吻合。现在的高速公路沉降控制标准一般路段为30厘米、桥头段为10厘米，此段海堤最深的软土底标高为-66米，部分区段软土最大厚度超过45米，由于设计得当，考虑问题周全，建成后满足了高速公路使用要求。海堤路段建成后，还经历了洋山西港区陆域回填荷载对海堤结构的影响，海堤上行车平稳舒适，证明是完全符合设计及正常使用要求的。进洋山港的所有电缆、通信、供水是通过东海大桥一路输送的，管线在海堤上，由于海堤沉降控制得很好，满足了管线的变形要求。

东海大桥建成投入运营后，大桥养护管理部门对海堤路段的沉降变形进行了长期的跟踪观测和路面正常养护，截至2014年的观测数据，海堤路段软土最厚的K28+400区段，建成后总计发生了约110厘米左右的沉降，最大年沉降速率约3~4厘米/年，差异沉降所形成的最大坡差为5.5%；2016年，由于西港区的建设，对海堤路段进行了彻底地翻修，据翻修设计前对海堤路段沿线路面标高数据和原设计路面标高比对，海堤路段最大沉降约120厘米。上述数据和本人发表在《水运工程》上的论文预测数据基本一致。

此外港桥连接段的颗珠山大桥引桥设计也有一定的特色，这个结构和跨海段有所不同，因为在颗珠山大桥的引桥段，桥区近岛区域地质条件十分复杂、基岩很陡，而东引桥区段水深流急，桥梁下部结构施工难度大，在设计过程中，根据东西引桥所处的具体环境条件，有针对性地在西引桥采用了支架逐孔现浇施工方法，而东引桥采用了移动模架（MSS）逐孔现浇施工方法，移动模架逐孔现浇工法较为先进，当时国内可参考的案例较少，结构设计计算过程中需考虑各施工阶段的工况和施工荷载的影响。总之，颗珠山大桥桥型结构及其施工工法对我院尚属首次设计，通过项目组全体人员的共同努力，克服了一道道难关，最终顺利地完成了设计工作。

东海大桥建成投入使用已有 12 年时间,每次乘车从港桥连接段经过时,心中的自豪感油然而生。还记得我院芦潮港美芦苑刚装修完成,油漆气味还很浓烈时,港桥连接段项目设计组便投入到现场紧张的设计工作;还记得东海大桥定期召开的设计例会,上海市政设计院林元培院士的谆谆教诲和耐心的技术指导,至今记忆犹新,受益匪浅;还记得为按时完成大桥建设指挥部所布置的任务,项目设计组全体成员经常加班到深夜的艰苦日子;还记得为攻克技术难题,项目组寻找相关技术资料,寻找解决办法的日子;还记得大桥建设期间,大桥建设指挥部每周六召开的例会,项目组成员自觉放弃业余时间攻读工程硕士的上课时间;还记得在项目设计最紧张阶段,项目组成员相互鼓励,轻伤不下火线的事情;还记得每次到现场解决技术问题的过程。我坚信:只要我们付出努力,便有回报。

(作者为公司副总工程师)

洋山精神激励我前行

综合所　金明华

上海国际航运中心洋山深水港区北港区，位于东海之滨 30°38′04″N、122°03′25″E，浙江省嵊泗县的小洋山岛。这里从昔日默默 3000 多名居民的渔村小岛，建设成长为世界大港。洋山深水港区建设的技术难度及建设要求之高都是我国建港史上前所未有的，从 1995 年的前期选址、技术咨询论证以及东海大桥、颗珠山联络桥的建设通车以及 2005 年年底一期工程建设投产，二期、三期工程至今年四期全自动化集装箱码头工程建设完成过程向世人展示了我国一流的筑港技术，开创了外海孤岛建设大型港口的诸多先例，为我国筑港事业的蓬勃发展作出了重大贡献。

洋山深水港区的建设凝聚了我国筑港界设计、科研、施工、管理众多专家、学者的智慧和结晶，体现了一个个平凡却又伟大的建设者们的辛勤劳动和汗水。洋山深水港集装箱码头装卸一次次打破集装箱码头单船装卸效率世界纪录、一次次刷新集装箱码头桥吊单机效率世界纪录，已成为上海建设国际航运中心、参与国际竞争的战略支点和上海市亮丽多彩的名片。市委书记韩正同志曾在洋山深水港开港十周年总结报告会上强调了“洋山精神”，即：不辱使命的奉献精神、艰苦创业的拼搏精神、求真务实的科学精神、争创一流的进取精神、团结协作的大局精神。“洋山精神”是在艰难困苦的条件下培育出来的，是广大科学工作者、建设者们在新的历史条件下创造的宝贵精神财富，是以爱国主义为核心的民族精神和以改革创新为核心的时代精神的生动体现。一项伟业，一个奇迹，一种精神，一个起点。日积月累，厚积薄发，一座又一座的精神丰碑，为今天的中交三航设计院有限公司的转型升级、科技创新驱动的发展提供着源源不断的精神动力。回望洋山深水港建设过程中三航院所走过的脚步发现是那样的坚实与果敢，创业的历程是那样的艰辛和壮丽，而她的精彩时刻却如雨后彩虹般亮丽夺目。我曾经是三航院洋山工程设计所一名主任工程师兼洋山所综合室主任，与我的伙伴们在洋山工程设计所经历和一起奋斗的这么多日日夜夜。“洋山精神”更让我回顾时始终有一种自豪与骄傲，也不断鞭策着我在工作中不断探索与进取奉献。

2004年初，洋山深水港一期工程建设全面展开，为更好地服务洋山工程建设，贴近施工现场，提高设计、服务技术质量和工作效率，中交三航院于2004年12月3日专门成立洋山工程所。那时候东海大桥还没有通车，我清晰地记得2005年7月底上岛的第一天，原综合所所长带我从公司出发，到芦潮港乘坐交通船先到大洋山再搭载小舢板往小洋山现场洋山工程所基地，小舢板在大海上就像一叶小舟，我的手拉着小舢板，感觉颠簸得厉害，只看到的是蓝天和混蓝色的大海，到小洋山现场设计办公室已是下午了，报到交接后马上投入工作。从此开始每周一到周五驻岛，与伙伴们开始白天施工图设计和现场服务，晚上与建设单位、监理单位、施工单位进行设计进度节点、施工过程中现场出现的问题商讨和提出设计解决措施意见等相关会议，周六、周日以及节假日，围绕洋山指挥部及现场工地建设要求遵守洋山工程所所长安排留守人员值班服务。同时洋山工程所各部门在王大刚所长的带领下组织内部技术研究，在公司领导和各部门的全面支持下针对洋山深水港工程水动力、地质等复杂条件，集全公司的技术力量解决了一个又一个的技术难题。在关键技术上设计体现了智慧港口、科技港口、效率港口、绿色港口的总体布置；创新采用斜顶桩板桩承台、现浇悬臂式挡土墙以及分别连接码头与承台和承台与挡土墙的简支板及斜坡堤抛石棱体结构；在陆域堆场针对边缘区、过渡区、浅层区、深层区以及开山区、抛石区，提出了振动碾压法、强夯法、振冲联合振动碾压法等不同的地基加固，并结合离心机模型试验、室内试验、现场小规模试验手段确定技术可靠、经济合理、便于施工的设计参数以及切合现场的施工工艺和监测及检测技术要求。取得丰硕的现场处理工程经验和一个又一个的科技创新成果。

在我与洋山工程所的伙伴们所处3年多的现场设计、服务的日日夜夜的工作过程中，所经历的许多工作敬业动人事迹永远刻骨铭心。记得为了一期工程的竣工验收，2005年10月，当时王所长、我及部分同事以及指挥部同志为二期施工图等事情在天津并计划再到青岛，由于岛上现场管线试压调试出现一些原因，王所长接到电话的第一时间马上与我往小洋山岛上赶，洋山工程所徐司机从浦东机场把我们接到岛上已是晚上，王所长就投入现场组织洋山工程所具体人员、指挥部人员和现场施工单位人员了解情况，组织解决技术方案措施，那晚在现场问题解决后已基本在第二天凌晨，我看着他那时才想起吃饭以及疲惫的眼神感到心疼和敬重。那年的冬天特别寒冷，为保证二期工程的开工建设设计图纸的准时提供，在他的带领下洋山工程所的伙伴们无论是年长的杨工、蒋工还是背了吸氧器的小蔡，我们基本每晚均要干到十点左右；记得有一次已经半夜 12 点了，指挥部的某位领导看到岛上其他基地的办公室均已熄灯，以为洋山工程所忘记关灯，当他看到洋山工程所的许多同志还在聚精会神地画图和进行技术讨论的场面时，他十分感动，在许多场合给予洋山工程所的工作精神表扬和宣传以及给予我们鼓励，回忆岛上的工作经历和许许多多的感人故事历历在日。今天，回想自己在洋山工程所的经历过程，深深体会到中交三航院和许多科研、施工、管理单位以及众多专家、学者在洋山深水港的建设过程中，不仅创造了骄人的业绩，而且孕育了珍贵的“洋山精神”，那就是不辱使命的奉献精神、艰苦创业的拼搏精神、求真务实的科学精神、争创一流的进取精神和团结协作的大局精神。

洋山深水港北港区所取得的成绩属于过去，更重要的是面向未来。我将在中交三航院转型升级、科技创新驱动的发展事业中，不畏艰险，勇于担当重任。继续发扬“洋山精神”，更好地用奉献、拼搏、科学、进取、大局精神投身事业，不懈努力奋斗。

（作者为公司副总工程师）

从小渔村到深水大港

勘察公司　郑建朝

2017年年底，全球最大的自动化集装箱码头——洋山四期工程将竣工并投入运营，这是我公司继完成洋山一期、二期、三期工程后的又一个浓墨重彩创作的优秀作品。

如果有人问起小渔村的故事，我想许多人马上会想起深圳，这个昔日的小渔村，借改革开放的春风，从无到有，从小到大，成为充满活力的新兴城市，成为改革开放的成功典范。同样作为从小渔村到深水大港的洋山，却很少有人知道她，因为洋山太小了，但在洋山建设者眼中，这是一片热土，许多“不可能”在这里变成“可能”，今天我要讲述洋山的故事，让更多人了解洋山，因为洋山港的建设圆了中华民族百年来建设深水大港的梦，因为洋山港的建设者在短短的六年时间内建成了世界级的大港，建设者在创造物质文明的同时，创造了具有时代意义和丰富内涵的“洋山精神”。

是啊！洋山太小了，这个孤悬于东海之滨的小岛，可能在地图上也难以找到。第一次踏上洋山是在1995年的冬天，勘察技术人员架设好第一个测站，开始为深水港的选址进行地形测量，当大、小洋山周围近三百平方公里的1∶1万小比例尺地形图成图后，这也是真正意义上的有关上海国际航运中心洋山深水港的第一幅测量图，大家欣喜地发现，这里的平均水深在15米以上，具有建设深水港的良好条件，且靠近中国经济最发达的长三角，集“黄金海岸”和“黄金水道”双重优势。1996年年底，勘察技术人员在圣姑岙一带打下第一个钻孔，开始勘探地质条件，并进行中地层剖面分析、地质调查和地层震动研究。根据这些调研结果，决策者提出了在大、小洋山岛建设深水港的设想，从而揭开了洋山深水港建设的序幕。

然而，严峻的事实马上出现了，由于是首次在远离大陆的孤岛建设海港，大家都缺乏经验，更没有模式可供参考，只能摸索着干。由于远离大陆，勘探设备、物资运送极不方便，当时只有一艘老旧的“蓝天”号客轮来往大洋山岛和芦潮港之间，30 多公里的海路，“蓝天”号摇摇晃晃要开上半天。岛上缺乏淡水资源，生活和生产用水只能从上海运来，说“水贵如油”一点也不过分，那段时间洗澡是种奢望，连洗脸刷牙都要节约着用。岛上的“发电厂”仅有二台 25 千瓦的柴油发电机组，上午 9 点开始供电，晚上 12 点关机，由于规模小，用电高峰时电压跌到 160 伏，常使电脑死机，有时没能及时存盘，辛苦工作的成果也化为乌有。

洋山深水港一期工程水上勘探现场

除了这些生活上的困难，野外生产的难度就更高了，洋山地区水深、流急、潮差较大，且流态多变，因此水上勘探作业条件相当复杂，普通勘探船经常发生摇晃，导致取的土样(岩芯)脱落或土样质量等级降低，岩芯采取率低，标准贯入击数失真，严重时发生钻杆断裂，船舶走锚等事故，因此常规的勘探船难以胜任在洋山海区进行勘探作业，为此我公司经过多次对比试验，找到了稳定性能和抗风浪性能俱佳的船型，专门为洋山工程搭建了数条大型水上勘探船，改善了水上勘探的条件，提高了勘探的质量，并在洋山工程中实现了水上静探试验、水上十字板试验、全芯取样钻进、金刚石取芯钻进等。这促进了对港址的工程地质条件进行全面、细致的研究，如分析洋山地区岩层的形成机理和构造特征，测定岩层的地质年龄，测定岩石的晶相结构和矿物成分，深入研究软土性质等。

远岸海区的测量和钻孔定位不能使用传统方法，陆上最常用的经纬仪根本没有用武之地，必须使用新技术手段才能解决问题，九十年代中期，GPS技术投入民用市场不久，国内更是罕见，经过多方努力，我公司购置了数台美国产的542微波定位仪用于水域测量和勘探的定位，三台Leica Wild 200型双频GPS接收机进行控制测量作业，并陆续采用差分数据链技术、RTK技术、高精度双频回声测深仪、全自动数字化测流仪、高性能精密全站仪、数字式水准仪等。

从1995年冬天第一次踏上洋山这个小渔村开始，到2017年年底洋山深水港北港区主体工程建成，在这不平凡的23年中，我和有幸参与深水港建设的三航院人一样，一直奉行“敬业奉献，开拓创新”的精神，为了国家的水运事业，为了深水大港而甘当“铺路石”，从新港选址阶段开始，我公司技术人员，风尘仆仆，深入一线开展工作，顶风迎浪测量水深，翻山越岭测量每座孤岛的地形，地质工作者背水壶带干粮开展地质调查，深入现场解决问题……我们用实际行动兑现“扎根洋山岛，服务洋山港”的庄严承诺。

举世瞩目的洋山深水港区主体工程于2002年6月开工建设，我三航院人和全体建设者一起，克服了孤岛建港的诸多困难、攻克了深水海区建港的许多技术难题，2005年12月10日一期工程正式开港投入生产，2006年12月二期工程正式开港投入生产通过国家正式验收，2008年12月三期工程正式开港投入生产，几个月后全自动化的洋山四期也将正式投产。参加洋山建设的都是“国家队”，设计有三航院，填海有航道局，爆破有工程兵，打桩有三航局，地基处理有“港工”……在艰苦的环境中，为了早日建成深水港的同一个目标，大家众志成城、万众一心，有困难时互相合作、互相帮助，逐一克服了水深筑堤、软土筑堤、高回填土加固处理、长桩的打桩、大直径嵌岩斜桩等问题，建设过程中做到精心规划、精心设计、精心施工，把工程质量看得比自己生命还重，在深水港建设的特定环境中逐步形成“洋山精神”，经总结可以归纳为五句话：“不辱使命的负责精神、勇挑重任的拼搏精神、保持本色的奉献精神、求真务实的科学精神、团结协作的大局精神”。洋山深水港的成功建成，向世人展示了我国交通建设系统一流的深水筑港技术，开创了外海孤岛建设大型港口的诸多先例，同时也为世人留下宝贵的精神财富——“洋山精神”，它是在新时期人民群众智慧的结晶。

洋山深水港三期工程水工结构

由于洋山的建设充分注意人与环境的和谐，岛上古迹、文物、山峰和植被受到很好的保护，观音山上的“姐妹石”依然挨肩而立，相依相偎，似姐妹在私语、天下奇观“双龙叠卧”依然横卧在山峰之侧、苍劲有力，如行云流水的摩崖石刻“海阔天空”依然静静地挂在石壁上。洋山，这个古迹聚集、文物荟萃的地方依然那么美丽，天空还是那么的蓝、大海还是那么的绿、沙滩还是金黄色的。现在，在这自然天成的山水美之外，高耸的桥吊、满载的巨轮、飞奔的集卡又给她添了一份现代工业的力量美。

在洋山深水港一期、二期、三期的助推下，从 2014 年起上海港已经连续 4 年雄踞世界 10 大港口第一名，即将投产的洋山四期会让上海港如虎添翼，继续在世界 10 大港口排行榜上独占鳌头，在洋山深水港区已于 2008 年 12 月建成，我们将带着“洋山精神”投入“一带一路”的建设热潮，誓把“一带一路”项目也打造成洋山工程一样的精品工程，把中国的“洋山精神”带到世界各地。一幅更恢宏的画卷等待我们绘制，我坚信祖国的明天会更美丽，世界将会更通畅，并祝愿“洋山精神”永存。

点开我的“洋山地区”目录

海外所　华晓敏

在三航院工作了二十余年，主持、参加过许多工程，自2000年左右院配备个人电脑以后，曾经精心绘制的一张张图纸、经过仔细演算的一份份计算文件、历经认真编审的一篇篇设计说明还有通过各种渠道搜集的各式工程资料……都分门别类存于电脑。

我喜欢先按工程地区分好大目录，里面再按各工程名称分子目录，往下再按工程各阶段分子子目录……相信所有的同事都有这种感受：电脑储存的这些文件资料好似我们的珍贵收藏品，偶作整理，眼前会浮现当时做某工程时的情景和故事，里面包含着我们曾经挥洒的青春年华和凝聚的点滴心血，虽然已经数不清交付了多少张蓝图、放弃了多少个休息日、有多少次挑灯夜战，尽管品尝过许许多多的辛苦、也碰到过各种各样的困难，但是感动于工作中的遇见，让我感受到工作之美乃至人生之价值。

点开我电脑的“洋山地区”目录，进入子目录“洋山二期”，里面有我工作电脑中唯一的一张人物工作照，因为唯一，弥足珍贵。照片摄于2004年夏天的某日一早，内容是顾祥奎主任（当时编制设计一所水工二室）正与我讲解设计问题。已经记不得镜头是谁抓拍的，没有刻意摆pose，但照片显示了我们工作的常态：专注、认真的神情和老同志对年轻人的诲人不倦。我清晰地记得，顾工是正跟我讲解我计算的洋山二期预应力空心板的问题，从关于预应力构件截面高度的合适性到为什么预应力构件要计算叠合面的强度……顾工的讲解，往往浅显易懂、醍醐灌顶；常常当我钻研几个晚上尚不知问题正解的时候，不如听他几分钟的讲解。而实际上，我们都知道，他那几分钟的讲解，凝聚了他长期对结构设计问题的潜心研究和深刻理解。后来，我有段时间做第三方审查咨询工作时，对预应力构件设计问题总能提出合理意见，正是得益于当时顾工的指导。

许多年过去了，顾工已是教授级“顾总”，收获了许多奖项，包括洋山工程全国设计金奖证书……然而仍然时常见他加班，他似乎对结构设计有永不枯竭的“爱情”；并且，顾总培养了许多年轻人，直到现在，对年轻人提出的问题，他都会作耐心、详细、毫无保留地解答，如果一时没空，一定会约时间作 QQ、微信解答。

而实际上，三航院像顾祥奎老师这样的人还有许多。浮世万千，而他们却甘愿几十年如一日，立足基层、专心研究设计、无私传承经验，不得不说这是最动人的洋山精神！也是三航院风貌的代表和体现。

还记得 20 世纪 90 年代末我最开始接触洋山工程的时候，刚工作不久的我，跟着比我早工作 8 年的潘国红工程师做洋山一期方案。我们分到的任务是完成码头格型板桩方案设计。虽然是做比选方案，但格型板桩是一种新型结构，潘工认真钻研、事无巨细、精益求精的工作态度成为我心中永远学习的楷模。我记得当时我们完成两份计算书，一份是潘工手写的计算书，字迹娟秀清晰到如同版刻一般（老一辈的每份手写计算书真的可以达到典藏级别）；一份是我协助热爱学习的潘工用 EXCEL 软件共同编写的计算书（当时大家刚接触 EXCEL 软件），或许那还是我院第一份 EXCEL 编程计算书。

而也曾经在设计一所水工二室为洋山工程奋战过的黄红丽老师，则是我遇见的最仔细最有条理的老同志。曾经很有幸黄工协助我完成某项工程设计。黄工绘制的图纸，表达非常精确到位，我校核完图上所有数据，竟然毫无差错。那一刻，我汗颜了，感觉到了自己与老同志的差距，从此不敢马虎……

如今，兢兢业业、一直埋头在基层技术岗位上的黄工、潘工等许多老同志都慢慢将要退休，我渐渐也会成为他们中的一员，如他们一样，在平凡的岗位上用自己毕生的工作精力为建港事业作出相应的贡献。无论是如黄工或潘工或我一般的路基石，还是如顾总那样的璀璨星星，都体现了光辉的洋山精神、堆砌了高情怀的三航院风貌！

2011 年中秋，我带三岁的女儿亲子游，为让女儿认知大海、大桥、码头……我们过东海大桥、行至洋山小岩礁、俯瞰宏伟的洋山港（洋山一期、二期、三期，连绵 5.6 公里），看到海中成片的码头、高大的塔吊忙碌地装卸着五颜六色的集装箱，女儿兴奋地问：

"妈妈，这就是码头吗？"

"是的。"

"这里本来就有码头吗？"

"本来没有码头，以前都是海！"

"那怎么会有码头的呢？"

"是人建造出来的呀！"

"怎么造的？是像搭积木一样搭出来的吗？"

"是的，是聪明的工程师们辛辛苦苦地像搭积木一样搭出来的……"

孩子，你还小，如果我跟你说，这是由许许多多爷爷奶奶、叔叔阿姨，是由几代人用心血凝结而成的成果，你一定无法理解；但是我想有一天你会长大、会懂得举世闻名的洋山港，到那时，妈妈再一边打开工作电脑、翻开工程目录、展示收藏珍品，一边自豪地与你讲一讲那些建港故事和代代传承的洋山精神。

我的洋山港情结

人力资源部　徐郭强

从南极到北极,从东半球到西半球,从热带雨林到苍茫大漠,从险峻孤岛到蔚蓝海洋,从大自然鬼斧神工、雄伟端庄的惊奇到千帆竞发、百舸争流的壮丽,三航院用六十年的历程带我们领略了地球上最宏伟的角落。20世纪,三航院的建港精英们再次吹响历史的号角,来到东海之滨的杭州湾口外,聚集在茫茫东海的小洋山岛,不畏艰难困苦,潜心钻研、精心设计,让一个气势恢宏、世界一流的世纪工程——洋山深水港区工程巍然矗立在世界的东方。

一、敬仰

出身于连云港的我对港口的认识最早来源于连云港港,但仅局限于其对区域经济发展的重要性认识。八年前,我通过研究生导师赠予我的名为《发展中的上海咨询业》一书,对洋山深水港建设的必要性、战略意义、工程论证和决策历程有了比较系统的认识,也对洋山深水港区远离大陆、岛屿建港,建设条件异常艰苦的环境有了较深刻的了解。三年前,我有幸进入负责过连云港港和洋山深水港建设的三航院,更加幸运的是与三航院洋山设计所原党支部书记兼副所长方君华同志同室办公,听其讲述洋山深水港的建设历程和点点滴滴,天当被、海当床的那种豪迈和洒脱深深地触动了我。

岁月抹不去的记忆,留在了洋山工程工作者们的脸上,刻在了他们的心里。忆往昔,峥嵘岁月稠,无数的泪水与欢笑汇聚成记忆的海水轻轻地拍打着他们的心田。寒冬里,他们就像冬日里傲然开放的梅花,不屈于寒风,一张张严峻的面孔上眉头紧锁趴在灯光下勾勒梦想的轮廓;酷暑下,他们迎“烤”而上挥汗如雨,不惧烈火骄阳,一个个汗流浃背的身影专心致志地糅合着这个钢筋铁骨世纪工程里的棱角。

洋山工程工作者的喜悦与自豪，源于他们用双手托起的洋山深水港。无数个不眠夜和无数的心血汗水为洋山深水港融入了三航院人的灵魂，这种灵魂就是令人敬仰的“洋山精神”的源泉。

二、自豪

受益于工作的岗位，我曾三次踏入洋山深水港区，有幸领略了东海大桥的曼妙风采和洋山深水港区的雄姿壮观，体会到了从图片到身临其境的震撼冲击。

东海大桥作为我国第一座真正意义上自行设计和建设的跨海大桥，宛如一条银白色的巨龙横卧于东海之上，苍茫的烟波间只见其尾不见其首，别具匠心。远望桥头堡，矗立在主桥面上的两个“人”字形的撑架犹如两个擎天柱，两边的斜拉索紧紧抓住巨龙的身躯，甚是壮观。在大、小乌龟山的夹道欢迎下，步入洋山深水港区，站在小洋山观景平台举目眺望，整个洋山风光尽显眼底，蓝天、白云、海洋、山峦浑然一体、美不胜收，切身体会到了“登临顿觉胸襟阔，仰望方知谋略宽”之意境。一排排巨型岸桥起重机挥舞着强壮的臂膀，整齐划一地抓放着五颜六色的集装箱，一辆辆集卡列车在厂区穿梭不止，为沧海桑田增添了无限生机。

每每回想起在洋山深水港所看到的每一山、每一水、每一景和每一幕，我都无比的自豪，为作为一名三航院人而自豪，为依然能与洋山建设精英们并肩前行而自豪。妖娆的东海大桥与宏伟的洋山深水港区珠联璧合、相得益彰，不禁让我想起了篆刻在观景区的一块大石碑上《洋山深水港赋》：“十年一瞬，绘惊天宏图，追星赶月，建旷世巨港。一锤落桩，四海回响，八方英雄，齐摆战场，填沙围海，镇澜筑海。探深水，辟航道，跨东海，架桥梁。看蛟龙腾飞，劈波斩浪，凌空铺设通天大道。六十华里浩浩荡荡，新栈浩瀚吐纳百货，塔吊巍峨迎送巨舫，昔日孤山渔岛，笑迎五洲四洋。”

三、期待

不可能的可能，已然出现；未想过的想法，已然实现。望着岸线最短、占地最少的洋山四期工程，偌大的码头空无一人，五颜六色的集装箱被桥吊精准抓起，由无人驾驶的自动引导运输车来回运送。三航院的洋山深水港建设者们以探索未知的执着与果敢，实现了飞越未来的想象，让我对一座真正“安静绿色”的现代化码头——洋山深水港四期全自动码头的投产更加充满了期待。

我与洋山港工程
——芦潮辅助区的明天

物流院　王　坚

笔者按:2008年9月,洋山港芦潮辅助区三期工程开工前,我撰写了这篇文章。当时的大胆创新,将我国第一个“离岸港口”的配套物流园区建在陆上,集港口辅助、口岸查验、多式联运、信息枢纽、物流增值、配套服务、自由贸易为一体。9年过去,洋山四期全自动化集装箱码头又即将开港,芦潮辅助区早已仓储林立、商贾如云,东北亚国际物流的枢纽中心雏形初现。今日重读,昔日的那种美好的感觉已尽在不言之中。

有人说,如果你要研究中国2000年的历史,要去西安;要研究500年的历史,就去北京;而研究20世纪以来的历史,就要来上海。

上海正在还原她的梦想和传奇。其实,上海戏剧刚刚展开,仅仅3年的时间,如果你希望让她承担中国,让她承担世界,那就给她充足的时间。

这一幕就是洋山深水港芦潮辅助区的未来和明天。

作为上海国际航运中心的重要组成部分，以及构建上海现代物流体系的重要依托，洋山深水港区一、二期和三期一阶段工程已先后投入使用，洋山保税港区也于2005年年底顺利通过国家验收，基本形成了以洋山保税港区为核心，包括周边的临港物流园区芦潮辅助区在内的“前港（口）后（物流园）区”的港口—物流体系。2007年，洋山深水港共完成集装箱吞吐量610.8万标准箱，2006年经临芦潮辅助区口岸查验区卡口验放的外贸货物总额达到了482亿美元，分别占上海港集装箱总吞吐量和上海口岸外贸进出口货物总额的15%和11%，在上海国际航运中心和口岸物流发展中发挥越来越重要的作用。

洋山保税港区启用以来，以口岸物流项目为重点，招商引资势头良好，保税物流为主体的口岸现代服务业正加快积聚。包括达飞、叶水福、礼才、中储、普洛斯、丰树、施洁、海博斯班赛在内的50余家中外知名物流、加工、商贸服务型企业已经在洋山保税港区注册落户，注册资本约76亿元，其中投资总额超过1000万美元的外商投资项目就有7家。业务领域涉及航运、第三方物流、贸易、货代、船代、报关、保险、金融等多个直接参与物流服务或为物流服务提供配套支持的业务环节，将逐步形成汽车零部件物流、电子产品物流、医疗产品物流等为特色的专业物流基地；形成以第三方物流为主的现代物流外包服务基地；形成以国际采购、配送、分拨为龙头的口岸物流增值基地。

先入长三角，再入中国，这是上海的现实选择，而洋山港正好是机会。到2010年，洋山港开港5周年时，也正好是上海世博会开幕之际，还有2年时间。上海的传统制造业外移也正在过程之中。上海作为人才、信息和对向开放的窗口，其舞台作用非常明显。上海的现实选择是，在这2年时间内，完成与长三角城市带的融合。再利用上海国际航运中心，借助世博会，建立自己服务于整个中国的地位。

“非常好，这个工程太浩大了，建成后的洋山深水港将成为上海进出口贸易的标志，很有发展前途。”欧洲委员会驻华代表团的杜恩汉用一口不很标准的普通话表达着自己的感想，洋山深水港及其芦潮辅助区将大力发展国际中转、配送、采购、转口贸易和出口加工等业务。保税港就应是以国际贸易为导向，以物流为基础，具有装卸运输、保税仓储、出口加工、国际贸易等多种功能，所有这些都将对上海的经济发展和现代服务业的进步提供了强有力的保障！

上海要大力发展服务业，就要消除贸易壁垒，要创新，有创造力，吸收和采纳更多新的技术，加强管理，发挥优势。上海现代服务业的发展有着更为广阔的空间，上海洋山深水港芦潮辅助区的明天会更加美好。

洋山,我们后会有期

海外所　沈惠龙

如今,在港口工程这一领域,一说起“洋山”这个名字,谁都知道它指的就是全球唯一建在外海岛屿上的集装箱码头工程——洋山深水港区。它是迄今为止国内规模最大、建设周期最长的“世界级工程”。2017年年底,全球最大的自动化集装箱码头——洋山四期工程也即将竣工运营。

作为一名港口工程设计行业的技术人员,如能有幸参与到如此宏伟的世界级工程并为此奉献一份微薄之力,那也是莫大的荣耀！心中的骄傲和自豪感不言而喻。

每次想到这里,我的心中不免生出些许遗憾……从事港口工程设计行业已20多年的我,亲眼见证了身边的同事们承担洋山一期到四期工程的总体设计工作,而自己却未能有机会参与其中。

那是2004年年初,我参加工作的第9个年头。遵照领导的指示,我所在的部门承担了洋山二期的码头结构设计任务。室里的大部分同事都参加了洋山项目组。而我呢,受领导安排作为主办负责洋山二期西端的车客渡码头工程的设计。

承担这么一个特殊的宏大工程的设计任务,洋山项目组的同事们脸上的兴奋、自豪,溢于言表。尤其是几个年轻的刚参加工作的新同事,更是热情高涨、精神饱满地投入工作,迎接挑战。相比他们,我的心情是黯淡的,我只能在心里自我安慰,还好,洋山车客渡码头,怎么说也是和洋山沾点边的。

对于如此规模的港口工程,洋山项目的重要性是显而易见的,设计任务更是异常艰巨的。项目组每个人面对眼前的挑战,心弦紧绷,每天以十二分的饱满热情和自信投入到了工作中。2004年春节假期还没结束,大年初四的早上,办公室里已是人气旺盛,远在外地的同事也都早早赶回来加班了。我负责的车客渡码头因为在进度上要求和二期工程同时开港,所以我不敢怠慢,和洋山项目组的同事看齐,拉开了加班加点的序幕。

随着工作的不断深入,我逐渐了解了车客渡码头的设计前期过程,也进一步认识到设计任务的困难和复杂,并深深感觉到这不是一个普通的车客渡码头。车客渡码头布置在洋山二期工程的西端,它不仅承担了车客渡的基本功能,更是作为导流设施用以改善洋山二期西端码头前沿的流态。对于能参与这样一个投资2个亿的"特殊"工程的设计,我的自豪感指数也直线上升,工作的热情也再次被点燃起来。

在工程经验丰富的主任工程师和室主任的带领下,我积极开展了车客渡码头的初步设计和施工图阶段的设计工作。而洋山项目组的同事们,由于二期工程时间紧、任务重,每天都会加班到深夜。同处一室的我,每一天都被这股强大的精神动力感染着,鼓舞着。幸好身边有洋山项目组的同事们的榜样,我的每一天也都充满着力量。大家的工作热情空前高涨,梦想着早一天把这个蓝图变为现实。

我从年初的工可接手,到4月份的水工结构专题汇报,再到5月底的初步设计方案的基本确定,紧接着是施工图阶段的设计,整个项目要求在2005年年初完成所有的施工图设计任务。洋山项目组的同事们面对二期工程这么复杂困难、工作量庞大的项目,他们更是废寝忘食、夜以继日地忙碌着。这一年时间的光阴,太短暂了。你甚至无暇顾及身边其他的一切,除了冷暖交替的季节变换会提醒你,时间在不断地流逝,而每个人心中唯一的目标就是赶在要求的时间节点前完成设计任务。

每一个夜晚,办公室里敞亮的灯光下,一个个埋头苦干的年轻人晃动的身影,偶尔也会传出的欢声笑语,透过窗户,穿过婆娑的树影,飘散在静谧的夜空……对工程师们来说,这何尝不是最美的风景!

我记得,我和女友是在2004年初认识的。那时我的车客渡码头设计工作刚开始,第一次约会我就颇为自豪地向她津津乐道洋山这个浩大的工程项目,以及我正在进行的洋山车客渡码头。女友虽不能完全领会,但也是饶有兴趣,侧耳倾听,对我所从事的行业顿生崇敬之意。我心中窃喜,我知道女友她自然是分不清洋山项目和车客渡码头的关系的。

由于工作繁忙,我们只能一周见一次面。遇到特殊时期的加班加点,连一周一次都见不上面,也难怪女友生气了对我说,"你和你的洋山去谈恋爱吧。”还好经我耐心劝解，女友终究是通情达理的。她不但不计前嫌，而且一如既往地支持我的工作。有了这份理解，我浑身又充满了动力，尽情地投入到工作中去。

在码头建设期间，我因施工交底的机会上过两次洋山岛，亲临项目现场。至今令我印象深刻的是，我站在小洋山岛的观景平台(岛上最高点)往下眺望，整个洋山项目绵延数公里，各个港区水上陆上、大小工地全面开建，各种施工机械车辆有序而忙碌地穿梭着。如此浩大的工程建设场景，也只有在虚拟的电影画面中才能见到，而眼前这真实的一幕幕，着实让人惊叹不已！我的心一下子被强烈地震撼了，更让人佩服的是工程背后大批的管理者、设计者和建设者的默默奉献。那一幕场景，让我久久不能忘怀……

洋山二期工程和车客渡码头在2006年12月正式开港。项目建成开港后，我再也没有去过工程现场。

一晃十多年过去了，当年的女友也早已成了我的妻子。前一天晚上，我告诉妻子说，公司正在举办“洋山精神赞 · 我的洋山故事”征文活动。妻子兴奋地说，那你一定要写一篇征文啊，你也算是为洋山作出过贡献的……听了妻子的话，我深藏多年的遗憾又涌上了心头。我这算什么贡献，我只能说和洋山擦肩而过。亏我以前还在妻子的面前吹嘘，要带她去参观我设计的码头，可是到现在连我自己都没能真正见识过，心头不免又有一丝愧意。

躺在床上，仰望窗外闪烁的星星点点，我的思绪又肆意飘到了十几年前的那一幕，我站在观景平台上往下眺望……我的心灵依然是震撼的。想着想着，我的心豁然开朗起来了。回想自己当年亲眼见证了一批批洋山项目的设计者们，曾夜以继日地奋战在各自的工作岗位上，任劳任怨，兢兢业业。其实这股精神、这股力量，这么多年来，她一直陪伴着我，激励着我，继续前行。我虽没能有机会为洋山工程贡献微薄之力，反而却一直在受着洋山精神的恩惠。我还有什么可遗憾的呢！

“爸爸，洋山是个什么地方啊，好不好玩啊？我也要去……”

身旁女儿的叫声，将我从思绪中唤醒。我定了定神，抚摸着她的小脑袋，微笑着说：“洋山啊，是个美丽的地方，下次爸爸一定带你和你妈一起去，看看爸爸当年设计的码头……”

洋山，我们后会有期！我在心里默默地对自己说。

窗外，今夜的星光是如此美丽……

三院蓝图绘，豪情与者欢

综合所　许增会

站在2017年的初秋，回望2005年的盛夏，我才结束尚显稚嫩、青涩的学生生涯来三航院报道，上班第一天，就被告知被分配在洋山所工作，一周五天驻岛，周末回沪休息，一干就到2010年年底。从毕业至今12年弹指一挥，在洋山所陪伴洋山工程的5年更是如白驹过隙，这5年的历程，是我工作的第一个五年，是铸就自己工作坚实基础的5年，是见证洋山工程一期开港到三期建成的5年，是充满回忆与自豪感的5年。

乘车前往洋山的第一天，至今都记得开车的司机师傅和车里同行的同事。车辆行驶在尚未竣工却尽显壮丽的东海大桥上，通过还铺着钢板的临时桥面，跨越波涛起伏的东海，目不暇接间就来到洋山深水港区。犹记时任洋山所所长王大刚、书记方君华和总工黄明毅同新来员工的初次见面，让蒋熙惠高工带我登上秀丽的小洋山，遥望小岛散布东海，高耸桥吊临海而立，所见所感让我“心潮逐浪高”，这就是我结束学生时代开始工作的地方！

慢慢地从感慨东海大桥的壮观与洋山深水港区的壮阔中走出来，我开始了在洋山所的工作和与港区的密切接触。洋山所人才济济，是一支高素质的工程设计队伍，想想在这个集体中工作，面对的是这样一个世纪工程，展现舞台有多大，培养人才环境有多好，我身在其中的五年和至今离开的7年，却是体会越来越深。回想工作之初就参与世纪工程的建设，有机会时常聆听全国知名专家团队的咨询，开始直接得到黄明毅、刘家才等副总工级别的指导，自己逐渐向专家汇报技术方案，有多次机会在洋山现场听到沈明达书记讲话和程泽坤总工的直接指点，其中的实践和历练、专家的技术和视角、领导的视野和能力、同事的亲密及合作，都是我至今工作中不断体会和汲取营养的宝贵经历。

洋山工程规模大、难度高、建设周期短，建港条件异常复杂，码头结构、深海海堤、吹填成陆、地基加固，直至集装箱堆场的形成，都具有极高的技术难度。有些难题在国内外建设史上都无先例可循。洋山深水港的建设要求魄力和创新，洋山深水港工程成为技术创新的巨大舞台，成为展示三航院设计能力的巨大舞台。我自己是岩土工程专业，参与填海成陆和深水海堤的设计。洋山海域水深、浪大、流急、地质条件差，堤身防浪和地基处理是前所未有的技术难题。洋山所的工程师们，首次大规模采用海上大直径砂桩技术，成功筑起了近 30 米高的深海防波堤。据此设计经验，总结出一套海上大直径砂桩的设计方法，让该项技术为深海筑堤提供了技术保障和良好的工程借鉴。我在洋山的 5 年时光，亲历着在无风卷浪的茫茫大海之上，依照我们绘就的一张张蓝图，巨石圈围海洋，细砂挤走海水，形成港区集装箱堆场的难忘过程。

我有幸成为参与洋山工程的建设者之一，从一名助理工程师逐渐成为独立担当设计的工程师，在洋山工程中留下了自己的工作痕迹。洋山四期工程将成为全球规模最大，设备最先进的自动化码头，而四期工程建设的陆域，就是我作为专业负责人完成的设计，并亲眼见证蓝图变现实、"沧海变桑田"的全过程；大、小乌龟岛间的海堤，正在为四期工程阻挡着北面的骇浪，保证着四期工程安全，而这，也是我作为专业负责人完成的工作。此外还有游客不断的大指头岛上山道路，小岩礁景观道路、二期三期道路堆场，蓝图之上，都有自己引以为豪的签名。

洋山工程、东方大港，每位普通游客参观洋山深水港都会叹为观止，何况自己还亲身参与其中，虽然作用小如螺丝钉，但每每途经东海大桥，站在洋山观景平台，眺望远方的巨轮，近看脚下曾经是海洋、现在是繁忙堆场时，参与洋山工程建设的自豪感总会满溢胸膛。情动于中而形于言：

桥兴南汇南，堤倚洋山边。
东海平原阔，洋山港区澜。
集疏船满聚，吞吐量高攀。
三院蓝图绘，豪情与者欢！

我的小洋山记忆

勘察公司　陈刘浩

小洋山,世界第一大港——上海国际航运中心的桥头堡,承载着我初入公司的青涩记忆。五年前的酷暑,初出茅庐、意气风发的少年站在石龙山顶,第一次眺望美丽、壮阔的洋山深水港区,排列整齐的吊机在有条不紊地作业,密密麻麻的集装箱标准有序地堆放在小洋山美丽的海岸线上,其间穿梭不息的机械、人员兢兢业业。远处,巍峨蜿蜒的东海大桥连接着小洋山与上海大陆,像万里长城,看不到终点;大乌龟、小乌龟还是那么安静,似乎是在静静地欣赏眼前正在大规模吹填作业的洋山深水港区四期工程,又或者她们是在思考永恒,如此抽象,她们已跟不上时间,好一个壮丽的深水港区。而这只是我对洋山的认识的起点。

时隔两月,我再入洋山港,这一次,我开始了与小洋山长达20个月的亲密联系,每月必临洋山岛,已成为这段时间我工作的主旋律。初秋的小洋山,正午还是有夏天般的热度,而海风凛凛的夜里,我只能一个人窝在港工基地的样板房里,听着呼啸的海风拍打着窗沿,夹杂着稀稀落落的潮水声,这样的节奏对于现在的我,甚是怀念。三期工程进港道路门口的高架桥工程勘察工作是我此次工作的内容,桥虽不长,但事无巨细,勘探工作中遇到的诸多问题还是羁绊着初入宝地的我,幸得前辈的悉心指导,我圆满完成了本次勘察工作。而此刻,与港工基地及其门口集装箱内的十元盒饭的爱恨情仇也由此起步。

再次入夏,我已不再是那个在石龙山上眺望的少年,洋山四期工程的吹填砂场地里酷热难耐,看着汗水不停地从我的草帽边沿滑落,滴落在金色沙地里之后片刻便灰飞烟灭,我只能拿起手中的大桶疯狂补水,我似乎是来到了沙漠,但持续进行的吹填砂检测工作把我又拉了回来。此时的港工在颗珠山前新建了几排砖房,我和钻探工人们挤在一间港工同仁好心腾出的房子里，打着地铺，享受着全力以赴的空调送来的阵阵凉风，而我们依旧吃着港工门口的十元盒饭。

时间又走到了颗珠山变压站和大乌龟供水站，十元盒饭的价格已经涨到了十五元，而我也跑到了东海大桥的对面寻找落脚点。大乌龟岛上部已被削平，轰鸣的钻机在其花岗岩山体上交叉作业，我们的钻机依靠着工人们的不屈不挠，登上了石龙山的山顶。日益健全的基础设施，让我不禁想象着未来的洋山港，将会是怎样的神奇之地！

时间荏苒，岁月如梭，2016 年的中秋，带着上海 LNG 房建工程勘察任务，我又来到了熟悉的小洋山，下了东海大桥，洋山四期工程已完成基础建设，整装待命，大乌龟岛早已被现代化的建筑覆盖，颗珠山的变压站也成桩完成，港工基地的规模似乎变得豪华了，是与先进的洋山港同发展、共进步吗？穿过依旧雄阔的石龙山，道路更加有序了，那年的高架桥矗立在三期工程门口，一种自豪感油然而生。

食宿在上海 LNG 的日子里，入夜之后，我总喜欢在岛上吹着海风跑跑步，感受海风、海浪、海水的味道。从上海 LNG 跑到了沈家湾客运码头，然后再跑到石龙山隧道口，手中的表跑停了，脚趾盖内泛起了血丝，但这是我熟悉的洋山港，看着眼前变化的一切，回味着曾经的过往，也许，我是与小洋山一起成长了。

感谢我的三航院，感谢我的小洋山，感谢我刻骨铭心的那五年。

洋山印象

党委办公室　李玉琴

“洋山”之于我的工作生活，意义深刻且印象美好。因为公司参与这个当年的“上海1号工程”建设，我们作为人才引进得以顺利实施。因为工会参与公司立功竞赛、高温慰问、春节走访等工作，我有幸多次来到洋山，见证她的变迁、成长和辉煌。

时光荏苒，唯有难忘的工作经历得以留下些许难以忘怀的人生故事。岁月沉淀，唯有难忘的美好回忆得以丰富诸多令人欣慰的精彩人生。在我的人生经历中，洋山港、洋山所、洋山人的美好印象尤其让我感慨、感叹、感动。

洋山港的辉煌成就令人感慨令人敬仰。她从一个小渔村，历尽千辛万苦、科学考证、设计调研，历时20余载，经过几代三航院设计者们的不懈努力，如今，坚如磐石的集装箱码头、美丽的彩虹桥吊、忙碌的集卡拖车，琳琅满目五彩缤纷的集装箱，时时刻刻展现着东方国际大港的繁忙景象。新入职的员工来了，自2005年起每年新员工培训内容之一就是观看专题片《洋山大港》和到洋山深水港工程现场参观学习，惊叹之余内心又升腾起了对企业的自豪感。

退休职工来了，2015年10月16日重阳节前夕，公司组织150余位退休老同志赴洋山深水港参观公司发展成果。老同志们站在高高的洋山之巅，一边认真聆听公司洋山四期总负责人、上海市劳模刘广红同志介绍“洋山深水港国际航运中心”的整体规划设计和目前正在建设中创新设计的全球最大的全自动集装箱码头——洋山四期工程，一边俯视摆放整齐、琳琅满目的集装箱，色彩鲜艳、高大雄伟的港口岸桥，且饶有兴致地畅谈着三航院的发展壮大，夸赞着洋山港日新月异的喜人变化。2017年5月3日，公司党办又特意组织离退休老干部参观了建设中的洋山深水港，特邀从海外回国探亲的退休老专家韩增寿，关心企业发展的老领导田佐臣、王明华等老同志，来到他们曾经工作过的洋山深水港项目现场召开座谈会。会上大家纷纷结合企业发展历程交流心得体会，深度畅谈十八大以来三航院的发展变化以及所取得的累累硕果和新人新事，感慨祖国的繁荣昌盛以及上海突飞猛进的经济发展面貌。活动结束后为洋山建设服务20多年的原副院长田佐臣专门撰写了7400字的“上海国际航运中心洋山深水港区的故事”，以此抒发对国家港口建设的壮志豪情。

新入职员工参观洋山深水港

洋山所的骄人业绩令人感叹令人敬佩。洋山所及其洋山设计团队是公司在特殊时期特意为一个项目成立的设计所。它历时13年完成了从无到有、从小到大、从弱到强的一个成长过程。在践行公司党委倡导的“四个一工程”即“干一项工程，树一种精神；干一项工程，育一批人才；干一项工程，播一路新风；干一项工程，立一座丰碑”的实践中，缔造了“洋山精神”即“不辱使命的负责精神、勇挑重担的拼搏精神、保持本色的奉献精神、求真务实的科学精神、团结协作的大局精神”，孕育了“洋山品牌”即三航院对外展示企业核心竞争力、良好社会影响力的精品工程，提升了三航院800余位员工继续向世人展示国际大港创造者的强大信心和技术支撑。

自洋山所2004年12月成立至今近13年来，这支“前哨部队”一直扎根于洋山岛、服务于洋山港，急建设单位所急、想施工单位所想，以优异的设计、优良的服务完成了洋山深水港区一、二、三期工程和即将完成的智能化的四期工程，取得了诸多骄人成绩。先后荣获2005~2006年度上海市建设交通工会“文明班组”“红旗文明岗”，2007年度“上海市重点工程实事立功竞赛优秀创新团队”；被授予2009年度“上海市模范职工小家”称号，2010年全国交通系统“工人先锋号”等荣誉称号。同时，王大刚、程泽坤、方君华、黄明毅、张峰等多位同志分别荣获“上海市劳动模范”，上海市重点工程实事立功竞赛“杰出人物”“建设功臣”“记功个人”和中交股份“品牌员工”等荣誉称号。

退休老专家在现场畅谈洋山四期全自动集装箱码头的创新设计

洋山所最年轻的上海市重点工程实事立功竞赛“建设功臣”张峰同志于2010年11月—2011年4月参加了中国第27次“雪龙号”南极科学考察，他发扬“不畏艰险、敢为人先、勇挑重担、无私奉献”的南极精神，冒着生命危险，安全圆满地完成各项考察任务，为物资机械安全运输、打通南极生命线作出了突出贡献。如今他已成为公司的一名中层管理干部，他的成长应该和洋山的历练密不可分，是弘扬“洋山精神”、打造“南极精神”的生动体现。

洋山所年轻的上海市第十一次党代会代表蔡波妮同志先后参与了上海国际航运中心洋山深水港区二期、三期、四期等项目的设计。作为年轻的女工程师她克服种种困难，千方百计解决现场施工中遇到的各种难题，确保了洋山二期的如期建成，得到各方好评。在洋山所多年艰苦卓绝的奋战中，用实际行动培育了“大胆科技创新、精心培育人才、甘于无私奉献、丰富团队文化”的精品项目文化。

洋山设计团队在现场

洋山人的高尚追求令人感动令人敬重。多年来,洋山设计所的设计师们舍小家顾大家,无私奉献、艰苦奋战在洋山岛上,把全部的精力和心血奉献给了洋山深水港工程,忠实地履行着公司“扎根洋山岛,服务洋山港”的庄严承诺,为公司顺利完成洋山港主体工程的任务做出了重大贡献。他们所体现出的严谨踏实的工作作风和出色的业绩,得到了深水港指挥部和其他各参建单位的一致肯定和高度评价。在艰苦的洋山现场,洋山所员工不仅在专业技术上得到了迅速提高,政治上也积极要求上进。所副总工程师刘家才、所长王大刚、公司副总工黄明毅、副主任张峰先后以他们的实际行动通过了组织考验,在洋山光荣地加入了中国共产党。他们纷纷出现在“东方大港”,央视“中文国际”,国际科技论坛等平台之中,他们用辛勤耕耘、聪明才智、团结协作、无私无畏的拼搏精神塑造着“现代科技英才”的高大形象和人格魅力。有杰出人物、国家勘察设计大师总工程师程泽坤,上海市劳模刘广红,有两代“洋门女将”蒋熙慧、何继红、蔡波妮等女工程师,还有如今已成为骨干的杨旭东等年轻有为的后备军,更有逝世两周年的硬汉大刚兄弟,诸多往事,历历在目。我记得,洋山所的设计师们在洋山奋战的日日夜夜,场场工作例会,尤其是大刚所长手握指挥棒(图纸)站在洋山深水港总体规划的图纸前面,神情严肃又自信满满地为来访者讲述洋山港的愿景规划蓝图,字字句句震撼人心,给了我们三航院人如此“胸怀世界”的气势。我记得,到了节假日的晚上,他们还常常挑灯夜战,忘我工作、专注且认真地做着未完成的任务。夜以继日的工作状态让他忘却了家人的牵挂、亲人的惦念。当时,高志伟的夫人重病住院手术期间,为了赶工程节点,他不顾家人的殷切期待匆匆而来又匆匆离去,这让他至今难以忘怀。我记得,这么多年来,每年公司党委、工会对洋山工程都会做特别安排,会利用 7—8 月份进行高温慰问和立功竞赛现场动员。还会利用元旦春节期间进行走访,坚持对坚守洋山岛的同志们进行现场慰问,带去慰问品、带去全公司领导和职工的关切之情。2006 年春节前夕,公司党委领导等一行来到洋山,到了晚上,洋山所的设计师们放下手中的图纸,围坐在一起谈笑风生,品尝着餐厅师傅为大家准备的可口饭菜。联欢晚会上印象最深的就是大刚所长唱的粤语歌曲《爱拼才会赢》,深深地表达了洋山人战无不胜的执着追求和坚定信念。

美丽的洋山夜景

2006 年洋山现场春节慰问

也许岁月无情,多少往事已成过去,但洋山港却像一座丰碑,巍然屹立,永远伫立在东海之巅。

也许时光流逝,多少付出变成回忆,但洋山所却像一颗明珠,熠熠发光,永远载入三航院史册。

也许时代变迁,多少期待成为现实,但洋山人以及他们所缔造的洋山精神却像一座灯塔,光芒四射,永远指引三航院人继续创造新的辉煌。

洋山一期工程初设测量回顾

勘察公司　吴卫平

上海国际航运中心洋山深水港工程作为上海市重大重点项目，迄今已建成一期、二期、三期并投产使用，全自动化的四期码头工程也即将竣工并投产，每次去洋山，看到洋山壮观的现场作业景象，作为中交三航院人，我感到无比的骄傲和自豪。同时作为一个1992年进单位的测量技术人员，非常幸运多次参与了洋山港从选址、工可、初步设计、施工图设计等各个阶段的测量工作以及码头施工期及保修期的监测检测工作等，其中令我印象尤为深刻的是2002年初我作为测量项目经理承担的洋山深水港一期工程初设测量，从测量规模之大、难度之高、参与人员之多、测量新技术的应用、工程重要性等方面来讲，均不言而喻。现对其做一个简单的回顾。

一、洋山一期工程初设测量实施，标志着上海国际航运中心洋山深水港工程的实质性启动

上海国际航运中心洋山深水港区位于舟山群岛西北部的崎岖列岛，长江口与杭州湾的汇合处，行政区划隶属于浙江省嵊泗县洋山镇。地理概略位置为东经122°00′~122°05′，北纬30°36′~30°39′，西北距上海市南汇县芦潮港约30公里。从1995年起我勘察公司就先后数次对大、小洋山海域进行了测量，为港区及航道预可行研究及工可设计提供了基础资料。随着设计阶段的深入，为满足初步设计需要，受上海市洋山深水港工程建设指挥部港区分指挥部的委托，三航院勘察公司承担了拟建港区大范围、大比例尺的地形水深测量任务，标志着上海国际航运中心洋山深水港工程的实质性启动。

接到任务后，勘察公司领导十分重视，第一时间组建了测量项目经理部，前后抽调了40余名测量人员，分成10个测量小组，参与了洋山一期测量任务。测量人员于2002年2月1日进驻现场，期间克服了风、浪、潮、山地、礁石、卫星信号受干扰等诸多不利因素的影响，于4月16日如期地完成了

一期测量任务，前后历时 75 天，计完成：导线测量 18 条，长度为 30.3 公里；水准测量 30.3 公里；1∶1000 水域测量 30.8 平方公里；14 个岛屿 1∶500 及 1∶1000测量 3.85 平方公里；1∶5000 航道测量 45 平方公里。

二、任务大、难度高、工期紧，面临诸多的困难与挑战

本工程项目为勘察公司至 2002 年承接的最大测量项目，测量面积大，测图比例尺大。测区西自小乌龟，东至小岩礁，北自小洋山北麓，南至港区船舶回旋区域。东西向总长 10.7 公里，南北向总长 3.1 公里。测图比例尺为1∶1000水域测量 30.8 平方公里；14 个岛屿 1∶500 及 1∶1000 测量 3.85 平方公里。另外还包括难度较大的 1∶5000 进港外航道测量 45 平方公里。

测区陆域岛屿分布零散，共包括小乌龟岛、大乌龟岛、颗珠山岛、蒋公柱岛、锦鸡岛、镬脐岛、小洋山岛、镬盖塘岛、大巉遢岛、小巉遢岛、黄礁、大岩礁、小岩礁、大指头岛大大小小 14 个岛屿，且山上地形较为破碎，大岩礁及大指头岛长年少有人至，山上多树木及荆棘，行走、通视困难，给施测带来很大的难度。

在水域测量中，水深深，最深处近 100 米，且水流急，山脚周围多礁石，受风、雨及潮汛影响较大。

工期紧，整个测量的内、外业工作需在 4 月 20 日前全部结束。

涉及本工程的人员较多，有 40 多位同志先后参加了本工程的测量工作；投入的仪器设备较多，包括新购置的法国 THALES 公司(原 DSNP 公司)的 Scorpio 6502 RTK 测量系统；现场需使用的船只较多，最多需用 5 条船。人、仪器设备及船只均需要科学的合理的调配和安排。

无论是陆域山地测量，还是海上水深测量，都存在一定的安全隐患。

三、迎难而上、群策群力、攻坚克难，保质保量完成生产任务

针对在实际测量中碰到的困难，勘察公司从上到下迎难而上、群策群力，制定对策和措施，逐项落实，具体有：

措施一

针对水深流急、礁石多、受风、雨、潮汛影响大的问题，测量队租用了当地有过测量经验的二条测量船进行测量，并请当地有经验的渔民在水深测

量时进行领航。作业前制定好每阶段的作业计划，安排专人收听天气预报，根据天气动态，调整相应作业计划，强调了安全生产。

措施二

2002年2月26日水深测量中碰到渔民干扰，测量人员未与渔民发生冲突，先避开了渔网区域，及时找了当地村政府及大洋镇政府进行协调解决。对渔民要求渔网赔偿一事，我们一方面请渔政、海事、乡政府领导、村政府领导、部分渔民代表到现场进行仔细查看并了解测量的作业过程，确定赔偿的数量；另一方面及时向指挥部及公司领导进行汇报，最终做了适量的赔偿，合理解决了渔民的干扰，使网区水域得以顺利测量完成。

措施三

对将军帽岛和小洋山岛等部分难以攀爬的山地地形，采用新仪器激光测距仪配J2级经纬仪按极坐标法进行测量。对大岩礁、大指头岛等常年少有人至，草木丛生，行走、通视困难的岛屿，及时向指挥部及公司领导汇报后，投入了大量的人力、财力对岛上的荆棘杂草进行清理，或请当地的渔民进行跑尺。保证地形、地物点的密度，又保证测量中的安全生产。

措施四

针对水域测量面积大，海岛上采用常规交会及施放断面都无法进行，故采用新的测量技术——Scorpio 6502 RTK水深实时动态差分测量模式测量水深，且对验潮测深和无验潮测深进行比较和验对。在测深过程中，参考站、流动站硬件及测深软件均遇到了一些问题，及时请仪器代理公司的技术人员进行维修和改进，并对现场的测量技术人员进行培训，在实际的操作中不断地加以改进和提高。通过新仪器的使用，极大地提高水深测量的效率，保证定位和测深的精度，缩短工期，为今后的水深测量系统的使用积累经验。

措施五

针对内业制图工作量大，比例尺多，图纸要求种类多，等高线及等深线勾绘量大的问题，在硬件上增加了奔腾4计算机，新的HP500喷墨绘图仪；在软件上陆域等高线采用自动勾绘，在不同比例尺转化之间自动化程度也较高；在人员配制上，增加了计算机负责测量软件的同志长驻现场进行指导。现场的测量技术人员在晚上或受天气影响不能做外业的情况下，均参加了内业成图的工作，提高成图效率，保证质量，内业部分草图在现场基本上与外业工作本同步完成，为整个内业的完成打下基础，在自动化成图陆域方面再次取得突破。

四、成果显著，为后续工程的承接打下了坚实的基础

根据指挥部及设计的要求，测量的全部外业工作于2002年4月7日全部结束（包括45平方公里的航道部分及增加的水文观测平台部分），测量的内业成果经过加班加点，也于4月16日全部提供给设计人员和业主，使整个洋山工程的下道工序顺利实施。保质保量地完成了测量任务，受到了业主和设计人员的一致好评。为勘察公司树立了良好的形象，为进一步承接洋山的后续测量项目打下了坚实的基础，创造了良好的社会效益。

在2个多月的时间内，完成了1∶1000水域测量30.8平方公里；14个岛屿1∶500及1∶1000测量3.85平方公里；1∶5000航道测量45平方公里。相当于往年勘察公司一年的测量产值，按建委测量工作量定额标准计算，缩短工期160天，节省各类费用35.2万元，创造了良好的经济效益。

通过这种大型工程的锻炼，我在测量技术方面的能力得到了提高。如在山地地形测量外业上，以往是薄弱环节，本次在仪器操作、地形跑尺、绘制草图上均有提高；水深测量采用Scorpio 6502 RTK水深实时动态差分测量模式，极大地提高水深测量的效率，保证定位和测深的精度，缩短工期，为今后的水深测量系统的使用积累经验；在内业成图上，自动化程度得到了很大的改进。

本次测量中，无论陆域山地测量，还是水域海上测量，均存在不安全的隐患，本工程特别强调树立“安全第一”观念，通过制定预防措施，对人身、仪器安全等问题长敲警钟，杜绝麻痹思想，均未发生人身和仪器设备的损坏事故，做到了预期一直强调的安全生产。

以此工程为契机，在后续的洋山一期、二期、三期、四期项目的各个阶段的地形水深测量、水文测验以及洋山施工总控制网的布设及复测（共十九次）；一期、二期、三期施工期及维护期的监测、检测、四期工程的竣工验收测量等，勘察公司均本着服务好业主、服务好设计，发扬洋山精神，为洋山深水

港建设作出了应有的贡献。

回顾是为了更好地立足现在、展望未来。回顾往事，我们为身在三航院，服务于洋山工程而倍感自豪；立足现在，我们要脚踏实地，勤勤恳恳地做好本职工作；展望未来，我们对扎根洋山，走向世界，早日建成“国内一流、国际知名”企业而充满信心并为之而奋斗！

追忆洋山印象

行政办公室　林雄斌

昔日小岛——洋山岛，矗立海中千万年，岛上居民依海而生，代代相传，据记载岛上居民延续有千年之久。当渔船、商船、战船路经附近岛屿，都未曾吸引人们关注的目光，对洋山岛的记忆也是默默地留在曾经路过、看过、到过的人们脑海里，当他们要回想起对洋山岛的印象时总会显得有些平淡，对它的未来也未曾有过让人新奇的想象。

伴随着开发上海浦东的号角在20世纪90年代吹响，拉开了上海发展的新篇章，为适应全球船舶大型化和货物运输集装箱化的发展趋势，急需改变上海港口现状，以促使上海经济保持长期繁荣并为争夺东北亚航运中心地位创造更为有利的条件。在这样新一轮经济发展的格局下，90年代初探寻上海附近海域建设深水港已提上议事日程，鉴于我院作为老牌的水运工程设计主力军，有着光辉的发展历程，特别是出色地完成70年代初周总理提出"三年改变港口面貌"的使命担当，积累了丰富的工程选址研究、工程勘察、工程设计经验，为上海港寻找新的深水港岸线有着十足的底气和勇气。

20世纪90年代初我院参与上海宝山钢铁厂港区工程建设，工程位于浙江嵊泗马迹山，我院工程设计师们时常途经上海芦潮港和马迹山两地，中途停靠大洋山岛客运码头，对洋山岛的地理位置有了新的认识，从此洋山岛列入我院上海深水港的选址视野，随后积极展开对大、小洋山之间海域水深条件和海域掩护条件的调查工作，结果有了惊喜的发现。在同浦东五号沟、杭州湾、双衢山等几个港址进行初步比较后，逐步将研究的重心放在了大、小洋山，经过我院设计师们不懈的努力，于1995年9月完成"洋山港区初步规划设想方案"报告，《洋山港初步规划》中主要结论有：①建设上海国际航运中心首先需要建设具有15米以上水深的深水港区，这是实现浦东开发开放的有力措施。②大、小洋山是距上海最近的具有建设15米以上深水港区和航道条件的合适港址，同上海连通可通过建跨海大桥来实现。方案最终获得市政府领导的高度认可，这是历史给予我院的新机遇，我院发挥集体的智慧并牢牢抓住历史新机遇，从此，洋山工程与我院的发展紧密联系在一起，洋山工程选址为中国港口工程开创性地提出了陆岛建设方案，这虽是观念改变的一小步，但恰恰是迈向港口工程建设的一大步，展现出我院工程设计师们敢为人先的创新意识。

经过近5~7年深入细致的研究，2002年洋山一期工程正式开工建设，为更好地服务洋山工程，我院专门成立洋山工程设计所，并派几十位设计师常驻现场，当时施工现场条件极其艰苦，岛上变成一个大工地，看不到美丽的风景和迷人的沙滩，唯独每天见到的是吹填区大片的泥砂和各类作业的施工船舶，偶尔会看到一群海鸟在空中翱翔，也许这就是最美的风景了吧。岛上枯燥的生活，对追求浪漫风格的设计师而言是一种煎熬，对想成就一番事业的设计师而言，那是一种磨砺，我院精挑细选的设计师们没有一句怨言，对他们而言能参与这一世纪宏伟工程更多的是一种自豪和责任，他们白天带着图纸和笔记本行走在不同的施工现场，为的是及时解决施工中遇到的各类技术问题，晚上坐下来一起讨论研究当天工程施工过程中碰到难以解决的问题，讨论会往往是通宵达旦，大家共同的愿望是尽早提出解决的办法和措施而不耽误哪怕是一天的施工工期，洋山设计师们这样的工作作风和敬业爱岗精神成为我院弘扬洋山精神的重要组成部分。

设计师们在前方辛勤的付出，背后有着院里的全力支持，洋山一期工程和东海大桥建设成了精品工程，获得国家优质工程奖，在接下来的二期、三期工程以及2017年即将投入运营的洋山四期工程，无不凝聚着三航院人的智慧，使洋山港蓝图变成了吸引世人注目的洋山新面貌，这是当时洋山岛渔村人想也未想过的事。值得一提的是洋山工程建设积累的全套技术在一定程度上支撑着南海岛礁工程的顺利建设，洋山工程对南海岛礁工程建设而言具有现实的指导意义。

我院为洋山工程的建设前后共奉献了22年之久，取得了良好业绩为我院成为国内一流、国际知名的咨询设计公司创造重要条件。洋山工程建设是我院能力和实力的展示，获得的各类国家级奖项不断激励着我院全体职工勇往直前，并在新的历史时期以“改革创新、勇于担当、严以律己、奋发有为”的良好精神状态迎接新的挑战。如今小洋山的开发已暂告一个段落，虽未曾亲临现场，时常听起同事述说的洋山故事，仿佛身在其中，忆起同事们的往事历历，如影随行，并时常浮现眼前，使我也产生一种厚重的参与感，这是洋山精神留在我心中的印象，也是洋山精神在我身上的传承，我将继续发扬洋山精神，让洋山精神在三航院人当中代代传承，为实现三航院之梦而努力奋斗。

（作者为行政办公室主任）

又好又省地建设世界一流全自动化港区
——记洋山四期投资技术经济分析

经济所　吴　鹏

2017年年底，在世界的东方，沿着海上天路"东海大桥"，一座世界一流的全自动化港区，上海国际航运中心洋山深水港区四期工程即将开港。这不由得让国人欢呼雀跃。这标志着我国在全自动化港口的设计、建设走在了世界的前列。

回溯到2013年，在上海港集团、洋山深水港区建设指挥部的领导和组织下，中交三航设计院就洋山深水港区四期工程全自动化集装箱码头的建设方案开展了为期一年的讨论研究，全自动化码头建设方案在装卸工艺的先进性、高效性、节能环保性及智能化水平上具有突出的优势，上海港集团将建设的方向基本确定在如何转型升级、建设全自动化港区上。这对于我们这一批项目的参与者来说是一件无比光荣、兴奋的事情，也标志着我国国力的大幅度增强，进入提速换档的新时期。我们为此感到自豪。正当此时，上海港集团领导清醒地认识到，我们国家还是一个发展中国家，地区发展不平衡，我们既要追赶、挑战世界港口建设运营的最新科技，也要发扬我们国家的老传统，既好又省地建设世界一流全自动化港区。换句老话来说就是"把每一块钱都用到刀刃上"！

全自动化码头建设方案在装卸工艺的先进性、高效性、节能环保性及智能化水平上具有突出的优势，但同时也存在投资较大，经济性不足的矛盾。上海港领导的及时决策给我们指明了方向，我们设计造价团队深感责任与压力。与此同时，"又好又省地建设世界一流全自动化港区"的这一理念印入每一个团队成员的心里。

三航院的设计团队，在主管院长、项目总工程师、项目经理的带领下，进行了长达半年多的投资技术经济分析。为"又好又省地建设世界一流全自动化港区”提供了殷实的数据支撑。

一、深入分析已建洋山工程，比较造价影响因素

洋山深水港区四期工程位于已经建设的洋山港一期、二期、三期工程的港区西端，与已建洋山工程相隔一条颗珠山汊道。作为后续工程，四期工程的水工结构、陆域形成、地基加固、道路堆场等主要工程项目均延续了已有成熟的设计方案，特别是与已经建设的常规装卸方案的洋山三期工程有很好的可比性。

整个团队从洋山三期工程的投资概算与决算的比较分析、洋山三期概算与四期工程投资概算的比较分析着手，用已建工程为模板，较为准确地分析了洋山四期工程建设的投资规模。并在此基础上进一步按照洋山三期工程实际运营的成本效益分析为基础数据，研究分析了洋山四期工程的费用效益情况。

项目团队本着技术经济结合的方法，研究洋山四期工程的固有特点，分析研究项目的投资影响因素。通过梳理，找到了工程水域的水流条件更为复杂导流建筑物投资较高；天然水深浅，疏浚面积大，疏浚投资高；嵌岩桩数量多，提高了码头投资；港外水、电配套投资较大、材料价格上涨等多方面的投资重点影响因素。这些因素也成了设计施工阶段的重点关注因素，为今后的设计施工阶段进一步节省投资找对了关键点。通过深入分析已建洋山工程与四期工程的技术经济，团队为项目的确立提供了殷实的数据支撑。

二、多方案比较，为业主决策提供基础资料

全自动化码头方案在技术进步、装卸效率、节能环保等方面具有明显的优势，更能顺应国家建设“资源节约型、环境友好型”社会的战略决策。为了更好地“又好又省地建设世界一流全自动化港区”。整个团队从如何降低自动化码头的建设投资，提高经济效益水平出发，在原全自动化方案的基础上，有的放矢，提出多个调整方案。洋山四期建设指挥部会同三航院对每个方案进行反复论证，召开了许多场次的专项专家论证。考虑过局部全自动化码头“5+2”方案；局部全自动化码头“2+5”方案；堆场装卸实现自动化，码头装卸及水平运输仍采用常规的工艺方案；全自动化方案设备分期投入的

模式等等。为了不错过每一种可能性,我们对每个方案都基本做到了同等深度比较,经济效益测算。做了大量的基础性工作。

常规码头方案总投资相对较小,工艺方案成熟、作业灵活性高,在施工周期、运营管理及设备调试上具有一定优势,但在技术的先进性、节能环保性上相比存在一定的不足。全自动化码头方案总投资略大,但工艺系统最为先进,装卸效率、服务水平和码头综合通过能力相比其他方案具有一定的优势。团队进一步提出了设备投资分期投入、结构优化等方法进一步合理投资规模,控制前期投资,提高经济效益。为业主的最终决策提供了翔实的基础资料和决策依据。

三、合理分步投入,实现价值最大化

在确定全自动化的宏伟蓝图之后,对一些可以逐步分步投入的工艺设备,设计团队考虑按照产能实现的情况,分期分步来投入。这样可以较好地缓解前期费用的大规模投入,节约整体项目的建设期后期的财务成本,取得较好的成效。

"又好又省地建设世界一流全自动化港区"这是一个可持续发展的理念,是一个在传承着中华民族优良传统的科学理念。我们深感自豪,因为我们为"又好又省地建设世界一流全自动化港区"默默贡献着我们的力量,这些故事也被浇筑在世界一流全自动化港区——洋山四期工程的历史之中。

(作者为工程经济所副所长)

洋山第一爆

勘察公司　蔡洪波

但凡到过洋山的人一定会对洋山深水港的气魄所震慑，首先是置身于东海之中蜿蜒的东海大桥，车行走在大桥上的感觉绝不同于内陆中桥梁，只有身临其境才能感受到。越过东海大桥便来到洋山深水港，近距离地接触洋山深水港，现代化的港口与海岛风景浑然一体。1500 万标准箱年吞吐量让这个现代化的东方大港雄踞世界集装箱港口首位。如果是来旅游的定会有双份的收获，在洋山的旅游景点中自然首推小岩礁观景平台，它最贴近大海，事实上就在海中，海水的声音直接入耳，观景平台上亭台楼阁错落有致、特有的海岛植被在海风中顺势自由地摇摆，时不时会飘来夹杂着海水味道的气息，坐在亭台中，向南看时会有一艘艘巨轮驶过。向西看则是现代化集装箱码头，自己则置身于一字排开的近 80 多台桥吊的最东端，极目远望好像看不到尽头，繁忙的桥吊不停地在来回移动着。在这里观光旅游的人绝对不会想到十二年前情景，这里曾产生过洋山第一爆！

追索自己参与洋山工程建设的 8 年，抹不去的记忆还是那洋山第一爆，在洋山工程诸多的爆破工程中如隧道工程爆破、小洋山爆破、西口门爆破、大指头爆破、大岩礁爆破等其爆破规模及方量均超过小岩礁水下炸礁这个项目，但给我留下印象最深的还是这个项目。上海洋山深水港工程的建设始于 2002 年 6 月，本人也是这个时候参与洋山工程建设的，参与了陆域形成、开山爆破、水下炸礁、导流堤、道堆、隧道、地基处理等多个项目的工程监理工作。而小岩礁水下炸礁项目是一个较为特殊的项目，洋山深水港的国际航线航道的咽喉（900 米宽）就在小岩礁处，受到其水下礁石的影响。规划三期码头（码头前沿线设计水深要到达-18 米）最东端（也在该处）亦受其影响，要清除该处的水下礁石方量达 50 万立方米，这在水运工程史上属于首例，一般项目都在 10 万立方米以内，且在该处施工又受到许多限制，如爆破对临近建筑物影响、对周边施工船舶的影响，且工期又紧，工程建设周期为一年，项目在建设前期受多方面因素的影响，工期一度受到较大影响，直接影响了洋山整体工程建设的进度，项目监理部与施工单位青岛海防筑港工程北海总队项目部共同研究对策决定实施小岩礁Ⅲ区大爆。该区破位于水陆交界部位，平面形状呈刀把形，长110米，宽16~36米。+5.0米以下爆破区域面积2850平方米，台阶高度23米（+5.0~-18.0米）。根据该部位的特征条件，通过论证决定在该部分采取大爆破方案，以保证工期和爆破效果。考虑到现场施工情况，为检验大爆破参数，积累大爆破经验，确保大爆破成功，将Ⅲ区大爆破分两次实施，其中第一次大爆破位于刀把部位，规模相对较小，装药量21.3吨，属水下深孔爆破B级；第二次大爆破规模较大，装药量66.4吨，属水下深孔爆破A级，是目前我国海上炸礁史上最大的水下深孔控制爆破之一，这是日后命名洋山第一爆重要条件之一。

建设之前的小岩礁

小岩礁Ⅲ区大爆破情景之一

Ⅲ区大爆破方案设计经过了严密论证、评审及报审。在实施过程中，监理部组织有关单位召开Ⅲ区大爆破专题汇报与讨论会，协调项目部组织召开专家评审会，使Ⅲ区大爆破设计方案更加完善。认真做好钻孔、清孔、护孔、补孔、爆破临空面清理、装药、堵孔、联网、安全警戒、爆破监测、起爆、爆后检查等各个环节的工作。

大爆破监测：两次爆破监测结果均显示，爆破飞石（不到100米）、爆破震速、爆破水击波均低于国家标准《爆破安全规程》GB 6722—2003中规定值，这是日后命名洋山第一爆重要条件之二。

爆破效果：①预裂边坡整齐稳定；②经清礁船清挖检验，爆后岩石块度均匀，易于清挖；清挖后测量大爆破区域全部一次性达到设计标高-18.0米，无补爆浅点，这是日后命名洋山第一爆重要条件之三。

经爆破现场观察和监测，表明Ⅲ区大爆破圆满成功，达到了预期的目标，随着小岩礁项目圆满完工，洋山第一爆美誉就传开了。

业主、设计、监理、施工现场观摩

（作者为勘察公司副总经理）

梦想照进现实

综合所　陆　敏

记得还在上研究生时，第一次知道了洋山这个地方，当时一个同学的课题正是洋山海域泥砂疏运的研究，由于本人课题与此类似，时常会一起讨论或者调试计算模型，那时对洋山的印象就是外海的一个孤岛，泥砂、波浪、潮流等水文条件较为恶劣，而对洋山工程所知不多。2011 年研究生毕业来到三航院工作，入职培训最后一天是参观洋山工程，印象非常深。当天烈日炎炎，但挡不住新入职小伙伴们的好奇心，大家纷纷登上洋山深水港观景平台，目睹了洋山工程的全貌，眼前是一排排涂刷红色颜料的大型集装箱装卸桥和以前未曾见过的大型集装箱船，连绵数公里，非常宏伟壮观。大概从这时起，我了解到这里是一个跨世纪的大工程，心里面不禁这样想，如果能有幸参与其中，该是一件多么自豪的事情啊！当时洋山一、二、三期工程已经建成，四期工程也已启动，但因为种种原因暂时搁置，新员工想参与这个项目，机会已经不多了，因此，从未想到，我在今后的工作中会成为建设洋山工程的一份子。

随后的工作如预期一样，三航院是一家大型设计院，人才辈出，即使是洋山工程这样的大项目，能参与其中的也只是少部分人员，而洋山这两个字眼在我工作的前两年中甚少出现，加之工作经历尚浅，我想我应该是没有机会参与其中的。

然而不可预知的事情在发展时总是无法预料，2013 年我偶然很有幸负责洋山四期前期一项工程的设计，那就是洋山四期工程工作船码头。接到任务的时候，用现在的流行语来说，就是“蒙圈”，因为那时才工作两年，还没有完整设计过一座码头，而且这座工作船码头还是一座重力式码头，更是未曾接触过，即使只是一座 5000 吨级的码头，心里也完全没底。在第一次参加这个项目的评审会时，更是吓了一跳，按理说这个项目规模不大，评审会的规格应该不高，如果考虑到是洋山四期工程的一部分，可能会高一点，但是到了会场，还是出乎意料，第一次见到了好几位设计大师做专家，也就是到现在，参加过很多项目的评审会，但是再也没见过一次设计大师的出现了。怀着一种未知的心情，小心翼翼，兢兢业业，在主任和主任工程师的精心指点下，我顺利完成了参加工作以来第一座码头的设计任务，刚好 50 张施工图。总的设计流程虽说略显生涩，但还算顺利。完成任务后，看着那一沓签字的图纸，心里面还是挺有成就感的，毕竟是第一次完成这样的任务。

工作船码头开工后，很快，四期工程就全面启动了，也许是我的表现还行，集装箱码头的设计任务也由我来负责。这时我的心境与设计工作船码头时相比有一点变化，由于有了上一次的设计经验，这时的我对设计的未知感明显减少，虽说有些问题仍然是没有接触过，但是我有勇气去面对并解决，同时对于圆满完成四期工程码头的设计非常有信心。当然光有信心是不够的，实践起来，发现难度一点也不小。整个四期工程码头长达 2350 米，虽说有前面一、二、三期工程的经验，结构选型方面已没有多少异议，但是四期工程码头的规模是远超前期工程的；同时由于码头岸线长，沿码头纵向的地质条件的变化也较前期工程复杂；更为重要的是由于四期工程为全自动集装箱港区，采用的装卸桥荷载超过三期工程的 40%。不仅仅是有这些技术上的困难，四期工程的设计任务工作量也是海量的。2014 年 9 月份完成初步设计评审，紧接下来就是施工图设计，于是我的工作状态就是连续三个月，每个月加班时间超过 100 小时，9 点以后下班是常态，周末连续加班也是常态，终于在 2014 年年底圆满完成了四期工程码头的施工图设计，确保工程按期开工。四期工程码头水工结构设计总共完成施工图 260 余张，仅仅是构件布置图就有 31 张，其中预制构件的数量达到 5048 件，数量惊人。这三个月时常觉得时间过得太快，不够用，好在最终顺利完成任务。这一年的工作，很紧凑，很充实，从这时起，我觉得洋山的烙印在我生命的旅程中算是永远留下来了。

进入 2015 年，我的工作重点发生了变化，由设计转向现场服务，每周一次的施工例会和设计例会，有时甚至连续一周每天都要上岛。在现场，发生的事情比在院里面做设计更丰富了，常常一件事情尚未完结，就有新的状况出现，处理各种事情应接不暇，不过也正是这样，我学到了更多的知识，对施工过程出现的问题有了更全面的认识，处理起来也越加得心应手。在做现场服务的同时，洋山四期工程后续设计任务一刻也没有停下，包括接岸结构的后续设计、桩基工程的防腐设计、系缆墩的设计都在这一年里穿插在现场服务的间隙里相继完成。这种工作状态一直延续至2016年5月水工结构主体基本完成。经历了施工图设计和现场施工的全过程，不知不觉，我真正成了一名洋山四期工程的建设者。

2017年7月20日，四期工程码头举行了预验收，这是我最近一次站在四期工程的码头上，那天天气非常好，蓝天白云，更难得一见的是，洋山那天的海水很清澈，听其他人讲，洋山一年中就这么几天，海水会变清，也难怪前两年我没见到过。也就是这样，四期工程以崭新的姿态，配合一年中最美的景色，在我眼里已经定格。

从刚开始仅仅知道洋山这个地理名称，到后来非常有幸成为洋山四期工程的一名建设者，这是我从未想过的事情。在我职业生涯最初的几年，就参与设计了洋山四期工程，加速我的成长，无疑我是非常幸运的。作为一名工程设计人员，能有机会参与到这样标志性的工程中，并见证从开始到结束的点点滴滴，谁说这又不是梦想照进现实呢？

写给洋山

综合所　姜　桥

距离初见洋山岛已经八年了，记忆的思绪像温柔的雨夜一样，扑面而来，满满的都是属于我和你的回忆。

一、初见

2009年，大学毕业，热情，纯真，不谙世事。按照公司就职要求，我被安排到洋山岛实习，那是我第一次见到记忆中的她——洋山岛。

洋山岛位于东海之滨，地属嵊泗列岛，宛如一颗明珠散落在东海。海岛上的景致，是久居内陆的人所无法感受的，一如初见洋山的我。此时的洋山岛已经作为上海的离岛海港建设为世界一流的集装箱码头。夜幕降临，登临石龙山顶，眺望蜿蜒的东海大桥，眺望着南汇的万家灯火，与满天的星光辉映，吹着凉爽的海风，自有酒不醉人人自醉之感。

实习的生活简单也枯燥。每天的乐事之一就是跟着监理公司的师傅出海，真是一种奇妙的体验。交通艇行驶在东海的水面上，身后是渐渐远去的"魔都"上海，左右两侧是一座座高耸的却又渺小的风力发电塔，雨天眼前灰蒙蒙的一片，分不清哪里是现实，哪里是虚无。晚上回来跟工人师傅一起吃盒饭，在监理楼打着地铺床，席地而眠，那一刻的生活是如此的真实。三个月的实习时光很快结束了，我站在"龟蛇听经石"面前，眺望着永远看不到尽头的天际，与洋山作了告别。

朴实而勤恳的施工工人，忙碌的工程现场，宛如巨兽的集装箱岸桥，永远繁忙的洋山港，不间断的参观人群，是我对洋山的最初印象。

逝者如斯，不舍昼夜。

在"魔都"生活的我，渐渐适应了高强度、快节奏的都市生活。每天的日子紧张而充实，只是偶尔在心里会想起那个记忆中的她——洋山岛，那些独一无二的时光。距离的疏远,生活琐事的羁绊,竟然使得我再也没有回过洋山,再也没有见过我第一次就爱上的那个地方。

生活就是这么奇妙,缘分真的是妙不可言。2014 年,洋山港四期工程建设上马,我所就职的三航院作为洋山港的总体设计院,承当了把洋山四期工程建设为世界最大自动化集装箱码头的历史任务。原定作为工艺专业主办的同事因为产假的原因临时替换成了我。那一刻我知道,我们的故事没有终点,我又可以见到记忆中的她——洋山岛了。

二、重逢

二零一四年六月至二零一六月六月,七百多个日日夜夜,无数次的挑灯夜战,挑战一个个时间节点,一次次地去现场交底、协调、落实。当然,也一次一次地见到你,我记忆中的洋山。每一次见你,内心都是非常地欢喜,也有着小小的忐忑,怕你已经不是我记忆中的容颜,怕物是人非,怕岁岁年年人不同。也许是近乡情怯吧,我竟然再也没有去“龟蛇听经石”那里眺望远方的天际。我只是安静地站在指挥中心门口的竹林下,静静地感受着,因为这里有我的记忆,是梦想最开始的地方。洋山见证了我由一个初出茅庐青年成长为一个合格的工程师的心路历程。

马上就要建成的洋山四期工程——世界上最大的自动化集装箱码头,它将作为另一项丰碑,矗立在你的怀抱。在你身上发生的故事和点滴,真真切切,宛如昨天。被不断传颂传承的“洋山精神”,已经成为这个时代“上海精神”的重要注解,永不磨灭!

是为纪念。

梦回洋山

海外所　范　晔

梦回洋山，一个小女孩趁着暑期去洋山港做社会实践。经过几个小时的车程颠簸，通过宏伟壮丽的东海大桥，却发现场景不是她想象的那样。这里没有井然有序的港区，没有鳞次栉比的大楼，没有来回穿梭的集卡，有的只是高低不平的泥泞道路，临时搭建的简易工棚，还有灰头土脸的工程车辆。正沮丧时，却发现置身于一片钢筋耸立的混凝土梁架之上，周围是泛着黄沙的大海，不远处打桩船的轰鸣声阵阵入耳。烈日下，戴着安全帽，穿着厚厚工作服的施工人员神情专注，有条不紊地干着自己的活，黝黑的脸庞时不时露出最朴实最真挚的笑容。

梦回洋山，北港区的某个区域，市政府领导、港口集团高层、设计人员、施工人员、港区工作人员，各方代表聚集在这里，只为庆祝同一件事情——三期二阶段工程的顺利竣工开港。至此，洋山港已建成 16 个深水集装箱泊位，岸线全长 5.6 公里，吹填砂石 1 亿立方米，总面积达到 8 平方公里。在连成一片的 5.6 公里的码头上，整齐地排列着 60 台高达 70 米的集装箱桥吊，迎送着来自全球各地的船只。刚毕业参加工作的小女孩站着这群人中间，当开港的礼花绽放时，职业的理想也在她心中生根发芽。

梦回洋山，正对港区的山顶办公室内一群设计人员正在激烈讨论着什么。墙上最醒目的是一幅长长的平面布置图，图面上各种颜色、各种标记已布满各个角落。办公桌上一叠叠专题报告，一堆堆设计图纸时不时地被翻开又合上。四期工程已全面铺开，新的问题，新的挑战摆在面前。每个问题都需反复论证，每个细节都要不断推敲，每个人都在践行着“迎难而上、开拓创新、严谨务实、精益求精”。小女孩在这里感受着、感动着、学习着、成长着……

梦回洋山，小女孩在自己的办公桌前忙碌着，如今的她已经可以独立承担专业负责人的角色，在各类海外工程项目中时常能看到她的身影。虽然，离开洋山，离开洋山项目有段时间了，但她常常想念洋山，梦回洋山。因为那里是她梦开始的地方，是她快速成长的地方，是伴随她整个职业生涯的地方，更是她舍不得也无法丢弃，想时常回去看看的地方。她为这个几代三航院人倾注智慧和心血的地方感到骄傲，为曾经创造出洋山精神的团队感到自豪。只要想起洋山精神，想起曾经提携她、帮助她、亲如一家的洋山师友们，她就有无穷的勇气面对未来一切的困难。

今晚梦回洋山可真好！

洋山工程之于我

海外所　刘　纯

对大多数人来说,2017 年年底建成的洋山四期工程,呈现在眼前的可能将是这样一幅画面——无数的集装箱被岸桥、轨道吊在码头、堆场上轻轻抓起又放下,无人驾驶的自动导引运输车(AGV)来回穿梭运送;中央控制室里,远程操作的工作人员只要轻点鼠标,就能实现对码头装卸作业的操控,看上去和玩游戏一样。但是对于我,除了以上的画面之外,还有这样的故事:

一、初识洋山

2005 年的入职培训,我有幸作为三航院新员工之一参观了当时还有一百天就要正式开港的洋山一期工程。茫茫天海间,数台红色的岸桥沿着码头岸线依次排开,在东海的波涛间巍然耸立。激动兴奋之余的我只记住了院总工的那句话:"三航院作为洋山工程整体设计院,按照国家建设上海国际航运中心的要求,完成了洋山一到四期的规划……"油然而生的自豪感深深印刻在了我的脑海。

回到公司以后,我参与了由公司团委号召发起的修订洋山一期工程竣工图的活动,历时两个月的时间,每天加班到晚上十点,以自己的实际行动参与到洋山一期工程的建设中,不仅锻炼了 AUTOCAD 的绘图技术,也从此和洋山工程结下了不解之缘。

二、时刻准备

随后的 2006 至 2008 年,洋山港二期、三期工程先后陆续建成,上海港集装箱吞吐量向 3000 万标准箱迈进,排名跃居世界第一。而我作为普通的工程设计人员在自己的岗位上不断努力提高自身设计水平的同时,在各位专业负责人、主任工程师、总工等的指导下参与了洋山二期、三期工程中部分子项目的设计工作。在后续的其他工程中,即使不在上海区域,洋山工程的相关图纸都会被作为经典的参考范本。在与其他项目业主的交流中,如果告诉他们某种设计是洋山工程的做法时,业主都会欣然接受。洋山工程让上海成为东方大港,也逐步使得三航院从国内知名的设计院迈向国际领先工程咨询公司的道路。

三、中国"智"造

2011 年,我加入了公司专门成立的海外工程设计研究所,并第一次以专业负责人的身份参与了海外所第一个境外项目——墨西哥码头曼萨尼约集装箱码头工程项目的建设。在与业主长时间的工作交流中,我特别惊讶地发现业主对于电气工程的设计深度和范围有着异乎寻常的关心,而业主对于此的解释就是:"港口能不能用取决于土木工程的水平,而港口好不好用就取决于电气化的水平。"从那个时候开始,我才了解到世界上存在着几个采用全自动化装卸技术的码头,正是这几个码头在世界范围内树立起了相应国家在工业化水平和港口管理水平方面公认的标杆和至高点。在墨西哥项目刚刚结束的 2013 年,德国提出了工业 4.0 的概念,几乎同时,中国政府也提出了中国制造(made in china)向中国"智"造(designed by china)转型的口号。随着一年多国内自动化技术进一步的大范围应用和成熟,港口工程的电气化、智能化发展也是与时俱进。在这样的大背景下,洋山四期工程宣布正式开工,与之前已建工程最大的区别就是在于整个码头将采用中国"智"造的全自动化装卸技术。作为洋山四期工程整体设计院的中交三航院,提供自主研发的全自动化岸桥、轨道吊和 AGV 等装卸设备(硬件)的振华集团,配备自主开发的港口操作系统(软件)的上港集团,以此三强联合代表的中国"智"造技术将一起合力挑战世界集装箱装卸技术的巅峰。设计最终规模达到 630 万标准箱/年的洋山四期工程,标志着上海港将依靠中国"智"造内核的强大力量从东方大港走向世界强港之列。

四、砥砺前行

洋山四期工程由于各种各样的原因与我个人似乎要擦肩而过之际,猛然间,我所在的海外所采用半自动码头设计方案协助上港集团中标以色列海法新港项目的消息让人为之精神一振。虽然整个设计方案是半自动化码头,但是核心的设计理念与洋山四期完全一致,并且巧妙地预留了未来全自动化改造的可能性。作为公司中标的第一个位于发达国家的工程项目,我和同事们在具体设计的过程中碰到了许多意想不到的困难。发达国家完备的法律体系,严格的审查体制,尤其以色列对于安全措施近乎偏执的追求给我们的设计带来极大的挑战。但正是秉承着对中国"智"造技术的信心,以及凭借十几年来在三航院内不断沉淀的洋山精神,我和同事们通过一年多的努力,一起渡过了设计阶段最困难的时期。而恰恰就是在设计困难时期,海外所再次以半自动码头设计方案中标哈里发二期工程项目,也以此作为对整个海法新港设计团队最好的表彰。

海法新港项目不断推进的同时,以色列港务局或当地的咨询公司对还未建成的洋山四期工程越来越表现出极大的热情和崇敬,和我们一起憧憬着建成后的海法新港对以色列未来发展所作出的贡献!

五、转型升级

2017 年 7 月,上港集团党委决定联合我院驻以色列现场的部分人员成立了以色列海法新港项目联合党支部。通过充分发挥国企党建共通的优势,转变了传统工程项目中甲方和乙方矛盾冲突的角色,以两家企业的实际生产经营为出发点,共同探讨在项目工作中实现提质增效的可能性,最终达到国有资产保值增值的目标。

假以时日,以洋山四期工程为代表的中国"智"造的港口技术王牌,必将借着"走出去""一带一路"建设等重大战略的春风走向世界的海上丝绸之路!届时,世界才会真正发现中国创造的(Created by china)力量!

我为洋山建设者献上一支舞

党委办公室　陈浙沪

如今说起上海洋山深水港,大家一定不会陌生。它是上海市的重大工程,是上海市的一张亮丽名片,更是中国发展上海自贸区,建设海洋强国的依仗。

然而在十多年前,我们未必知道。于我,就是如此。

2005 年 7 月,我刚参加工作。来到第一个工作单位——三航院,从事的第一份工作就是党群、工会工作。我欣喜自己找到了一份满意的工作,满意的单位。因为这是一个大企业,中央企业。但是初来乍到,对工程技术企业的工程建设内容和难度知之甚少,只是知道我们三航院是洋山深水港工程的总体设计单位,而洋山深水港工程是国家和上海市头号重点工程。我们是头号工程的总设计单位,一种自豪感在内心悄然升起。

工作后,我被领导指派为荣誉室讲解员。为了能更好地做好荣誉室的讲解工作,做好企业宣传,我对三航院的历史发展以及工程项目建设,尤其当年洋山深水港这个上海市重大工程的建设背景、工程过程和建设难度等做了较多了解,才得以对洋山工程建设的巨大挑战、巨大困难和日后洋山建设者创造的“洋山精神”有了更为深刻的认识。

那时,为了确保洋山深水港工程在 2005 年年底“港开、桥通、城用”建设目标的实现,公司党政领导班子精心研究、果断决定在洋山岛上成立“洋山工程设计所”。2004 年 12 月 3 日,洋山所正式挂牌成立,16 名从各个专业抽调的精兵强将聚集在岛上,承担起现场设计服务工作。2005 年 7 月,为适应港区建设高潮的需要,洋山所队伍扩充到近 30 人。面对工程规模史上最大、难度史上最高、建设周期短,建港条件复杂等,面对洋山工程建设的高潮迭起,这 30 位职工常驻岛上,承担繁重的任务,顶着巨大的压力,知难而上、勇于创新、精心设计。

“扎根洋山岛、服务洋山港”这一句口号的提出，正是三航院洋山建设者参与洋山工程建设的实践、承诺，是践行和创造“洋山精神”的真实写照。

于是，能跟随公司领导上洋山岛看看我们设计的洋山工程，去看看洋山工程的建设者，是我心里涌起的渴望。

台风过去国庆将至，公司领导和公司工会要对单位重点工程项目现场员工进行慰问。时任工会主席陈杏生说，9 月 28 日我们上洋山去慰问，听到这个消息我兴奋极了，终于能上洋山了。

在公司领导沈明达书记的带领下，工会主席陈杏生、工会秋玉华、李玉琴老师和我共五人带着慰问品去慰问洋山所员工。一路上，车子开过芦潮港，开上了气势恢宏的东海大桥，又经过原始原貌的大、小乌龟岛、标有“三”这个标记象征三航院设计的颗珠山大桥，我心里那份“东海大桥是我们设计的，洋山港是我们设计的”的自豪感和骄傲感越来越强。在车子快转弯驶入大桥弯道出口处，时任洋山所所长王大刚和党支部书记方君华热情地前来接我们，并且安排我们来到了洋山一期工地岸桥边，向我们介绍了洋山工程建设的进度，包括设计进度、施工进度以及设计难度和困难。看着这些集装箱起重机、桥吊繁忙而有节奏运行工作，我的视线一点点迷离模糊，壮美如画的一期二期工程建设倾注了我们建设者无数的艰辛付出，我对他们感到敬佩！

车子最终开到了洋山基地，看到基地办公室内大家都在紧张地工作，键盘敲击声、鼠标点击声汇成了一股奇异暖流……

方书记叫住了大家，向我们一一介绍。黄明毅、高志伟、刘广红、张峰、蒋熙惠、许增会、林星铭等名字和人物一一被我熟悉。他们中有的夫人身患重病不能陪伴左右，孩子年幼上学只能靠年近八旬的岳父接送；有的孩子刚出生或妻子即将临产却不能陪伴；他们远离市中心、远离家庭温暖，日复一日枯燥而紧张地在洋山岛上辛苦工作；他们舍小家为大家，白天奔波于工地，晚上为了确保设计进度和图纸质量，仍然挑灯夜战；他们不怕苦不怕难，还以参与洋山工程作为自己一生的光荣；他们舍弃了许多生活乐趣，克服了家庭与生活的种种困难，生动地演绎了“三航院精神”，创造着“洋山精神”。

此刻，不辱使命、勇挑重担、求真务实、团结协作，我们的洋山建设者在岗位上拼搏奉献、担当负责，于我来说是最好的学习，最生动的教育。我内心默默为自己加油。今后，我一定要在自己的岗位上也努力认真、求真务实、热诚服务、做好本职工作。我在荣誉室介绍时，一定更会真实生动地讲好洋山精神。

晚上，在洋山所食堂聚餐时，沈书记和陈主席纷纷表达了慰问，我也为洋山建设者献上一支舞《有个美丽的地方》，看到我们的洋山工程现场设计人员开怀地笑了，我也笑了。

我自豪我能为洋山建设者献上一支舞，增添他们工作的动力，奉献我的力量，献上我最真诚的祝福。

第一次作为工会慰问者来到洋山，在洋山基地和工地现场留影

我曾是洋山所的一员

建筑所　袁晓伟

众所周知，上海是中国的经济中心和最大的贸易港口。事实上早在唐宋时期，上海就已初步形成繁荣的外贸口岸。上海因港而兴，但也长期受长江口地区缺乏天然深水港址困扰，就是因为缺少深水码头。在国际港口上，深水港已发展到装卸第四、第五代乃至第六代集装箱，其航道水深在-14米以下，而上海黄浦江的航道水深是-10米左右，进入上海咽喉的长江口则更浅，只有-7.5米，即使是一项投资浩大的长江口整治工程对其实行疏浚后，也只能达到-12.5米，从长远看难以敷用，所以上海必须突围，必须建造深水外港。自1996年5月正式开展洋山深水港区选址论证，到2002年6月开工建设，历时6年多。国内外近200家专业研究机构和高等院校6000多人次的科研人员参与了新港址论证和项目前期工作，完成专题研究200多项。

洋山港的建设创造了很多新的纪录。在深海中建造大型港口，是对人类工程技术能力的巨大挑战。洋山港地处风大流急的杭州湾外口，这里还是强台风经常光顾的区域。大、小洋山由十几座不相连的小岛组成，工程人员要在平均水深20多米的岛屿之间，用吹沙填海的方式将岛屿间的海域填平，造出长6公里，宽1至1.5公里，总面积8平方公里的平整陆地。这相当于在1000个足球场的面积上，将砂子堆到七层楼的高度，砂石抛填总量超过一亿立方米。

孤悬海外的洋山岛港区，通过世界第二长跨海大桥——东海大桥，连接到南汇芦潮港。东海大桥耗资105亿元，总长32.5公里，其中跨海部分25公里，按双向六车道高速公路标准设计，桥宽31.5米；可抗12级台风、七级烈度地震。大桥共消耗钢材50万吨，浇筑混凝土150万立方米，足够装满500列火车。经过万余名建设者六年多的努力，一座海岛超级港口终于神奇地出现在了东海之上。

2005 年 5 月 25 日，32.5 公里的东海大桥实现贯通；2005 年 12 月 10 日，洋山深水港区一期工程竣工并开港投用。标志着上海国际航运中心建设取得了重大突破，为加快确立东北亚国际航运中心地位，推进我国由航运大国迈向航运强国，创造了更好的基础和条件。

我作为洋山工程设计研究所的员工，自 2005 年 9 月 1 号登岛参加洋山二期的现场设计工作，到 2008 年 2 月 1 号离开洋山，历时两年半的时间，回到院里以后我又陆续参与了洋山三期和四期的设计工作至今，可以说我从进入三航院以后就和洋山工程紧紧地联系在一起，把最年轻的十年奉献给了洋山工程，但是我不后悔，我为能参与洋山项目这个世纪工程而感到自豪。

记得第一次登岛是在 2005 年的夏天，当时我们院新的办公楼和宿舍还没有建好，二三十人挤在临时的集装箱板房内办公生活。第一次给我下马威的竟然是蚊子。刚开始只是听人说洋山蚊子很厉害，没见过它的真正威力，第一次上厕所回来就觉得痒的不行，一照镜子头皮都发麻了，可以用“星罗密布”形容当时被咬的蚊子块，洗澡更是如此，冲进卫生间的角落中，手上一直不停，从进去到洗完，所有动作必须一气呵成，洗完澡衣服都顾不上穿戴整齐就要冲出来，先逃出去。由此，各类驱蚊止痒用品就成了生活必需品。

2005 年的时候东海大桥还在紧张的施工建设中，虽已贯通但是还没有正式通车，有的地方护栏还没安装完毕，因此我们上岛主要还是通过坐船，遇上风浪大的时候坐一次船就晃得头昏脑涨，连饭都吃不下。当时的整个洋山还是一座大工地，岛上平地甚少，多秃岩，房屋都是依山而建，不是上山就是下山。而今洋山岛的面积近 20 平方公里，所有土地都是填海而出，第一期土方量如果累成一米见方的土堆，可以绕地球四周。由此可见，当时在没有道路的岛上，到处都是正在施工的工地，光是尘土量就相当惊人。因为没有道路，要在崎岖坎坷的山路上行走，登山鞋就是标配着装。一下雨，土路就变成了泥路，高帮雨靴才能出行。一变天，岛上风大雨大，伞是派不上用途的。必须穿着很厚实的连裤雨衣才能在岛上行走。

因此雨衣、雨靴、蚊不叮这三样别人想不到的小东西，就成了岛上生活的必需品。不过在洋山开港后，工作生活条件也大幅改善，但是那段最初的经历却记忆犹新。正是因为有着一大批跟我一样甘愿为洋山工程无私奉献的工程建设者,才有了洋山的今天,我会珍惜在洋山的这段工作经历,在以后的工作中践行好“洋山的五种精神”,为全面建设小康社会作出自己的贡献。

为洋山工程出一份力
——记院机关干部一次有意义的劳动

党委办公室　蔡伟鸣

三航院近20年来为上海国际航运中心洋山深水港建设作出了重要贡献,特别是作为洋山深水港区一至四期总体设计单位,公司广大员工既是洋山深水港的建设者,更是洋山精神的缔造者。回顾为洋山工程建设的历史,我作为三航院员工难忘为洋山工程而参加一次有意义的劳动。

2002年5月23日,为确保上海国际航运中心洋山深水港一期工程初步设计文本的按时出版,经院领导与出版车间商定组成机关干部突击加班劳动,由技术开发处、对外业务处、人教处、办公室、行政处、党委工作部、经营计划处、CAD所、航源公司等22人组成突击队。我作为党委工作部的成员也积极投入,并与大家一起全力以赴地参加支持出版车间洋山港初步设计的生产任务。大家在出版车间华正伟同志的安排下,对人员进行合理分工,按照出版工作程序,有整理文件、图纸的,有钻孔穿钢丝的,有刷白胶包封面的,有切边后最终出版的等,大家始终紧张而有序地工作着。院长王陈水亲自到出版车间看望了大家。

下午5点,大家在八楼餐厅匆匆用餐后,我与机关支援人员以及出版车间的同志们一起又发扬连续作战的精神,在各自临时组成的工作岗位上顽强地拼搏着。晚上10点多,院党委书记沈明达、时任副院长王祥、李树国陆续到出版车间现场来慰问大家,给大家鼓劲。所有加班加点的同志们决心为洋山港工程出一份力。深夜12点,出版车间主任蔡国仁要求全体女同胞回家休息,男同志则在李副院长的带领,通宵达旦,连续作战,经过大家挑灯夜战的奋力拼搏,在第二天上班前基本完成了:①上海国际航运中心洋山深水港区一期工程初步设计(150本);②上海国际航运中心洋山深水港区一期工程初步设计第二篇主要设备及材料(150本);③上海国际航运中心洋山深水港区一期工程初步设计第三篇工程概算(150本);④上海国际航运中心洋山深水港区一期工程初步设计第四篇设计图纸上册(150本);⑤上海国际航运中心洋山深水港区一期工程初步设计第四篇设计图纸下册(150本),共计高质量地圆满完成了750本初步设计文本的出版任务,同时也创造了三航院历史上第一次一次性完成出版任务的纪录。

5月24日早上7点半,院长王陈水又一次来到出版车间,看望了大家,对大家的辛勤劳动表示深切的慰问。

上午8点,三航院将满意的设计成果,共整整750本设计文本装上卡车送往业主——上海国际航运中心洋山深水港指挥部。

通过参加这次为洋山工程的劳动,我的体会是:三航院两个文明建设领导高度重视,并有一支素质好技术精作风硬的职工队伍,包括善于开拓、科学管理、团结协作、廉洁高效的领导班子,不讲条件、不计报酬、吃苦耐劳、善打硬仗的勘察队伍,钻研技术、积极创新、精益求精、敬业奉献的设计队伍,以及加班加点、连续作战,克服困难、当好配角的出版队伍等。有了这样一支队伍,还有什么困难不能克服、什么任务不能完成、什么奇迹不能创造?

多年来,随着上海国际航运中心洋山深水港一至三期的运营和发展,向全世界充分展示洋山工程的英明决策和洋山效应的不断放大。三航院在历年高位基础上,2015年和2016年企业经营生产连创历史新高。积极投入“一带一路”建设,海外市场持续拓展,2016年海外业务贡献度达到36%,连续两年荣获“海外突出贡献奖”。公司连续荣获九届十八年“上海市文明单位”和七届十四年“上海市职工最满意企业”称号。

2017年年底,全球最大的自动化集装箱码头——洋山四期工程将竣工运营,我衷心祝愿三航院在新的更高起点上实现“国内一流,国际知名”的企业战略目标!

洋山，我与你一起成长

海外所　张　志

第一次知道你，那时的我才刚刚踏入大学的校园，年少懵懂青涩，对未来充满憧憬。同样地，你也还在襁褓中，你是我们国家孕育的一个宏大的港口建设计划，你是国家振兴的缩影，你的身上寄予了太多的希望，你的名字——洋山深水港。作为一名港口工程专业的学生，听到这个的时候心中更是兴奋与自豪，更有的时候好想走近你看看你到底会长什么样。

时间总是会走得很快，在大学里我努力地积累学识，相继完成了本科及研究生学业，意气风发。而你也先后完成了一期、二期工程，逐渐地成为了东海上一颗耀眼的明珠，我要成为一名优秀的港口工程设计师，用我的汗水，像前辈一样去雕琢更完美的你。临近毕业了，没有些许忧虑，我进入了中交第三航务工程勘察设计院有限公司，因为他是洋山深水港你的总体设计院，在这里我与你的距离可以很近很近。

第一次近距离地走近你，是刚开始工作的时候，处于一个全新的起点的我，对于你的全部我都有着浓厚的兴趣，利用公司的资源想要尽快地读懂你。在入职培训时公司组织我们进行了实地的考察，在走近你的路上，汽车在飞驰，东海大路你的一部分，蜿蜒如长龙，在一望无际的大海中，是那么的耀眼与夺目。那天的天气很明媚，就如我的心情，近了近了，洋山，我终于看到你了！我站在山顶，俯瞰你的全姿，深深被你磅礴的气势所震撼，那一眼望不到头的码头岸线，那数不清的红色岸桥，那密密麻麻的集装箱，那巨型的集装箱船，以及忙碌的作业车辆及工人，一切都是那么的井然有序，多年过去了，那让我振奋的场景我仍然清清楚楚地记得。

第一次真真切切的融入你，是在实习的时候。对于三航院新入职的员工，必须有一次工程实践的经历，我跟公司领导主动请求让我去洋山施工现场去实习，虽然那里现场的生活条件比较艰苦，但我没有丝毫的忧虑，因为这是多么难得的一次机会,可以让我好好地感受你。最后实习地为洋山客运码头的项目部,在洋山你的最东面,现场的条件确实很苦,但是又有什么关系呢,每天晚上住在破旧的混杂着浓浓汽油味的施工船上,听着外面的细浪声、机器的轰鸣声、工人们的吆喝声、来往船舶的汽笛声,像是你在跟我述说你这么多年来的点点滴滴。在实习的过程中,我看到学到了很多,我看到了设计工程师前辈的专业精神、看到了施工管理人员高超的施工组织水平、看到了监理工程师对工程质量的严格要求、看到了建设工人们的汗水,更是看到了他们拧成一股绳,致力打造精品工程的洋山精神,是他们成就了你,成就了今非昔比的你,让你成为世界港口中的佼佼者,洋山,我真的为你骄傲,为建设你的所有人骄傲。实习的时间总是过得很快,三个月的实习很快就过去了,离开你的时候仍是有些恋恋不舍,我要对你说,我会成为一个出色的港口工程设计师,用我的专业去打造像你一样的世纪工程。

七年后的今天,我又来到了你的身边,这七年的时间里,我改变了,从一名刚踏入社会的毕业生,变成了一个完成了多项工程设计的高级工程师,积累了较丰富的港口工程设计经验。同样的你,相继又完成了三期、四期工程、LNG 码头工程、客运码头工程,你已俨然成为一个十分成熟的世界著名港口,四期工程更是世界之最的全自动化集装箱码头。同时,国家也在大力地宣传你,宣传中国港口建设的传奇,让更多的人了解了你,了解了在背后建设你的洋山人。作为三航院人,每次和家人朋友谈起你,都是一件十分高兴的事情,我可以如数家珍地谈论你的所有细节,家人朋友们也听得兴致盎然。又在一个阳光灿烂的周末,我带着我父母、妻子又一次来到了你的身边,他们也想要近距离地感受你,感受我的工作,他们为我从事的工作感到自豪和骄傲。来到洋山,我们看到你,我用我的专业知识向他们介绍你的建设过程、介绍你在世界港口中的地位、介绍船舶靠泊作业的过程,介绍你的每一个细节。洋山,你真的和多年以前的你很不一样,你比以前更加成熟,更加强大。

以后的路还很长,洋山,你的成长是我们每一个港口人的希望与榜样,你为国家未来的发展贡献了力量;洋山,你的精神,将鼓舞我们每一个三航人,每一个港口建设人。成就你已经变成了我职业生涯的终极理想,请你见证我,我会更加努力!

参与洋山港建设的自豪之情

退休　刁庆绪

在1995年之前,位于东海浙江省大、小洋山的海域,大洋山上居住百十多户人家,是一个小镇。有大酒店、旅馆、大小商店和大小饭店等,四面是水,离上海芦潮港几百公里,有一条航线芦潮港至大洋山,每天往返一次,一次开45分钟,大洋山东边有数座小山,叫小洋山,离大洋山一公里多,之间有一条航线每天有好几班小船到大洋山,小洋山——山群中有一座大一点的山,长年露在海面之上,山上有一座庙,山下居住数十家渔民,叫小渔村,到上海先乘船到大洋山,再转乘大船到芦潮港,再乘公交车到上海市区。

20世纪上海港没有深水泊位,超过万吨级以上集装箱船,满载进不了港无法靠码头,要在长江口外卸载后才能进港停靠码头,同样满载出不了港。在20世纪末,上海港委托三航院在市区外选址,能建造五万吨级以上的集装箱码头,三航院经过科研和论证,就在浙江小洋山海域,开山、填海、造地,建造深水集装箱码头是可行和可靠的,上报上级领导审批,于1995年投入洋山港精心设计,经过20年的奋战,在四方人员(业主、设计、施工、监理)共同努力下,夜以继日奋战到今年年底,昔日的小渔村,如今全球最大的自动化集装箱码头——洋山四期工程即将竣工运营,这么多的深水泊位码头停靠集装箱大船,使中国各种物资,由陆路+水运,往世界各国运送,同时再把世界各国各种物资运回中国,使中国外贸不断发展居世界首位。

本人1998年年底在三航院退休,在职时参加过交通部在上海所属单位能做监理工作的人员组织起来,请大连理工学院老师来上海三航院集中培训,经过2个多月监理理论学习,通过考试,合格者由交通部发监理工程师证书,本人取得监理工程师证书。退休后就为祖国建港事业发挥余热,参加过大小码头监理工作数个,洋山二期工程刚开始,监理公司就把我从长江口调回到洋山二期工程。那时洋山一期工程还没有竣工运营,东海大桥还没有建成,我们到工地要先从芦潮港乘船到大洋山,再转乘小船到工地,到了工地一看,按常规这种地方,水、电、路和场地密实度都不具备施工条件,不能施工,但上级领导要求这些条件,施工单位只能想办法创造条件做起来,为保证工程质量,监理工作一定要到位,大小项目都要严格按设计要求监理施工,我先参加地基加固监理工作,工人们夜以继日轮换施工作业,监理也得跟班旁站,特别到隐蔽工程进行检查验收时,监理人员一定按设计图纸上要求查看清楚符合要求才能签隐蔽工程验收单,才能隐蔽复盖施工,每天要写好监理日记和旁站记录,用数据说话。到码头后方堆场、道路、排水沟等主体项目工程,按施工程序,要分几个层次单项施工每个单项监理工作要有验收记录,旁站记录到验收时,用数据说话。到二期主体工程完成后,又参与东海大桥从一期接长 2 公里多着地通过二期码头工程监理工作,先做桥脚,灌注混凝土桩到岩石层下 3 米,为了赶工期,施工单位来了好几台钻机,每台钻机,派三个工人,从开机到完成不休息不间断进行施工,监理也有人在现场不间断到每台钻机随时抽查钻孔内含砂量和记录台账,特别是钻孔深度到岩石面,进入岩石层后,他们要报送碎石到化验室去化学化验,符合设计要求后停机清孔,要到孔底的淤泥完,才能浇筑混凝土下钢筋笼,每道工序,监理要有记录,到上部结构施工工序又多,又复杂,特别到高空施工,监理工作更要细心,严格检查安全施工环节,千万不能出安全事故出人命。工程到 2007 年底竣工验收,由交通部组织综合专家检查组到现场对二期工程进行全面检查验收包括档案资料,结果评为优良工程,本人根据三航院规定,监理人员只能做到 70 岁,所以洋山三期监理工作不能参加。如今得知洋山港是全球最大的自动化集装箱港口,使参与建过建设的人感到自豪,顺祝三航院洋山精神发扬光大,再接再厉,为祖国设计出世界一流产品。

洋山梦　创新路

综合所　韩时捷

从2005年调入洋山工程设计所,一眨眼间十余载春秋转瞬而逝。回首看看,洋山工程陪伴我从一个意气风发的小伙在不知不觉中迈入了稳重的中年。我们的东方大港——洋山深水港也从无到有,由最初的洋山一期到国际航运中心洋山深水港区北港区的全面建成,如今我们又即将迎来全球最大集装箱自动化码头——洋山四期工程的诞生。

2013年,洋山深水港的使用单位——上港集团向上海市政府提出要将洋山四期工程打造成世界最大、最先进的全自动化集装箱码头的设想。但之前,作为总体设计单位的中交三航院按照原有设想已做了大量的前期工作,一切都要推翻重来。没有犹豫,没有推诿,在院领导的统筹安排下,洋山项目组顶着进度与创新的巨大压力,义无反顾地投入到这个全新的工作领域。俗话说"万事开头难",由于国内目前还没有在集装箱自动化码头设计方面的相关规范和成熟经验,一切都需要摸索着前行,"磁钉""AGV"这些新名词高频率地出现在项目组中。由陌生到了解,再到熟悉,项目组的每个成员都在默默地付出着。无论是阳光明媚的周末,还是华灯初上的夜晚,都可以看见项目组成员在单位办公室伏案疾书的辛勤身影。查阅文献、仿真模拟、头脑风暴,各种手段在项目设计中被充分利用,一个接一个难题被攻克,设计方案也在大家的努力下日趋完善。

作为洋山工程的亲身参与者,我承担了自动化码头后方港区道路堆场结构方面的设计工作。由于自动化的特殊性,常规的设计也变得困难重重。如何让高大、雄伟的自动化轨道式龙门吊设备安全高速地在轨道上作业,如何使定位用的磁钉信号不被结构物中钢筋干扰等等一系列的工程难题让身为"老兵"的我困扰不已,颇有"书到用时方恨少"的感慨。但俗话说"办法总比问题多",通过这些年对洋山地区软土沉降数据的系统收集及分析,通过对常规结构的优化改良,仿真三维模拟计算以及结构试验室测试验证,根据洋山建设现状创造性地提出了一种不设桩基的专利基础型式——双重可调式轨道基础。不仅基本解决了沉降易发地基上不设桩基的轨道吊设备安全高效运行问题,还节省了近4亿元投资。同样,新材料研发的动向及应用也是设计组在设计过程中始终关注的重点。FRP复合材料是一种高性能结构材料,它有着良好的防腐及防磁性能,设计组大胆创新、谨慎求证,成功将它应用在结构设计中,不仅解决了困扰已久的结构防腐、防磁问题,还获得了很多技术专利。初期因为对新材料特性的认识并不充分,为了保证设计参数的可靠性和合理性,曾多次上门向同济大学的教授和行业内专家请教,也亲赴制造工厂和试验室进行调研及核实。点点滴滴的事例,不足以一一道来,但正是这点点滴滴的工作,让我们在洋山创新路上走得更远,走得更稳。

如今,站在小洋山山顶,俯望繁忙的洋山港区,深深地为自己作为一个中交人能投身如此一个气势恢宏的超级大港工程感到自豪与骄傲。作为一名普通的设计人员,我只是洋山众多建设者中的一枚螺丝钉,但我始终有一个洋山梦,梦想我们的洋山大港永远屹立在东方之巅,梦想我们的自动化码头始终引领世界创新的潮流。

弘扬“洋山精神”,开拓国际市场

海外所　李大雪

洋山,孤悬海上的小岛,曾经是那样远离人们的视线,甚至可以说是默默无名,但地域的偏远却掩盖不住其良好的港口建设的天然禀赋,它就像一块璞玉静候雕琢,以完成华丽转身。

能识璞玉者,必具慧眼匠心,必能顺应时势,中国轰轰烈烈的民族复兴进程就是最好的时势,在这样滚滚历史洪流中,上海市高瞻远瞩,提出建设国际航运中心的宏伟战略。实现目标首先要保证物质基础,但作为航运中心重要组成的海运部分,海港条件处于基础性地位,但发源于黄浦江的上海港,缺少大型深水岸线,既限制了大型船舶停靠的能力,也限制了航运中心建设。在此背景下,洋山吸引了上海市的目光,进而开启了世纪工程洋山深水港的建设。

从默默无闻的小岛,到如今全球最大的现代化集装箱港区,洋山深水港走过了不平凡的路。2005 年 12 月,洋山深水港正式开港运营,从此掀开了上海港发展的新篇章,标志着上海国际航运中心建设取得了重大突破。开港以来,洋山一、二、三期工程全面建成,生产运营管理高效有序,口岸服务效率达到一流水平,集装箱远洋航线遍布全球,国际航运枢纽港地位更加稳固,上海港的综合服务能级和国际竞争能力显著提升,累计完成集装箱吞吐量达到 1.4 亿标准箱,年集装箱吞吐量已从开港第 1 年的 320 万标准箱,发展到 1600 万标准箱,年均增速近 20%,为上海港集装箱吞吐量迅速跃居并连续七年保持世界第一作出了重要贡献。

洋山深水港四期工程将首次采用最新一代自动化集装箱装卸设备和自动化生产管理控制系统,未来整个港区全都是系统自动调度。目前四期工程已完成基建工程,正式进入设备联调阶段,预计 2017 年年底投入试运营,届时四期工程将成为全球规模最大,设备最先进的自动化码头,进一步巩固上海港国际枢纽地位。

洋山深水港建设十年磨一剑，不仅创造了骄人的业绩，而且孕育了弥足珍贵的“洋山精神”，即不辱使命的奉献精神、艰苦创业的拼搏精神、求真务实的科学精神、争创一流的进取精神、团结协作的大局精神。“洋山精神”既是上海城市精神“海纳百川、追求卓越、开明睿智、大气谦和”的重要诠释，更是中华民族“以爱国主义为核心，团结奋斗、爱好和平、以人为本、勤劳勇敢、自强不息”的伟大民族精神的生动写照。

三航院，逢此历史机遇，全权负责洋山深水港的设计工作，为上海国际航运中心建设贡献力量。作为设计单位，更能深切体味到“洋山精神”的内涵，并无时无刻不为这种精神所激励。

洋山深水港是国家“一带一路”战略的重要节点，“洋山精神”必将为国家“一带一路”战略的实施提供精神源泉和不竭动力。作为洋山深水港设计单位，三航院也必将为国家“一带一路”战略的实施而出谋划策，努力拼搏。

2014 年 11 月，上海国际港务(集团)股份有限公司(上港集团)，为积极响应国家“一带一路”战略，投标以色列海法 Bayport 港口项目，本人作为该项目的负责人，全程参与了投标及后续设计工作。投标过程中，项目设计组凭借多年集装箱港区设计经验，充分发挥洋山深水港设计单位的技术优势，弘扬“洋山精神”，高效提出优质投标方案，协助上港集团于 2015 年 3 月中标该项目自 2021 年起 25 年特许经营权，此次中标是上港集团积极响应国家“一带一路”战略的重大实质性举措，亦是上港集团实施国际化战略的开山之作，该项目将进一步拓展上港集团的国际营运网络，加深与国际港口及航运企业的战略合作。

以色列海法 Bayport 港口项目位于地中海东南岸，与希腊比雷埃夫斯港隔海相望，该项目为集装箱港区，码头岸线总长 1520 米，设计年吞吐能力 186 万标准箱，港口总占地面积 73 公顷，前沿最大水深 -17.3 米，具备接卸世界最大集装箱船的能力。

该项目是国内企业首次在发达国家全过程承接大型集装箱港区项目，突破了国内航运企业在国际市场上擅长施工建设的局限，进入到更具思想含金量的设计咨询阶段以及更具高端服务特色的港区运营阶段。该项目的实施，必将促进国内航运企业与国际市场的进一步融合，是国内航运企业自我升华的全方位历练。三航院负责该项目的总体布局、装卸工艺、道路面层以及电气、给排水、土建、暖通工程的设计工作,并负责设计方案在当地的审查及报批工作,担负着给出具有国际水准的设计咨询成果的重任,面对陌生的环境,独特的工程市场,项目设计组勇挑重担,秉持“港口让海外生活更美好”的理念,锐意进取,不断突破,开拓工作新局面。

设计过程中,项目设计组汇聚各个专业精锐力量,充分发挥技术创新引领作用,委派人员驻扎现场,与当地咨询公司进行无缝对接,学习当地的法律法规,了解当地的习俗惯例,通过与国内工程进行对比,深入理解两国设计思想的不同。由于以色列特殊的安全环境,安全因素是两国设计思想上的最大不同,通过交流与研读,项目设计组理解了以色列工程设计中着重考虑安全因素的原因、理念和方法,做到了港区安全管理与高效运营之间的有机结合。设计过程中,项目设计组亦展现出世界第一集装箱吞吐国度设计师的风采,向当地咨询公司介绍了自动化集装箱港区的类型划分、设计方案的考虑因素、发展潮流以及国内先进的集装箱港区管理理念。

2017 年 2 月在当地召开设计准则审查会,设计准则在设计过程中处于基础性地位,直接影响设计方案的优劣,由于其重要的地位而为各方所关注,审查会上项目设计组进行了精彩的汇报,充分展示了三航院高超的技术水平,获得以色列港口管理公司好评,为设计工作的全面推进奠定了坚实基础。

目前,以色列海法 Bayport 港口项目已完成设计方案审查,并将于 2018 年按计划开始施工。

以色列海法 Bayport 港口项目,是弘扬“洋山精神”,开拓国际市场的一次成功实践,将为国家“一带一路”战略及国际市场的开拓提供经验和信心,“洋山精神”将指引我们不断走向成功。

大港印象

综合所　丁飞虎

清早,我乘坐院车出发去洋山四期参加八月底的指挥部周例会。此时距离洋山四期工程开港已剩下不到三个月时间。经过一个多小时的车程,汽车经过芦潮港驶上东海大桥。望着窗侧波光粼粼的大海和延伸至极远处的天际线,大自然的壮阔须臾让人沉浸其中,思绪仿佛穿越时空无限延展开去。

洋山四期工程从开工建设到现在已经三年,三年的时间也只是上海国际航运中心洋山深水港区建设历程中的一个重要阶段。窗旁的护栏飞速后退,蓦然回首,不禁回想,在东方大港这段传奇般的建设过程中,上海国际航运中心洋山深水港区因何而来,去之何处?

汽车行至东海大桥第一通航孔。回想起建港之初,国家战略高瞻远瞩,赋予上海航运中心的历史使命和期许,启动以上海为中心、浙江为两翼、长江流域为腹地的国际航运枢纽港。大国工匠三航人创新规划、严谨设计,在上海周边水深条件无法满足大型船舶停靠的情况下,打破传统的思维局限,把目光投向了外海水深条件良好的珍珠般散落的天然岛屿。经过仔细的筛选和科学的论证,洋山岛被绘入设计蓝图。通过填海造地、大桥为链,洋山岛华丽变身为上海国际航运中心洋山深水港区。上海国际航运中心洋山深水港区位于杭州湾口、长江口外上海南汇芦潮港东南,距离南汇芦潮港 27.5 公里,距离国际航线仅 104 公里,是离上海最近的具备 15 米以上水深的合理港址。具备建设 15 米水深港区和航道的优越条件;海域潮流强劲,泥砂不易落淤,海域海床近百年来基本稳定;能确保船舶航行及靠离泊安全;工程实施后,对自然条件基本无影响,能维持原有水深,而且大、小洋山岛链形成天然屏障,泊稳条件良好;工程技术经济可行、工程水域地质条件良好……诸多优点使这座东海上的海岛渔村与国家战略紧密连接在一起。

汽车经过东海大桥第二通航孔。正沿脊而行的东海大桥是上海国际航运中心的集装箱深水枢纽港的三大重要配套工程之一，是港区与上海陆域交通和港区水、电、通信的生命线。大桥工程起始南汇芦潮港地区的老防汛大堤，跨越辽阔的杭州湾北部海域，在浙江省嵊泗县崎岖列岛中大乌龟岛登陆，沿大乌龟岛、颗珠山岛至小洋山港区一期交接点，全长约32.5公里。东海大桥2002年6月正式开工建设，在那年同时刻的洋山岛，正是轰轰烈烈同样的一番景象。在经过三航人前期几年严谨细致的规划、勘探工作后，平静的洋山岛迎来了中交集团的设计、施工大部队，东方大港的建设就此拉开序幕。智慧之手用钢管桩围洋山而圈，大型机械吹沙填海造就坦途。孤悬之海岛困难重重，环境的恶劣、交通的隔绝、物资的缺乏没有难倒三航人。战天斗海的豪情配上基建强军的超凡技术，上海国际航运中心洋山深水港区的第一期工程平波而起。

汽车驶过东海大桥第三通航孔。时间的行走了无声息，空间的变幻震撼人心。轰轰烈烈的几年填海造地，2005年12月10日，上海国际航运中心洋山深水港区的第一期工程建成！东海大桥建成！芦潮港辅助区建成！洋山深水港正式开港运营！32公里的长龙跨海而来，尾连芦潮港，头顶东方大港。从此洋山港开始了从无到有、从零到世界第一的关键一步。

汽车开过东海大桥第四通航孔。时空流转，辉煌延续。一期工程仅仅是个开始，一期工程运营的同时，二期、三期工程陆续开展，马不停蹄、毫不懈怠。凭借着不辱使命的奉献精神、艰苦创业的拼搏精神、求真务实的科学精神、争创一流的进取精神、团结协作的大局精神，经过3年的艰苦努力，至2008年，先后建成了二期、三期工程。至此，在小洋山南侧全长5.6公里的岸线上，已经建成了16个7万~15万吨级大型集装箱泊位，港区总面积达到8.3平方公里。整个港区配置了60台大型集装箱桥吊，年吞吐能力超过了1200万标准箱。

从一期到三期，洋山的年吞吐量从零起步，一次次打破集装箱码头单船装卸效率世界纪录、一次次刷新集装箱码头桥吊单机效率世界纪录，成为上海建设国际航运中心、参与国际竞争的战略支点。尤其是广为传颂的洋山速度、洋山精神，更让三航人始终有一种自豪感。上海港集装箱吞吐量全球第一的优势越来越稳，上海国际航运中心的要素集聚也越来越全。

汽车开过小乌龟岛，已基本建成的洋山四期仿佛一幅国画缓缓铺展在眼前。四周蓝色的海洋做底色，白色平整的堆场为背景，火红的岸桥、蓝色的AGV，火炬般屹立的中控塔如明灯直指世界第一大港的宝座。如今，上海国际航运中心建设的“重器”也进入调试阶段，那就是全球规模最大、设备最先进的自动化码头洋山港四期。自动化码头，对整个中国港口行业，都是一个巨大的挑战。和传统码头相比，洋山港四期建成后最大的特点就是成为“无人码头”，通过国产自主研发的智能化操作系统，实现智能装卸，提高整个码头的利用效率。远程操控的双小车岸桥，可以装卸船舶与码头间的集装箱。码头上看不到穿梭的集卡，运送集装箱的是无人驾驶的自动引导车，借助地下磁钉自动行走；而在堆场上，由远程操控的轨道吊有序地堆垛集装箱。

听起来高大上的东西实际上难度非常大，决策难、技术难。虽然自动化码头国外已有，但如此大规模大体量的，洋山四期走在前列。更重要的是，这个码头从设计、建设，到桥吊等设备和关键运行系统，都是我国自主研发的。

距离试运营的日子已越来越近了，需要做的还有很多。比如方案和流程的准备，新的港口标准需要与行业、企业一起实践确定；新码头将采用全新的操作模式，调试、做好系统优化，过去的工种多是单兵作战，需要一个项目的专家，而自动化更多是系统，需要机械、计算机、人力实现高度协同。自动化码头需要的是复合型人才，自动化控制、信息技术基础和技能都重要，因为从智能化的角度讲，未来洋山港四期将随着计算机技术发展不断优化。上海要建设国际航运中心，上海港集装箱吞吐量已连续7年全球第一，继续做大做强，这个“强”关键就体现在技术上，未来的智慧港口、科技港口、效率港口、绿色港口，样样都和自动化码头有关。所有人只有一个希望，等到开港运行时，这座全新的码头能够在规模、效率上都达到设计要求，在全球集装箱行业树起新的标杆。

洋山深水港建设十数年磨一剑，不仅创造了骄人的业绩，而且孕育了弥足珍贵的“洋山精神”，即不辱使命的奉献精神、艰苦创业的拼搏精神、求真务实的科学精神、争创一流的进取精神、团结协作的大局精神。“洋山精神”是上海城市精神“海纳百川、追求卓越、开明睿智、大气谦和”的重要诠释，是上海航运中心洋山深水港区建设历程的完美体现，更是三航人终身追求的职业精神。洋山深水港之前取得的成绩属于过去，更重要的是面向未来。要继续发扬“洋山精神”，更好地用奉献、拼搏、科学、进取、大局精神投身事业，不懈奋斗。

东方大港　洋山深水港

——我们把她从蓝图变成现实

建筑所　周梁奇

上海,曾经的远东第一大都市,历经岁月的洗礼,在新的世纪,再次焕发出新的生机。

洋山,一个近海的小岛,曾经默默无闻,在新的世纪,傲然矗立在了世界的面前。

洋山深水港,上海"四个中心"的重要组成部分,从提出战略构想,到四期工程竣工验收开港,历时 22 年。这样一个共和国的重大工程,从设想到现实,从图纸到实物,倾注了无数专家、学者、政府工作人员、工程设计人员、工程施工人员等各阶段各行业的建设者的心血和汗水,发生了一段段平凡却伟大的故事,谱写了一曲曲感人又动人的诗篇,一个个小我的中国梦,成就着一个大国的中国梦。

2004 年,我作为一个应届毕业生,来到了三航院,开始了我的工程师的生涯。2006 年,有幸,我参与了洋山深水港三期工程的土建设计工作。当看到洋山工程的总体平面图,我深深为这个工程所折服,然后通过了解,我更加为我们设计人员的伟大所惊叹,这个工程先要在一个近海的小岛上,围海、吹填、造地、开山、炸礁,然后形成工程所需的场地,再在上面建造各种功能需求的建筑物和构筑物。前后有总图、工艺、水工、土建、给排水、供电、暖通、控制、通信等专业参与其中。三航院作为洋山工程的总体设计单位,全院上下在院领导带领下,项目总负责协调下,整个设计团队各专业通力配合,及时沟通,本着工程师严谨严格的作风,一次又一次地优化着设计。为了交给业主,交给世界一份满意的答卷,设计团队各专业都加班加点,牺牲休息日,牺牲节假日。

2008 年的大年初二,室外还是凛冽的寒风,当全国人民还在欢度春节,享受传统节日假期的时候,肇嘉浜路 831 号 5 楼的一间办公室,本来应该是春节放假空无一人,而此时却热火朝天,我们正在为了洋山三期工程的施工图设计加班加点,由于土建专业单体数量多,几乎部门全体成员都参与了进来,不管是家住上海本地的同事,还是像我这样老家在外地的新上海人,大家都牺牲了春节这个与家人团聚的传统节日,都为了能按时甚至提前把工程图纸设计出来。大家在室主任的带领下,有不确定的不懂的就向老工程师请教,有好的想法就会提出来和同事一起讨论,大家的目标都是一致的,我的设计,我的作品,一定是要精益求精的。虽然我们的每一个单体,放在整个工程的总图图纸上,只是一个小点,但是,正是这密密麻麻的小点,组成了这个伟大工程的土建部分。我们三航院土建人,用行动诠释着洋山精神,用心血和汗水书写着洋山精神。

我母亲是一个农村妇女,一直以来她对我所学的专业,所从事的工作不太了解,2010 年国庆节,我带着母亲游览了上海,最后我带着她到了洋山深水港,站在观景平台上,远眺整个港区,我对母亲说,你一直不了解我具体是做什么的,现在你看到的,就是我的工作,就是我的作品,我就是这个伟大工程的设计者之一,我参与了这样一个伟大的工程,这就是我的工作,我的追求,我的梦想。

不辱使命的奉献精神、艰苦创业的拼搏精神、求真务实的科学精神、争创一流的进取精神、团结协作的大局精神,作为设计者,我们用实际行动诠释着洋山精神。

洋山工作生活二三事

综合所　孙　伟

2005年7月，我毕业后入职三航院，院里把我安排到洋山所工作，开始了我三年零一个月的洋山生活。在这短短三年多的时间里，我经历了从一个新入职的新人向成熟的工程师的蜕变。洋山工作生活期间种种难忘的事情，至今仍历历在目。

一、背你过去

我参加工作后的第一个工程项目，是与监理公司的阮总合作，负责洋山四期工程前期工程的一个陆域形成项目。2006年的一天，海上风大浪急，阮总和我一起去外围的陆域形成围堤处检查围堤的运行情况。我们走在围堤的一级棱体上，正好是高潮位，棱体外侧的海水水位已经涨到接近棱体顶面的高度了，波浪不停地拍打着堤岸，溅起一团团浪花。走到围堤中间一段的时候，发现有一段棱体因为沉降较大，海水面已经高出了棱体顶面。我穿着劳保布鞋，走过去鞋子肯定要湿透了。这时候阮总说："我穿了胶鞋，我背你过去吧。"说完，不由分说就把我背了起来，趟过了那段积水。回来的时候，他再次把我背过了那段海堤。我非常感动，正是洋山的无数老员工在工作上、生活上对新员工的无私帮助，才能使我们得以迅速地成长，担负起洋山建设的重任。以老带新，互帮互助的精神体现在洋山工作和生活的方方面面，使我们受益匪浅。

二、儿子出生

2007年5月，我的妻子接近预产期了，我们的孩子快要降临到世间了。她叮嘱我上岛以后专心工作，家里有父母照顾，不用我操心，如果快要生了她会打我的电话的。星期一早上，我和妻子告别以后，随着大家一起上岛了。星期四晚上九点多,我接到了她的电话,说她已经住进了医院。我向所长请假,所长一边向我表示祝贺,一边安排小孔驱车送我回上海。经过近两个小时的飞驰,我们在凌晨的时候到达上海,我在儿子出生之前及时赶到了医院。领导和同事在我最需要的时候给了我最大的帮助。洋山所的年轻员工多,有很多同事都是在常驻岛上的时候迎来了子女的诞生。大家都很自觉的以工作为重,家属也非常配合,主动克服家庭的困难,这让我们得以安心工作。洋山人以工作为重,舍小家顾大家的精神,使我们成了一个特别能吃苦、特别能战斗的团队。

三、汶川地震

2008年5月12日,四川汶川发生了8.0级大地震。地震的消息不断通过新闻传来,震区急需救援物资和资金。洋山所响应院里号召,发起了为地震灾区募捐的活动。领导们以身作则,纷纷慷慨解囊,顾总更是捐出了千元生活费。因为岛上商业设施极少,我养成了不带钱包的习惯,这周也是毫无例外的身无分文。但是我下决心一定要向灾区捐款,向同事借钱也要捐。我向阮总借了五百元钱,承诺下周还给他,将这些钱全部捐给了灾区。后来,我发现通过短信可以捐款,于是每天通过短信向灾区捐几元或十几元钱,一直坚持到抗震救灾四十多天以后。虽然据说后来有些不和谐的事情发生,灾区的有些救灾善款没有得到很好的使用,但是我也不后悔。我想,我捐的钱哪怕只有一两元钱最后到达了灾民的手里,说不定就能换到一瓶救命的矿泉水,拯救一条宝贵的生命。洋山人在同胞遇到困难的时候,从来都不会计较个人的得失。为同胞作奉献,绝对不是施舍的行为,而是自己心理上的需要。多年以后回忆起往事,我可以对自己说,我问心无愧。

洋山的工作生活环境看似单调,其实大家苦中作乐,也发生了一些有趣的事情。有一次,也是风大浪急惊涛拍岸的日子,和一位工程人员走在他负责建设的海堤上,回程的时候他突然撇下我们,自己一溜小跑离开了海堤。我们打趣他说,对自己建设的海堤这么没信心?他说我对海堤有信心,但是对海浪没信心啊。还有一次,设计室组织大家去工地现场,走到半山腰,被工地上一群凶恶的狗挡住了去路。我们准备掉头返回时,发现来的路上也窜出来几条恶狗。一个人说了句“不好,我们被包围了”,顿时大家爆发出欢快的笑声。

东方大港，我们的骄傲
——忆洋山故事，承洋山精神

综合所　郭兆珈

2017年年底，万众瞩目的上海洋山四期工程，在建的世界规模最大、技术难度最大、最先进，我国首座具有完整知识产权的自动化码头即将竣工运营。洋山四期工程的总用地面积约223万公顷，拥有7个7万吨级至15万吨级泊位，设计年通过力能达到630万标准箱。与传统码头相比，洋山四期工程最大的亮点是首次采用了自动化设备和控制系统，实现了码头装卸、水平运输、堆场装卸环节的全过程智能化、无人化操作。

习近平总书记曾在全国科技创新大会、两院院士大会和中国科协第九次全国代表大会上发表的重要讲话中指出，“科技是国之利器，国家赖之以强，企业赖之以赢，人民生活赖之以好。中国要强，中国人民生活要好，必须有强大科技。”上海市委书记韩正也曾提到，“上海到了没有改革创新就不能前进的阶段。”相比于西方发达国家，我国在自动化集装箱码头技术领域起步晚，积累少，无先例可循，大量的新材料、新工艺需要自主研发。而上海洋山四期工程的竣工运营，不仅对于我国港口的创新、转型和升级具有十分重要的意义，更将成为世界自动化码头建设的示范工程。这份荣耀是属于中国人、中交人的，更是三航院人的骄傲与自豪！

追溯到1996年，三航院人已经开始了对洋山深水港选址的前期研究工作。那时候的洋山岛，还仅仅是一座交通不便利，空空如也、人迹罕至的外海小岛，一座无水、无电、无路、无通信的孤岛。也是在那时候，与现在的我年纪相仿的三航院设计人员，已经历经重重艰辛，登上了洋山岛，开始了“规模之大、难度之高、周期之短”的世界级工程——洋山深水港区的艰苦研究。极端的风、浪、流、潮、雾、雨是东海的“常客”，在这样恶劣的条件下，如何为港口建设选址，如何抉择港口建设方案，是整个工程的重点与难点。整整历时6年，在那样一座孤岛上，仅仅依靠着船家每隔几天运送至岛上的饮用水、食物来维持生存的恶劣环境，三航院人凭借着那份毅力、那份信念、那份执着，完成了洋山一期工程的全部设计工作（光前期的专题报告就达厚厚的29本），设计出来一座经得住时间考验和世人挑剔的，承载着亿万人蓝色梦想的绿色、生态港口。

听着三航院的前辈们，轻描淡写地诉说着他们与岛、与大海、与星辰的故事，感受着他们关于青春、关于坚守、关于孤独的情怀。这些经历、这些艰辛，以及光鲜华丽背后的付出、无私的奉献，都是我无法想象、无法体会的。我能看到的，仅仅是那硕果累累和金光灿灿的荣誉。但我也从他们的回忆里，深深地感受到他们身上所散发出来的实实在在的洋山精神：不辱使命的负责精神、勇挑重担的拼搏精神、保持本色的奉献精神、求真务实的科学精神、团结协作的大局精神。

同样，对我个人来说，洋山也是改变我人生发展轨迹的重要转折点。提起2008年，也许别人第一反应想到的就是举世瞩目的北京奥运会体育盛宴。2008年的夏天，在那个炎热的八月，激情的八月，作为一名即将迈入研二学习的在校生，我获得了在三航院洋山设计所实习一个月的宝贵机会。那时候的我对工程设计几乎不懂，更不懂得什么是工程项目，只从书本里知道了些皮毛。也恰恰是这宝贵的一个月时间里，让我开始了一段与浩瀚的大海日夜共处、在艰难环境中的一种奇妙的体验，感受到了设计的魅力。

当时的我被安排到了水工结构室，在科室的领导以及相关设计人员的指导下，我生平第一次见到了设计蓝图，学习了设计图纸，第一次完成理论知识付诸实践，通过书本上学到的理论知识，经过缜密计算获得了与设计蓝图一致的数据，第一次看到了书本中图片的工程实体，第一次体验了项目现场设计、现场生活，第一次参考同类型工程图纸，绘制完成了自己的第一张设计图纸，第一次在设计人员的陪同下巡视施工现场，登上钢趸船，查看现场开山、抛石、打桩等施工，第一次体会到洋山海域看似风平浪静，实则洋流复杂，水下暗涌多变的危机四伏……

一个月的时间实在是太短太短，这些许许多多的第一次、小小的成就对于别人来说是微不足道，但是对于准备开始撰写毕业论文，即将转变身份跨入社会的我来说，却是获益匪浅的。水工结构室这样一个团队，让我深深感受到“技术扎实、敢于想象、注重细节”的设计理念，更让我体会到这么大的工程，靠个人主义、英雄主义是做不了的，必须要靠整个团队拧成一股绳，完成工程各个设计节点的团队精神，洋山精神。同时也让我也深深的体会到：洋山是艰苦的，仿佛是生活在战争年代的岁月里一样。但洋山也是特别磨砺人的，能挺下来，肯定能担当重任，做一番事业的。短暂的一个月实习机会，让我从对设计工作的懵懂，转变为深深地爱上了工程设计工作，爱上了三航院这样一个团结奋进的团队，更爱上了三航院这样一个可以在世界、在全国展示自我的舞台。

关于洋山，关于洋山工程的设计者们有着太多太多讲不完的故事。每一个故事都承载了厚重的历史，记录了上海国际航运中心的艰辛历程，讲述着关于航运港口的故事，展示着三航院人“洋山精神”的魅力。现在的我，已经成为三航院的一名设计工作者。对我来说，洋山精神是一种鼓舞，是洋山工程设计者们为我中国港口历史发展的进程中留下的坚定信念和坚强意志。洋山精神更是一种理想、一种信念，是洋山工程设计者们在克服困难、实现目标的过程中所表现出的克服困难的方法，展示出的无与伦比的勇敢和不达目的不罢休的坚决执行力，更是我此生学习的楷模、前进的动力。

洋山四期设计感悟

建筑所　蓝起宏

在我还没进入三航院工作以前,就已经听说三航院参与设计了我国第一、世界第二的洋山深水港和横跨杭州湾北部海域的东海大桥。当时虽然没有亲身到过那里,但通过报纸和媒体早已领略了这个东方大港的雄壮气魄,更被东海大桥之“东海长虹”的造型所深深吸引。

东海大桥

2006年进入三航院后,通过翻看资料以及同事们的介绍,我又进一步加深了对洋山深水港一、二、三期的了解。洋山深水港区位于杭州湾口、长江口外的浙江省嵊泗崎岖列岛,由大、小洋山等数十个岛屿组成,是中国首个在海岛建设的港口。洋山港西北距上海市南汇芦潮港约32公里,南至宁波北仑港约90公里,向东经黄泽洋水道直通外海,距国际航线仅45海里,是距上海最近的深水良港。东海大桥是中国第一座外海跨海大桥,全长32.5公里,桥宽31.5米,是上海国际航运中心深水港工程的一个组成部分。它跨越杭州湾北部海域，连接上海南汇区芦潮港镇与浙江嵊泗的小洋山岛。它以“东海长虹”为创意理念，宛如我国东海上一道亮丽的彩虹，是名副其实的“世界之桥”。在入职培训的最后一天我们坐车通过东海大桥参观了洋山深水港区，亲临现场着实被它的气势震撼到了。长长的望不到头的码头上停靠着无数货轮，堆场上满载着集装箱货物，叉车和集装箱车穿梭其中，一派忙碌繁荣的景象。这个场景对于刚入院还不太了解港口设计的我来说，觉得真是不可思议。当时就想如果自己能够参与到这个伟大工程的设计中，那对自己的职业生涯无疑将会添上精彩的一笔。

洋山一期场景

2009 年我院又承接了洋山深水港四期工程的设计任务，洋山四期工程拟将洋山深水港区变为目前全球建设规模最大的自动化集装箱码头，成为“智能装卸”和“无人码头”的港口代表。我院经过前期多年的可行性研究后，项目于 2012 年正式落地启动初步设计和施工图设计，并将于 2017 年年底全部完工。我作为建筑专业负责人有幸参加了此项目的中后期的设计工作。

2013 年刚接手此项目时，感觉压力很大。此项目单体众多，业主的时间周期也给的很短，又加上自己对洋山一、二、三期工程和前期业主对各单体的需求也不是非常了解，完全是跟着自己以往的常规设计思路进行设计的，但在洋山现场中却出现了一些外墙和外窗渗漏等现象。发现问题后，我们及时调整设计思路，根据洋山的实际情况又借鉴三期的设计经验，在一些细节处理上采取一定的措施以避免再有类似问题出现。为了配合洋山指挥部的设计进度同时满足使用方的需求，我们建筑组在所领导的大力支持下全组动员，把同时进行设计的众多单体分别安排给各个组员。作为建筑专业负责人的我也担负了单体设计及编制统一说明的工作，并且及时提醒各个设计人员在设计中需要注意的一些细节问题。在全组设计人员的共同努力，以及与总图、结构、水、暖、电等各专业的全力配合下，整个项目的50多个单体基本都能按时保量地完成设计任务。由于前期没有和使用方及时顺畅的沟通，导致很多单体在完成施工图后又进行了好多次的修改。搞设计最怕修改图纸，看来很小的一点改动也会牵涉到各个专业，稍一疏忽就会有所失误。虽然设计人员手上都有多个项目在进行，但是大家还是本着“不辱使命的负责精神”“勇挑重担的拼搏精神”“团结协作的大局精神”的洋山精神，在不放弃已进行项目的前提下，加班加点地穿插着完成了各个单体的修改设计工作。

设计图纸要落实到现场施工中，那就是实打实的了。设计人员不光是纸上谈兵，更要在实践中成长，现场也是设计人员最好的课堂。很多次的施工现场服务中印象最深的就是2017年八月的一天，我们设计院一行7人来到洋山四期施工现场，解决大充电站的室外坡道和室内平台标高等技术问题。全自动化的充换电站设计是一个全新的设计项目，没有可参考的设计经验，在设计过程中难免会出现一些始料不及的问题。为了解决现场问题，设计单位、施工单位、指挥部和设备供应单位不顾高温天的下午酷暑当头，一头扎进施工现场，认真观察换电机器人的行进路线和底盘高度与地面的距离，并且展开现场讨论、制定方案。虽然每个在现场的人都已经是汗流浃背，衣服湿透，但是大家都怀揣着强烈的责任心以及团结协作的大局精神，坚持把问题解决了才放心回到办公室。

这样的故事在洋山四期的建设现场每天都在发生着，每一个洋山人都在自己的工作岗位上发扬着“洋山精神”，用奉献、拼搏、科学、进取、大局精神激励自己和身边的人，更好地投身到洋山的建设事业中。现在洋山四期的设计工作已基本结束，施工也已接近尾声，我们仍然会一如既往地积极配合指挥部、使用方和施工单位的工作，给洋山深水港四期项目画上一个圆满的句号。

预祝在2017年年底洋山深水港四期工程能顺利完工，期待着代表世界先进水平的“无人现代化”码头展露出她迷人的雄姿。

我的“教科书”

经济所 秦 群

跟很多年轻同志一样，初识洋山港都是从新员工入职培训的后一天参观洋山港开始的。从大巴驶上32.5公里的东海跨海大桥开始，我就不断被映入眼帘的景色所吸引。当站在观景台上，看到航道里进进出出连成线的船只，集装箱堆场上吊机不停地抓箱放箱作业，往来如织的集卡进出卡口，而耳边不时传来远处轮船的汽笛声与近处汽车的喇叭声，内心早已被这样一幅繁忙的景象所震撼，胸中不由得升起了一股豪迈与自豪感。

之后，随着工作的逐渐忙碌，洋山港在脑海中的影像逐渐淡去，只是每次看到新闻报道洋山港时，脑海中还会浮现出当时的情景。而重识洋山港，进而领悟洋山精神则是要从我的带教导师说起。

我的带教导师张仁昌同志是三航院的一名普通的工程技术人员，从学校毕业后就一直在三航院工作，像他这样的人三航院可能还有很多。这些普普通通的工作者见证了洋山港一期、二期、三期码头的整个建设过程，并都参与其中，也目睹了洋山从一座默默无名的小岛成长为世界大港。而关于洋山港建设的故事导师带教期间并没有过多的提及，只是在即将退休离开公司的时候嘱咐我说，他的柜子里有些工作资料，让我帮忙处理。

导师退休后不久，我搬到了导师的卡座，在整理卡位的时候就发现角落里堆着厚厚的一摞资料，仔细一看，原来是洋山工程部分单体施工图的工程量计算手稿以及各种设备材料的询价单。工作闲暇之时，翻阅导师的计算手稿，让我对导师的敬佩之情又增添了不少。导师平日里就以工作认真仔细而被大家称赞，而这份洋山工程的计算手稿则更为详尽。首先，开头页并没有急于计算，而是摘录出图纸设计说明中对造价影响较大的一些说明。这就让我在没有图纸的情况下，也能大致了解这个单体在给排水、消防专业布置的基本情况，如单体面积多大，布置了几个管道系统，分别采用什么材质等基本情况。这一看似多余的动作,其实为后面的校审者,以及自己查阅时都能节省不少时间。其次,在管道计算时,并不是简单的数字相加,而是在每根管道计算之前都注明了管道的起止位置,特别是在容易出现标段划分的地方写得更为仔细,例如,管道从平面接入单体时,是从哪个井开始算的都记录得清清楚楚。这就让校审者能够很清楚地定位到计算的是哪根管道,从而进行复查。另外,最让我吃惊的是整个手稿布满了标注和重点符号。这些标注跟重点符号记录了计算过程中遇到的问题,例如像图纸中标高未明确需要跟设计确认等问题,如无法确认时还把自己的假设情况写了下来,以便于后续修改。还有像污水盆中部分配普通龙头,而部分配皮带龙头,需要在计价时注意区别价格等这样非常细微的问题。一封封往来的设备材料的询价单则显示了洋山工程设备材料价格来源的真实可靠性。

看完导师的计算手稿跟询价单,让我深刻认识到洋山工程之所以举世闻名,不是仅仅因为其建设规模的之大,更是因为其背后无数跟导师一样默默工作、无私奉献的工作者,他们身上体现出来的不辱使命的负责精神、勇挑重担的拼搏精神、保持本色的奉献精神、求真务实的科学精神和团结协作的大局精神让世人所钦佩。"洋山精神"并不是想当然,而是从这些建设者身上所提炼的,是丰满而生动的,也足以能够代表上海,成为城市精神的重要诠释。

导师的计算手稿跟询价单对我而言,就如同一本"教科书",不仅是工作上的标准规范,更重要的是蕴含其中的"洋山精神"给予我鼓励,给我指明了前进方向。当面对繁重的工作生产任务时,不免会有些许烦躁,想降低标准来提高效率,但一想起导师的计算手稿与询价单,心里自然就放弃了。

这本"教科书"让我领悟到工作是一种修行,要将毕生岁月奉献给一门工作、一项事业是需要有精神支撑的。"洋山精神"将继续陪伴我,让我全身心地投入到工作中,不断打磨自己的技能,建造出一座座新的"洋山工程"。

我与洋山

综合所　黄向平

洋山工程对于三航院来说,不仅是一个工程项目,还代表着一个港口的新时代,是港口工程的行业标杆。对于我的个人职业生涯而言,洋山项目也是非常重要的里程碑,对我个人影响深远,至今难以忘怀。

2002年,我毕业不到一年,因为计算上的特长被洋山二期投标小组荣幸选中参与洋山二期工程的投标计算工作。洋山二期投标小组中标后,组员大部分去洋山所,而我由于其他工作的原因留在综合所。短短几个月的投标工作,节奏非常紧张和充实,却给我留下了深刻印象。投标小组集中了我们院当时最优秀的水工专业的人才,他们设计方案,我做数值计算。我们一起攻克洋山斜顶桩驳岸这个课题。老工程师陈洪钧一丝不苟,非常严谨,而且也非常好学,知识体系与时俱进;前王院长是当时的投标小组组长,他严谨活泼,让我们工作的时候张弛有度,让我们虽然天天加班,但是不感觉到累;还有很多年轻的同事热爱工程设计,不怕辛苦,都感动了当时刚入职场的我。2002年,有限元数值分析还不如现在这么普遍,还属于新生的事物,查阅资料也非常不容易。为了更加好且高效率地模拟洋山的驳岸,我自学ansys二次开发程序,这样可以高效地修改模型并且快速计算,我的钻研和辛苦也获得了同事们的肯定,我内心非常喜悦。记得我们投标的前夕,我们都通宵工作了,等得到我们中标的消息后,我们欣喜若狂,那种喜悦是发自内心的,就是你的辛苦得到了回报和肯定,这是一种巨大的精神满足,这也是我们作为设计人员从工作中能得到的最大的价值。

洋山二期工程中标后,我有幸去洋山踏勘现场。那时候,东海大桥正在施工,我们到芦潮港坐船到小洋山。看到的海上的施工场面,那真是壮观:海上的船跟博物馆展览似的,各种功能的船林立,边上的莫总给我解释:这是打桩船,那是搅拌船……到了小洋山岛后,登上小洋山的山顶,俯瞰整个小洋山岛：当时山上还有很多部队的用房，当地老百姓也没有完全撤走，同事指着两块风动石说必须严格保护不能破坏。看完现场后，只能坐渔民的小船到大洋山岛，渔民的小船晃得非常厉害，我们站在船上，浪就直接打在脸上，真是一种渔村的感觉。离开投标小组后，再无机会接触洋山工程，2017 年我再次登陆洋山岛，爬山当年的山顶位置，已经今非昔比，除了当年的风动石，其余已经面貌全新，旧日的渔村小岛已经变成一个国际化的新港口，已经成为新的风景，让人思绪万千。

虽然我参与洋山项目的时间不长，但是我参与了重要的阶段和难点部分，一个人的一生能有几次这样的机会呢，我为此感到庆幸和骄傲。

我曾经参与的洋山港前期方案论证工作

综合所　何小林

公司举办“洋山精神赞·我的洋山故事”征文,让我的思绪回到了 20 多年前参加洋山深水港前期方案论证的那段时光,再次翻阅当年留下的几本厚厚的笔记本,不少往事让我回味。

初次接触洋山项目是在 1995 年 9 月 29 日下午,上海市交办凌保杰主任召集会议,传达了市领导提出上海要建设上海国际航运中心集装箱枢纽港设想,要求在既定的外高桥集装箱码头建设、长江口深水航道整治不变下加快洋山深水港论证工作;后来的 1996 年 1 月时任国务院总理李鹏在上海主持研究上海国际航运中心的专题会议,会议提出对新港址进行比选论证,同年 8 月交通部下达了“上海国际航运中心拟建新港址论证工作大纲”,9 月上海市“上海国际航运中心新港址论证课题组”成立,时任市委、市府副秘书长黄奇帆等担任课题组顾问,并由著名专家学者组成了上海地区专家委员会等,论证工作全面有序展开。我公司为新港址论证主报告的编制汇总单位,我很荣幸作为新港址论证、洋山港总体规划和一期工程预可行性研究阶段的总图专业负责人,全程参与了整个过程。1997 年 11 月完成的论证报告,站在国家高度、体现上海发展要求,观点非常鲜明,其中提出了上海国际航运中心建设应以集装箱深水枢纽港为核心,必须在 5 至 10 年内初步建成,必须以上海为中心建设集装箱枢纽港,大、小洋山是上海国际航运中心合理的集装箱深水港址等等。

1998 年 6 月 26 日上午,正值洋山港总体规划和一期工程预可行性研究论证关键之际,时任上海市副市长韩正莅临我公司指导工作。韩市长认真听取了设计人员有关论证工作的详细汇报,充分肯定了我公司在洋山港前期论证工作中所作出的贡献并对研究论证工作提出了具体要求,韩市长深入我公司指导工作极大地鼓舞了广大设计研究人员。

同年9月21日、12月28日上海市组织由众多院士、设计大师、著名专家等参加的洋山港区总体规划专家咨询会和专家评审会。以小洋山岛和大洋山岛为基础、连接附近岛屿回填成陆,在形成的南北两支岛链内建设集装箱深水码头的洋山港区建设方案,得到了各级领导、专家和学者的认可,这就是现在呈现在我们面前已经基本建成的洋山深水大港。

(作者为综合所党总支书记、常务副所长)

起步从洋山开始

综合所　蒋腊梅

2003年我从学校一毕业就进入三航院水工组从事水工设计工作。入职不久,洋山二期工程就开始招投标,设计所领导安排我参加投标工作。投标小组被安排在院本部九楼的一间大办公室里办公。

洋山二期投标工作主管总工是程泽坤总工,项目总负责人是王大刚高工,水工专业的专业负责人是方君华高工,主任工程师是陈洪钧老先生。我当时主要是进行洋山二期接岸结构斜顶桩板桩承台的空间有限元分析。在陈总的带领下从土压力的计算到桩土相互作用的假定,到桩径、桩距的试算,每天从上午八点到晚上九点不断地试算,以得到安全可靠、经济适用、又方便施工的结构型式。投标工作进行了大概三个多月,这三个多月培养了我以后工作的一些习惯,对我影响很大。

印象最深的一件事是有一次,陈总安排我计算板桩墙后土压力,为了表现出自己做事麻利尽快给陈总看到计算结果,我急匆匆手写了一份土压力计算书递到陈总面前,陈总瞄了一眼就退还给我,严肃地说:"小蒋,作为新进入三航院的同志,工作必须一丝不苟,你这个计算书,里面土压力的计算公式应该用直尺画横线,书写也要注意,版面很重要,不能顶天立地,要适当留白。我们的工作是设计,图纸和计算书就是我们的语言也是我们的颜面。计算的对错是一方面,但是认真严谨的态度是决定性的,只有一丝不苟地画每一条线段,写每一个数据,才能成功地完成一个工程。"当时听完我心里满不在乎,觉得老同志小题大做,计算不就是对与不对吗?对就好了,要求怎么这么高啊!虽然满怀牢骚,但是还是重新开始整理计算书。

为了不再被"挑刺"我用Excel表格编写一个通用的土压力计算书,把计算前提条件什么的都粘贴在计算书里,计算的时候只要输入泥面及土层信息,不管是自重土压力还是线载、局部均载、全部均载土压力,土压力的图示及结果就自动生成，编写这些公式什么的花了我好几个小时的时间，为了核对输入的公式的计算结果是不是正确，我写一个公式，手算一遍进行结果校对。这样写写算算不知不觉已经到晚上十点多了，终于弄好了“通用版”的土压力计算 EXCEL 表格。我调整好版面打印出来放在陈总桌上就下班回家了，心想这下陈总应该满意了吧，明天这么多计算公式够陈总核对的了。

第二天，我一到办公室，就看到我桌上放着昨晚我写的计算书，陈总已经看完并且批改过了。原来陈总早上七点左右就到办公室开始工作，他一个个手算核对了我的计算结果，对计算书里表述不够严谨的地方也一一批注修改了。我看着陈总修改过的计算书满是惭愧，六十多岁的陈总对工作都是满怀热情，不厌其烦，我才工作几个月就开始厌烦自认为琐事的工作，太不应该了。

在接下来的投标中，我就一直毫无怨言，全力以赴地工作。在投标的最后几天为了交出完美的投标文件，投标小组的同事们通宵完善最终的图纸、文件。直到投标截止当天的凌晨五点多，所有的投标文件都打印装订好了，我们才分批回家休息。开标的时候我们做的投标文件得到建设单位及专家的一致高度评价，设计方案新颖经济适用，文件制作精美。一分耕耘一分收获，严谨的工作得到了业主的信任，洋山的后续工程，业主也是一如既往地信任我们设计院，后续工程也就不再招投标了，直接委托我们设计院进行设计。

通过投标几个月在老同志们模范作用影响下，我的工作态度与刚毕业相比有了很大的改变。要么不做，要做就做出自己最好的。在往后的设计工作中，不管是画图还是计算我总会反复核对数据，尽量做到自己的最好，这也是我认为的三航院精神——“认认真真对待每一个项目，一丝不苟对待每一个数据”。

记忆中的总监

东华公司　刘心胜

在上海国际航运中心洋山深水港区小洋山山脉，一座五条隧道并列的群洞交通隧道从小洋山腹中穿过，它犹如洋山港区的一条美丽纽带联系着东海大桥和小洋山港区，这就是上海国际航运中心港区进港道路小洋山隧道工程。

作为上海国际航运中心洋山深水港工程重要组成部分的小洋山隧道工程，是上海港口建设史上实施的第一条山岭隧道。该工程具有国内第一座小间距群洞交通隧道、国内第一座复合式中墙连拱隧道、国内最大跨度的双连拱隧道等多项国内第一和间距小、结构新、跨度大、埋深浅、洞口多等“五大特点”，是一项技术及施工难度均很大的项目。其建设过程具有以下几个特点：

（1）进度快、质量高：小洋山隧道工程地处洋山深水港区与东海大桥的交接位置，是一个“咽喉要道”，其工期目标对整个洋山一期工程来说非常重要，是洋山一期工程“港开、桥通”的前提和保证。另外，该工程质量目标是确保优良和“申港杯”并争创上海市“白玉兰奖”，质量要求非常高。

（2）孤岛施工：小洋山隧道工程地处小洋山孤岛，距离上海芦潮港30多公里，岛上气候多变，施工条件恶劣，施工人员、材料、设备只能通过水上运输才能组织进场，依托性很差，客观上给工程的施工组织安排提出了非常高的要求。

（3）完全动态控制：小洋山隧道工程采用新奥法原理施工（其理论基础是充分发挥围岩的自承能力）。由于隧道工程施工全过程都在与岩石打交道，但围岩体的真实性质是在跟随隧道的开挖同步进行洞壁的素描、地质结构的量测分析判断出来的，无法事先准确预知，因此其各个主要工序（从开挖、初期支护到二次衬砌等）的施工工艺、方法都需要根据现场“监控量测”

的数据,“因地制宜”地进行调整。可以说,隧道施工始终处于完全的动态变化之中。

(4) 施工干扰多、大:小洋山隧道工程从第一条隧道贯通起就作为洋山一期工程最重要的施工临时通道之一,来往车辆频繁,加上隧道工程本身的工期非常紧,而且分部分项工程多、施工工序复杂、洞内的工作面又很狭窄,施工组织非常困难,协调工作量非常大。

以上这些技术和管理上的“先天性”特点,使其从一开始就成为整个深水港建设工程中一个备受关注的项目,这在客观上给监理工作提出了比其他项目更高的也是全新的要求。而担任该项目现场总监理工程师的俞长桂同志——一名长期从事港工工程项目管理和监理工作、有着丰富管理经验的工程管理人员,从进驻小洋山工地的第一天起,就充分认识到洋山深水港工程建设的重大意义以及其对于三航设计院和东华公司长远发展的息息相关性和深远影响,并全身心地参与和投入其中。面对一个自己完全陌生的专业领域,从事的又是对专业技术水平和个人综合能力要求很高的总监工作,俞长桂同志没有退缩,相反他把这当成了一次非常难得的学习和自我提高的机会。在整个小洋山隧道工程建设全过程中,他与监理部全体同仁一起常驻工地现场,克服了前期岛上缺水没电、交通非常不便以及其他许多客观存在的困难,一切以工作为轴心,认真负责、尽心尽力,从不计较个人得失。针对该项目存在的许多先天不足,他充分利用自己多年从事项目管理和监理工作的丰富经验,带领项目监理部全体监理人员,把前期工作的重点放在理顺各方面关系、抓好监理和管理工作程序上,首先使承包商在思想上对洋山工程的特殊性有了一个充分的思想准备;而在施工阶段,遵循“严格监理、热情服务”的原则,督促承包商按照业主及合同的要求,狠抓工程质量、进度、安全、文明等各项目标的落实,全力配合业主做了大量具体细致而有针对性的工作,使该工程不仅按指挥部的要求顺利实现各关键节点工期和总工期计划目标,还获得了上海市“申港杯”等一系列殊荣。可以说,这一切都与俞长桂同志的辛勤付出是分不开的。

俞长桂同志深知,作为一名工程管理和监理人员,要为洋山工程服务好、为业主服务好,离不开过硬的技术和良好的职业道德。“再苦再累的活,只要干好了心里就踏实了”,俞长桂同志是这样说的,也是这样做的。对他来讲,在工作中有两件事是一刻也不能放松的:一是用“钉子”精神,刻苦学习和钻研隧道施工技术;一是立足诚信,发挥自身多年从事工程管理和监理的经验和特长,为业主和洋山港的建设提供最好的专业咨询和服务。随着隧道工程施工的不断进展,专业面和视野的不断拓展,工程技术及工艺水平的不断变化和创新,俞长桂同志感到,不断学习过硬的技术是做好监理工作、保证监理服务质量的根本,但是要想把工程干好,除了要把好技术关,更主要的是先要做好人,把好自己的良心关。无论工程怎么变化,为工程服务、为业主服务的追求是永远不会变的。在整个隧道工程施工过程中,为了使工程能顺利向前推进、确保各项控制目标的顺利实现,他从没有休息过一个双休日和法定节假日,每天坚守在隧道施工现场第一线,只要工地上需要,即使是多次在半夜两三点的睡梦中被施工单位的电话叫醒,他也能马上赶到施工现场,从不抱怨和推辞。他以其刻苦钻研、好学的精神和热情周到的服务赢得了工程参建各方的肯定和好评。

为了工程项目各项目标的顺利实现,为了完成业主和监理所领导交给的各项任务,俞长桂同志毅然离开了上海温暖的小家和朝夕相处的妻儿,常驻小洋山工地现场而没有任何一句怨言,默默地用自己的智慧和汗水辛勤耕耘、奉献。工作中,他能够始终坚持原则,站在客观、公正、公平的立场上,认真严格地按合同和有关政策法规办事,廉洁奉公,全力为业主提供满意周到的专业咨询服务,比较好地处理了与质监单位、承包商、试验检测单位、相临标段监理单位等工程各方的关系,也较好地把握住了作为工程监理的角色,维护了参与工程各方的利益,得到了包括业主在内工程各方的认可,为洋山深水港一期的顺利开港、维护三航设计院和东华监理的声誉作出了自己最大的贡献。

“战高温、促进度、铸品牌”的洋山岁月

东华公司　卢千利

2015 年 4 月，接到东华公司调令，我将参加上海国际航运中心洋山深水区四期工程自动化堆场监理工作，我的心情无比激动，能够参与洋山深水港建设监理工作一直是我的一个梦想，更何况洋山四期是世界上最先进、规模最大的智能化集装箱码头。

洋山四期工程的建设规模为集装箱泊位长度 2350 米，总面积为 223.16 万平方米，其中码头生产作业区（港区围网内面积）149.1 万平方米，主要包括自动化堆场 94.83 万平方米（包含 AGV 作业区），危险品堆场 3.6 万平方米，超限箱堆场 3.53 万平方米，道路面积为 8.44 万平方米，生产辅助区 6.98 万平方米，其他（包括码头、绿化等）31.72 万平方米。根据洋山四期工程建设指挥部总体安排，道堆工程将于 2015 年 4 月开工，2017 年 6 月底前基本完成土建施工任务，2017 年 12 月 10 日正式开港。

东华公司承担道路堆场Ⅲ、Ⅴ标段监理任务，大量的土建施工任务均在该标段，主要施工范围在洋山四期临设和三渣厂区域范围内，需对临设和三渣厂搬迁后方可全面施工，还要考虑开山区基础凿除和爆破任务，但全面搬迁交付施工是不可能的事情。经洋山四期指挥部协调力度只能边搬迁边见缝插针地推进施工，要保证完成自动化堆场 1～5 箱区施工、进港闸口道路、钢结构安装、15 个土建单体及进港道路、地下管网等项目的节点目标，进度压力可想而知。东华监理部在阮学成总监的带领下，结合监理部实际，及时召开监理部内部工作安排和动员会，充分分析现状，针对工期紧、质量要求高、交叉作业多，及软硬不均复杂地质下的沉降差异处理等，对施工过程中可能出现的问题进行预测和分析，充分发挥监理部成员丰富的现场监理管理经验，组织监理工作头脑风暴会，为完成Ⅲ、Ⅴ标的节点目标献计献策。会议刚开始就有仲工、郑工、

潘工踊跃发表意见：这么短的时间内完成这么多工程量是不可能的事；地下管网错综复杂，临设、三渣场未拆除，大量开山区未凿除爆破，临时道路不畅通；混凝土供应能力不足，综合管沟和出水口受潮汐影响；交叉作业复杂等诸多因素影响；中间还有春节过渡，且人家一标段一个箱区完成要2~3个月，我们6个月要全部完成，绝对不可能的事。我说："洋山深水港从一片海岛变成雄伟的国际航运中心，是怎么来的？那时的困难更多，东海大桥都没通，大家看过《东方大港》纪录片的都知道，事在人为！况且施工单位承担了一、二、三期的工程建设，具有丰富的经验，我们监理积极做好事前、事中的监控和配合工作就行，现在正是发扬'洋山精神'的时候啊，没有干，怎么知道完不成？"作为总监代表的我提出几点要求和建议：一是本人带头深入工地现场，只要有施工就做好监理服务，建议公司充实人员；二是减少休假时间；三是24小时配合现场验收；四是熟悉专业图纸；五是严格做好验收，杜绝返工；六是发现问题及时上报等。头脑风暴会取得了积极的成果，激励了大家的信心，抓住了监管的重点与难点，总监阮学成围绕安全、创优这两条主线部署了监理部工作。监理部全体成员拧成一股绳，以"优质、高效、团结、务实"和"想业主之所想、急工程之所急"的精神，去圆满完成节点目标，去争取"确保部优，争创国优"的质量目标。

本人负责领导现场监理工作，在做好"四控、两管、一协调"工作的同时，发挥自身"嘴勤、腿勤、手勤"等特点，扎实做好了以下几项工作：

一是在施工监理管理上，东华监理部在会议制度的基础上与时俱进，充分利用手机微信、QQ的功能，参与建立指挥部统一的安全管理群、质量验收群、设计问题讨论群等，分级将各参建单位和分包负责人（含技术）融为一个"大家庭"，及时准确地解决了施工过程中设计图纸问题、安全生产问题、施工进度和质量问题，大大减少了召开会议的频率和缩短了会议时间；利用三航院研发的BIM软件准确、高标准应对道路堆场工程管网施工，不仅质量有保证，而且大大加快作业功效，减少了返工和误工；洋山四期施工队伍有数十家，为了保证进度，大家都是白天黑夜施工，混凝土的保证量成为洋山四期工程的重中之重，现场人、机、材配置再多，没有混凝土的及时供应，也是"巧妇难为无米之炊"，施工高峰期满足不了混凝土的供应，分包人员进行数次堵路、拦车等现象，不仅质量有隐患(混凝土标号容易用错)，还会出现安全治安问题。监理部考虑事态的严重性，就利用每日晚间休息时间召开混凝土供应协调会，会上各家为了争抢混凝土保证量，分歧很大，牢骚很多，撂挑子的话语都有，监理采取公正公平的态度尽力做好协调工作，一次又一次地调整混凝土供应计划，最终解决混凝土供给问题，保证了施工进度。

虽说只有下雨才能好好休息，但监理部还是充分利用休息时间充充电，适当组织施工人员进行交流总结，各抒己见，分析存在问题原因和后续工作管理协调内容，以加快推进“6.30”节点目标，施工人员孙工也半开玩笑地说，“下雨也不让休息，你这侵犯人权啊？都在加快进度，你们监理还管理这么严，每道工序都要严格把关，且施工精度必须满足规范的要求，还有混凝土坍落度控制这么严格，人家搅拌站都不高兴给我们送了，其实堆场就是放放集装箱，有点小问题也不要紧，就你们东华监理最敬业、最负责、最严格，哈哈。”我听到这话，也笑着和孙工说，“孙工你再干几年也就要退休了，你也参与了洋山一期、二期、三期的项目建设，你说洋山项目值得你们骄傲么？”他哈哈大笑地说：“这是必须的。”我说：“我们很庆幸能参与世界上最先进、规模最大的智能化集装箱码头——洋山深水港区四期工程建设，尤其是洋山深水港项目，后面再碰到这种项目部几乎很少了，作为我们监理单位，尤其是以阮学成总监带领的自动化堆场监理团队，不仅严把质量关，且面对外海岛屿吹填施工的高起点、高标准、高性能的设备使用，我们马虎不得，我们监管质量的好坏要经得起使用单位的满意，经得起历史的考验。”大家都笑了，孙工笑着说：“理解万岁！我们各负其责，在洋山四期指挥部的带领下，发扬团队合作，为6.30和12.10节点目标冲刺！”

二是在施工组织上，三标段工程受临设和三渣厂影响，施工作业面无法全面开展，只能见缝插针施工，凭借多年施工管理和监理经验，对施工方案的平面布局，自动化堆场作业顺序，临时道路的合理优化及进港闸口施工存在瓶颈等问题，我对施工方案的调整提出合理化建议，并在例会中一一商讨解决。Ⅲ、Ⅴ标段贯穿洋山四期整个项目，纬三路贯穿东西方向，兜上一圈就是三公里，本人带领现场监理驻守现场办公室，白天深入施工现场进行验收检查，晚上利用休息时间召开会议对白天发现的问题分析并落实监理责任人,核对图纸,做好监理记录,充分了解后续工序、计划与图纸,实行动态管理,做好内部工作交底与预控工作,提升了验收合格率和加快了验收进度。

三是在质量管理上,监理部定期召开内部工作会议,分析监理过程中出现的问题和应对措施,对自动化堆场的"新、难、险、重"等特点督促施工单位进行技术交底的同时,监理部也组织交底和学习,夯实基础,提高专业管理水平。自动化堆场的1号、2号箱区同一条轨道地基复杂,有的是岩基,有的是吹填砂形成的"豆腐块",沉降差异是控制重点;新材料塑料钢筋的运用、钢轨安装精度、AGV支架区平整度等也是控制重点;土建的施工质量如何满足设备安装精度及自动化设备调试要求的问题。这就对从轨道基础施工到轨道安装施工等各个环节都不能出现差错,施工质量精度必须达标。监理过程中,监理部积极开展混凝土通病治理,遵循"典型施工方案编制→典型施工→典型施工总结→规模化施工→重要工序标准化施工"的质量管理递进路径的同时,积极投入"创双优"主题活动,监理质量目标定位就是高标准、严要求,做到工序质量的标准化、规范化、精细化的科学管理,确保"确保交通部优质工程,争创国家优质工程"质量目标。

Ⅰ标段早于Ⅲ、Ⅴ标段施工,本人在Ⅰ标施工时即先行介入,跟踪学习关键控制点,为Ⅲ、Ⅴ标段施工监理积累经验。对自动化堆场施工期出现的"大板、箱条基三渣摊铺碾压质量、明沟施工优化通道和漏砂、基层和道砟碾压、混凝土坍落度、塑料钢筋上浮、轨道螺栓固定安装、AGV装卸区标高"等问题分析学习,取长补短,对好的经验进行精细化、标准化、规范化典型推广,对存在的问题加以严控,不能犯重复性的施工错误,不影响施工进度,不留质量隐患。其中一条轨道基础局部基槽开挖后,发现有开山区和回填区,施工主管目测基层密实,就自主减少了碾压程序,监理巡视发现后及时制止,并严格按规范和设计要求做好了碾压和检测工作(避免差异沉降);由于大板和箱条基的结构标高差异,及明沟分段两次接高施工,导致三渣摊铺点多面广,不能形成工作面,且容易使轨道基础边、明沟边(易漏砂)、大板衔接边的三渣死角碾压不到位,还有大板区的临时堆砂,导致部分回填砂与三渣混合,影响施工质量,监理再次提出合理化建议,通过对降低大板开挖作业面标高(二次回填),明沟衔接处利用素混凝土填补、增设钢板通道等措施,保证了三渣整体摊铺和碾压质量；在塑料钢筋 GFRP 运用上，由于塑料钢筋 GFRP 和 HRB 钢筋相比比重较轻，施工方尚未根本解决在浇混凝土振捣时钢筋的上浮和传力杆的不顺直问题，本人积极主动与施工单位中建港务道堆项目部技术总工吴凯一进行分析应对，因自动化 AGV 小车导引系统的特殊要求，面层以下 300 毫米以内禁止有 HRB 钢筋或磁性干扰物质，按常规采用支撑加反拉措施就能解决该问题，考虑普通钢筋不能用，监理建议将 GFRP 钢筋和传力杆加固在预先锚入（植筋法）水稳层的 GFRP 钢筋支腿上就行了，从而解决了 GFRP 钢筋的上浮问题；混凝土通病治理也是洋山四期工程的一个大难题，由于运输距离偏远，高温季节混凝土的水分流失很大，且水工码头、道堆数十家作业队伍都争抢混凝土，对现场拌站的检查交底、材料检测、进场混凝土配比核对和混凝土坍落度控制也是监理控制重点，巡视检查过程中，又一次发现自动化箱条基混凝土施工中混凝土坍落度严重超标，目测混凝土明显骨料分离，含水率严重超标，和易性极差，本人即时口头暂停施工，并通知施工单位主管孙工对不符合要求混凝土给予清退，为防止车辆弄虚作假（一会再用或运至其他单位），监理采取登记车牌号核对，并将该质量问题在质量管理微信群中进行告知，现场监督直到混凝土满足质量要求为止，通过混凝土坍落度的控制，严格控制住 AGV 主通道和堆场面层的龟裂和标高；轨道安装施工过程中，轨枕安装工艺可以考虑轨道标高调整，但 1 号箱区轨道梁式基础的埋件不能解决该问题，典型施工中发现轨道预埋螺栓的精度与标准差了 1~2 毫米，监理部马上通知施工单位暂停施工，虽说只有偏差 1~2 毫米，但是若强行施工将影响轨道安装精度，轨道中心线与轨顶标高偏差将不达标，问题的关键是预埋件的固定与定位不可靠，必须改进，监理仲工充分发挥其丰富的工程经验，建议施工方用型钢制作一套可以重复使用定位模具，既解决了轨道埋件安装偏差的问题，也对土建允许偏差的“厘米”控制到了设备安装精度的“毫米”标准，为自动化设备调试打下了基础。

四是在安全管理上，监理部把洋山四期工程的安全管理放在首位，始终坚持“安全第一、预防为主、综合治理”的安全生产“十二字方针”，尤其是洋山四期工程的特殊环境和地理位置，没有安全生产的保障和良好的安全氛围，就不可能保证施工质量和施工进度的正常开展。开工前，监理部组织编制针对性、详细全面的《安全监理实施细则》，并要求全体监理人员时刻绷紧“安全弦”，做好一岗双责，大家一起管安全。记得2015年7月7日的“灿鸿”台风，当时“灿鸿”台风预报在福建福鼎和浙江象山登陆，可能正面袭击上海市和小洋山海域。7月10日台风中心附近最大风力达16级，伴有持续的大暴雨和特大暴雨，在洋山四期指挥部、中建港务、东华监理等各单位的统一组织、协调下，充分做到了启动应急、预警及时、处置得当，7月9日对临时加工区2000余人全部撤离出岛，应急保障和台风过后的恢复生产都做得有条不紊。洋山四期进港闸口结构形式为“大型钢拱+钢框架屋面”，也是洋山四期门户和地标。为确保进港闸口大型钢拱柱施工安全和安装合格率，东华监理部阮学成总监及时成立“东华山庄”QC小组，创建开展“提高大型拱形钢结构安装质量合格率”QC活动，并带领监理团队主抓施工安全和安装质量工作，在方案上悉心指导施工单位进行了数次讨论和推演，最终确定安全的、可靠的、科学的施工方案。施工中正逢7~9月份高温和洋山雷暴常发易发季节，尤其是2017年上海持续高温，极端温度达到40.9 ℃，打破了上海145年气象史上高温极值纪录，监理部不仅做好防暑降温工作，同时合理调整作业安排。阮学成总监时刻加强钢结构安装期间的巡视和旁站工作，在120T吊机安装主拱的旁站中，收到洋山四期指挥部微信群的安全预警（大风雷暴通知），阮总立即召集施工主管召开现场会，立即启动安全预案，确保吊装、焊接作业人员安全，制止蛮干与冒险主义，守护工程安全与质量。监理部阮学成总监还主持编制《施工班组安全标准化指导手册》，在施工中加以贯彻推广，为夯实安全工作基础，提高安全工作规范性、标准化作出了贡献。

监理的每一项工作都对应一份责任和付出，每个参建人员背后都有一个精彩的故事，一分耕耘就有一分收获，通过参建各方的共同努力，我们圆满完成了2017年6.30的节点目标，为2017年12月10日洋山四期工程开港创造了条件。自动化堆场施工安全管理受控，施工质量验收达标，上级职能部门和洋山四期指挥部对监理服务质量满意，监理工作管理上也得到了施工单位的赞誉，东华监理的品牌形象再添光彩。本人积极参与东华山庄QC小组，参与QC“提高大型拱形钢结构安装一次合格率”，参与《自动化集装箱堆场轨道基础、轨道安装及质量检验标准研究》论文编写，参与《自动化集装箱堆场轨道基础施工技术研究》课题编写，参与《自动化集装箱堆场 U 型槽轨枕道砟基础及轨道安装工程质量检验标准》的编制工作。

在洋山四期的监理工作中，我收获了经验，提升了技术水平，提高了协调水平，也为自己的团队深深感动，我可以自豪地说自己是“洋山精神”缔造者与传承者之一。

我为洋山调试忙

东源公司　毛春林

上海国际航运中心洋山深水港位于杭州湾入海口的浙江省嵊泗崎岖列岛,在大洋山的北侧,最高处海拔在200米左右,自然水深在10多米以上,部分水深达六七十米。岛上群山起伏,崎岖不平,据说岛上多羊而得名,小洋山距上海市的芦潮港30多公里。

我有幸参加了洋山深水港的一期、二期、三期一阶段、三期二阶段和现在四期现代化自动化集装箱码头的建设工作,见证了小洋山岛的变迁,从一座默默无名的孤岛小渔村演变成为世界级大港;也见证了洋山港的集装箱年吞吐量屡次突破,把洋山港变成为名副其实国际航运中心。更为传颂的是洋山速度、洋山精神,这种速度和精神让我始终有一种自豪感。

记得最初上洋山岛和出洋山岛是要坐快艇,那时东海大桥还没有建设好,如快艇遇到大风大浪时就要停运,上洋山岛就是1个多月的安装调试工作,有一次等到了回上海的日期,快艇出了洋山岛,但到了芦潮港时遇到大浪,快艇就是靠不了码头,最后只能开回洋山港。东海大桥建成后使得往返小洋山更加便利,只有在洋山港正面遇到大台风时才会封桥禁止车辆通行。

洋山一期设备安装调试工作是比较艰苦的,公司配给现场安装调试的交通工具是两辆自行车,单薄的自行车在恶劣现场环境下,二周左右相继坏了,由于岛内没有修理自行车的点,自行车就不能再骑了,以后场地上灯塔照明控制箱内设备安装和调试只能依靠双腿;最艰苦的是中控室设备安装和调试,中控室位于管理楼的9楼,而管理楼坐落在小洋山最高山上,每次带着设备去安装或调试爬到山上已经是满头大汗了,再加上管理楼电梯还没有好,又要继续爬楼梯,但我们克服各种困难顺利地把一期远程照明控制系统调试完成,确保了洋山一期在2005年12月10日的顺利开港。

我也参与了之后的洋山二期、洋山三期一阶段和洋山三期二阶段建设工作,我公司也从洋山港的堆场远程照明控制系统拓展了危险品堆场的洒水控制系统。危险品堆场的洒水控制系统是要在堆场环境温度达到一定值时对危险品堆场的集装箱进行洒水,降低危险品堆场内的集装箱温度,以达到高温季节时对易燃类危险货物洒水降温工作。在洋山三期调试期间公司对洋山项目配备了现场用车,大大改善了现场施工条件,提高工作效率。

目前在建的洋山港四期集装箱码头为自动化集装箱码头,在控制系统方面,洋山四期的控制系统从堆场远程照明控制和危险品堆场的洒水控制新增了无人化码头变电所暖通的远程控制系统。暖通的远程控制主要对象是对变电所内风机、蝶阀、百叶窗和空调,所以变电所的空调都具有远程控制通讯接口,暖通远程控制是以房间为单位,当房内温度达到开启降温条件时,根据室外温度和天气条件来开空调或风机、蝶阀和百叶窗,以达到降低室内温度,整个降温控制不用人员干预,自动实现室内降温。

自动化集装箱码头对洋山四期是一个巨大的挑战,建成后的洋山四期将拥有 7 个大型深水泊位,是目前世界最大自动化集装箱码头,洋山港四期将在 2017 年年底开港试运行,届时一座全新的码头在规模、效率上都达到设计要求,预计上海港年集装箱吞吐量将突破 4000 万标准箱。

洋山不止初见

东源公司　刘民航

一、初见

上海东南，嵊泗之西；钱塘口外，东海之中；水天一线之间，有一座伟岸的建筑——洋山深水港。

2013年的夏天，刚刚离开校园的我，来到中交三航院，成了一名新员工。在入职培训期间，我第一次了解到了洋山深水港的故事。

单单是从介绍之中，我就感受到了这个工程的伟岸。在离岸三十多公里的浩渺水波之中，顶着狂风巨浪，依托着小小的海岛，铺出一大片天地；又有三十余公里的东海大桥，将这片天地与大陆相接。

我打开地图，看那海中填充出的边缘整齐的陆地，看那仿佛巨龙般插入一片蓝色之中的长长的路，虽未亲临，但已经感受到那铺面而来的震撼，厚重，还有敢于同一切困难战斗的精神。为有牺牲多壮志，敢教日月换新天。

培训最后一天，我来到了洋山港。站在观景台上，看那绵延不绝的岸线，看那连山排海的岸桥，看那漫山遍野的集装箱，看那过江之鲫的大船，心中蓦地升起一股豪气，这，才是当之无愧的超级工程。

二、再见

2013年的夏天只是匆匆一瞥，再次来到洋山，已经是2016年。我的带教导师告诉我，洋山要建设新的自动化码头，而我们，则会参与其中最核心的部分。

再次来到这里，还是那连绵延不绝的岸线，还是那连山排海的岸桥，还是那满山遍野的集装箱，还是那有如过江之鲫的大船，胸中依旧充满豪气，只是这一次，我不再是一个被震撼到无以复加的看客，而是一名参与者，参与到这个伟大项目中。我要在这里留下我的汗水，留下我的足迹，留下我的名字。

三、相交

我们参与了最核心的几个软件项目，项目比想象的要困难得多。没有先例，没有成熟的理论，一切都需要摸索中前行。讨论、修改模型、修改代码、测试、调整；然后再一次讨论、修改模型、修改代码、测试、调整……已经不记得多少次讨论到晚上十点发现没有地铁回家，也不记得多少次修改代码到半夜两点连屏幕都看不清，测试图跑了多少张，只知道版本号从 1.1 到 2.0，代码量从几千到几万……

年节刚过，我提前一周来到了洋山，在寒冬料峭之时，继续这场漫长而艰苦的征程。然而，在春天刚刚到来之际，我却生病了。长期不规律的作息透支了身体，我不得不暂时离开。还好有我的同事依旧坚持在那里。经过短暂的休息，我又渐渐重新投入到项目中来，和同事们一起，继续走完这段漫长的路程。

四、未来

洋山港四期即将竣工，我们仍然面临很多挑战。但是，我们将不惧艰险，一直走下去，只为了将来有一天，在向别人介绍的时候，可以自豪地说，那里，有我的一份微薄之力。

在设计细节中体现洋山精神

物流院　汪正国

上海市洋山深水港区项目从20世纪90年代开始前期规划论证,历时近十年,到2002年开始做初步设计、2005年一期工程投产,是一个名副其实的跨世纪工程。利用远离大陆的海上一串孤岛,开山填海形成了十余公里的岸线,修建了最大等级的集装箱泊位,并通过三十余公里的跨海大桥与大陆联通,洋山深水港可以说是举世瞩目的世界性大工程。本人有幸全程参与了项目的前期规划论证、一~三期集装箱码头工程全部的设计过程,也承担了四期集装箱码头工程的部分工作,感到无比的自豪和光荣。

洋山深水港区主要以集装箱码头为主,是全国乃至全世界最大规模的现代化集装箱港区之一。我院通过20世纪90年代末和21世纪初盐田港二期和三期工程等项目,在与香港茂盛等公司的合作中积累了大量的现代集装箱专业码头的设计经验,无论是总图布置、工艺系统、水工结构、配套设施等各方面在当时的水运设计行业都处于领先地位。因此,项目一开始全院上下所有参与的设计人员都抱着一定要把洋山项目做成精品工程的决心,每个重要环节都是多方案比较、仔细推敲、精益求精。对于配套专业,集装箱专业化码头中的管线布置也是一个重点,合理与否对施工简便、保障港口正常运行、方便运行期间的维修保养等都至关重要。

集装箱专业化码头上管线种类众多,电气的有高低压电缆、弱电光电缆,给排水专业有生活给水管、消防给水管、排水管、污水管等。各种管线不但需要在平面上各行其道互相不打架,在垂直方向除要满足各自的埋设深度要求外,产生交叉时要互相避让。因此管线综合的工作非常重要,各专业在布置本专业的管线时,也要同时考虑其他专业的需要,在合理的情况下尽量为其他专业提供方便。如给排水专业的排水管和污水管,由于靠重力流排水,一旦设计完成后很难再改动高程。尤其是排水主管,管径大,若埋深不够深的话其他管线上下都不能穿越。因此在给排水专业在设计初期就与其他专业充分沟通,了解其他专业的管线需求。为避免与电气主要管道产生交叉,采用分区排水方案,排水管主管以垂直码头为主,尽量不布置横向主管、不形成封闭区域。而电气专业的主要管道也是以纵向布置为主,横向管线在排水管埋深较深堆场前沿或管径较小的后方穿越排水管,尽量不在堆场中间与排水管产生交叉。电气专业还根据深圳盐田项目的经验,在管线综合的基础上对所有的电气管线和电缆构作物精确定位,每个电缆井都标注平面坐标,每段管道确定起终点标高,极大地方便了现场施工,施工队按图施工,整个施工过程几乎没有做任何变更。

洋山深水港区都是通过开山和填海形成港区陆域,除后方堆场有小部分区域由开山形成,其他大部分区域均由填海形成。而且由于原始海底的地形起伏很大,所以填土的厚度也变化很大,最深处有二十多米,而且海底还有大量的淤泥。尽管经过地基处理后消除了大部分的沉降,但是根据陆域形成和地基处理专业的计算,厚填土区域的工后沉降的量还是比较大,且随着填土厚度的不同,沉降量也发生变化。洋山工程的码头结构尽管都是采用桩基,但断面形式及与后方陆域的接岸结构一、二、三期工程均不同。如一期工程的接岸结构采用桩基加承台,上部按堆场的做法处理;为解决桩基承台与后方厚填土区的差异沉降,电气专业和给排水专业结合变电所的位置联合设置了两条公用隧道连接堆场和承台,两种结构间预留沉降缝,水管采用软管、电缆采用支架并预留长度,从而很好地解决了偿差异沉降对后期运行的潜在危害,也开创性地第一次在港口项目中使用公用隧道的管线敷设方案。二期工程码头结构分为码头和平台两个区域,两区域之间及平台与后方陆域均用简支板连接,配套专业充分利用平台部分的结构厚度设置一条横向的综合管沟,引至码头的关系均通过管沟引出;管沟与陆域之间结合变电所布置在简支板下集中设置两处管线桥,既减少陆域挡土墙的开孔,又方便运行期间的维护保养。三期工程的码头结构和接岸形式与二期工程类似,但承台部分不能设置公用沟,因此陆域引至码头前沿的管线采用了分散的方式。

从上述一些不起眼的设计细节,也充分体现了三航院广大参与洋山项目的工程技术人员对该项目的重视,对设计的精益求精和对工作认真负责的精神。

新时期对洋山精神的思考

综合所　聂宗淮

从小,我的理想就是当一名工程师,憧憬着参与建设祖国大好河山。2017 年年底,三航院作为总体设计单位的洋山深水港区,将取得新的重大建设成果,全球最大的自动化集装箱码头——洋山四期工程将竣工运营!作为三航院的一份子,我感到自豪与荣耀。

辛勤劳动的建设者们,在多少个日日夜夜里,勾勒山海,描绘出宏伟画卷,一丝不苟、全情投入,团结奋进、中流击水,现如今终于站在胜利的旗帜下,感受鲜花与欢腾。项目总负责人刘广红曾这么表达过:“遇上这样的世纪工程,是他们这一代人的幸运。”于我心有戚戚。这样的宏伟工程磨砺出了他们这一批精英,缔造了光芒万丈的洋山精神。

自古时势造英雄!新时期,为顺应世界多极化、经济全球化、文化多元化、社会信息化的潮流,秉持开放的区域合作精神,致力于维护全球自由贸易体系和开放型世界经济,中国政府提出了符合国际社会根本利益,彰显人类社会共同理想和美好追求的“一带一路”的伟大构想。同时,我们中交集团运筹帷幄,提出打造“五商中交”的伟大战略;我们公司一马当先,全力推进企业改革创新、转型升级。诗与远方,展现在我们面前。

面临新时代、新机遇,我儿时的梦想还要升级放大,参与全球建设,to make our world a better place. 洋山精神将照耀我前进!这是一个伟大的梦想被实现的过程,这淋漓尽致地展现了织梦者的耕耘与收获。这是一个鲜活的事实,印证所有的梦想都可以被实现,这是对有着“让世界更畅通,让城市更宜居,让生活更美好”的理想主义者的又一次欢欣鼓舞,这是一股强劲的正能量浇灌我们的情怀,让我们对事业充满信心,对梦想充满乐观和激情,对自我价值及对人生充满无限积极的畅想。

一、要有干大事的情怀

洋山精神具有许多内涵，其一必是宏伟的、澎湃的要敢于承担干大事的情怀。

秉承三航院传统，立足于三航院稳健之基础，拔地起参天之大树，立伟业，干大事。

洋山工程是世纪工程，是威严的峻岭，高度值得所有工程师仰望。而这样的史诗篇章出自我们三航院人之手，我们有理由自豪地挺起胸膛，我们有气魄豪迈地向前，我们的目标依旧是星辰与大海。

鱼跃化飞龙丈量阔海，鹏飞九万里试比天高。

交融天下，建者无疆。洋山工程沉淀的底气，将使三航院人持续奋发出雄劲的魄力，继续干大事。

现阶段三航院面临改革创新、转型升级的发展契机，三航院人高瞻远瞩，顶层设计，经营布点，开拓新局面。投资、经营、海外，三驾马车啸风嘶鸣，劈浪斩棘，这是荡人心魄的驱动力，将激发无限的生产力。旗帜已经在迎风招展，每一个三航院人都鼓舞起来，万众一心，我们去开创新时代。

二、要保持先进，敢于时代弄潮

“2017 年 6 月，海口市代表团到访上海。上海和海南、海口具有长期良好的合作关系，合作推动海口邮轮经济、轨道交通、装配式建筑、旅游等产业发展。”

“2017 年 8 月，泰州对接上海产业合作恳谈会在沪召开。泰州要进一步深化与上海的互联互通、产业合作，‘接轨上海’在泰州成为热词……”

上海是一张亮丽名片，是先进体制、先进文化和先进生产力的典型代表。上海是三航院人的家，我们助力上海铸就辉煌，我们也被上海蓬勃发展的浪潮裹挟着，拥有稳步向前的力量。洋山深水港工程的建设运营，直接奠定上海成为金融、贸易、航运中心的地位，其中即将竣工运营的洋山四期自动化集装箱码头，更是举世瞩目，是“智慧港口”标杆，是“中国智造”模范。

洋山精神是保持先进，敢于时代弄潮的精神。忆往昔，杭州湾口外的嵊泗崎岖列岛，只是远离大陆的孤岛，如今天堑变通途，孤岛上建成了现代化良港。

新时期,上海继续在社会主义现代化建设事业中引领风骚。在这时代浪潮中,过去的三航院人从未落伍,始终是创新发展的先锋;未来,三航院人将继承洋山精神,改革创新、转型升级,努力从勘察设计主业向高端咨询、投资驱动业务方向破茧成蝶。社会主义建设大潮已然开始新篇章……

三、要艰苦朴素,不懈努力

创业难,创新难。

洋山精神是创业精神,是创新精神。三航院人每一次伏案思索时紧锁的眉头,每一次精研细讨时激烈的辩论,每一次奋笔勾勒时忘我的身影,定格的一幕幕,是艰苦的,但也是踏实的;是朴素的,但是被不忘初心的理想光芒照耀着,是令人感动的、精美的工作画面。奋战洋山深水港工程建设,三航院人不畏艰难险阻,同心同德,滴水穿石,汇涓流成浩海,积砂土筑良港。

开拓创新转型之路,我们要继承洋山精神,踏实迈出每一步。洋山工程何以铸就丰碑,巍然鼎立于中国乃至世界水运建设事业,是由于艰苦朴素的三航院人每一步都迈得踏实有力,是由于三航院人始终不懈努力。新时期,三航院经营业务向城市进军,创业、创新之路,任重道远。

以上是新时期我对洋山精神的思考,我辈青春献给三航院,期待一腔热血铸辉煌。

弘扬洋山精神，激励下一代人

水利所　李　佳

城市的发展从来离不开精神的支撑，对上海这样的特大型城市来说，尤其需要以伟大的精神来凝聚人心、提升品位、激发活力。在东海大桥绵延数十公里的工地上，在洋山岛风雨交加的海面上，建设者们立足岗位，培育并提炼出的"洋山精神"，是对上海城市精神的生动诠释，也是对城市精神的推动与发展。

"洋山精神"即不辱使命的奉献精神、艰苦创业的拼搏精神、求真务实的科学精神、争创一流的进取精神、团结协作的大局精神。洋山精神是在实施重大项目的舞台上，在艰难困苦的条件下培育出来的，是广大建设者在新的历史条件下创造的宝贵精神财富，是以爱国主义为核心的民族精神和以改革创新为核心的时代精神的生动体现，洋山深水港工程，是上海坚持开创性、坚韧性、操作性有机统一的最集中、最鲜明、最生动的体现。

20 世纪 90 年代初，上海港口贸易量急剧增长，问题则随之而来：黄浦江内码头岸线已经用完，更是缺少深水泊位。长江口进港航道水深太浅，远不适应集装箱船舶大型化发展的需求。加之中国已成为世界上制造业大国，今后集装箱运输会越来越多，上海建设深水港显得越来越迫切。面对这一难题，上海必须跳出黄浦江，越过长江口，到近海来建设深水港。自 1996 年 5 月正式开展洋山深水港区选址论证，到 2002 年 6 月开工建设，历时 6 年多。共有国内外近 200 家专业研究机构和高等院校 6000 多人次的科研人员参与了新港址论证和项目前期工作，完成专题研究 200 多项；参加各专题成果评审和咨询的国内外知名专家、学者达 1000 多人次，其中中科院、工程院院士 100 多人次。国家发改委、交通部等国家有关部门多次组织专家咨询会、评审会，集中一大批国内外专家、学者和科研技术人员，对从港址论证、工程立项到开工建设全过程进行研究论证，对港口建设的技术可行性和经济可行性进行了深入分析,对地质、水文、气象、环境等各方面进行了综合评价,力求把洋山深水港区工程建成一个经得起历史考验的精品工程,充分体现了科学的态度和高度负责的精神。

洋山港开港十余年来,正是洋山港人的拼搏和创新精神,推动着洋山港区的吞吐量持续稳定发展,有力地巩固了上海港的国际枢纽港地位。不论昼夜,洋山港码头始终繁忙,每一个洋山港人都在拼搏和创新,与恶劣天气和重大险情进行抗争,并通过船舶设备更新,从技术上不断提升防灾抗灾能力,目前洋山深水港区已跻身于世界为数不多的全天候、现代化港口之列。开港之初,洋山港区就推出了“五定”,即“定时、定线、定点、定码头、定船公司”,并提供24小时江海联运服务,将长江流域的集装箱运至洋山港区中转后,再运往世界各地。如今,港区每隔8小时,就有一艘来自长江的江海联运的船舶进出,洋山港已成为长江经济带重要的枢纽中转港。在洋山港,无论是装卸工、吊车司机,还是海关、国检、边检都在实行翻班制,以确保船舶靠泊后能及时装卸集装箱。回望走过的脚步发现是那样得坚实与果敢,创业的历程是那样得艰辛和壮丽,而她的精彩时刻却如雨后彩虹般亮丽夺目。从某种意义上说,洋山港区不仅仅是为上海添了座码头,还是其以此为契机催生城市面貌更广泛深刻的变化,即上海城市精神在洋山深水港区建设中得到了生动体现,而深水港区建设又极大地丰富和发展了城市精神。随着洋山深水港区的崛起,洋山精神将化为燎原之火,上海城市建设的规模和气势也将更加宏阔。

洋山港人拼的不仅仅是干劲,更有创新。过去的十年中,洋山深水港区不断刷新港口业的世界纪录:每100米岸线的年均吞吐量达到28万标准箱,为世界第一;第一个靠泊1.8万标准箱超大型集装箱船舶的枢纽港;每一项世界纪录被打破,都源于创新,创新贯穿于设备、技术和理念之中。比如,近几年,洋山港区先后推出的主航道双向通航、套泊作业等,使洋山深水港昼夜码头泊位候船时间由原来的14小时缩短至7小时,泊位利用率提高了12%,这项国内首创的技术创新举措,不仅提高了港口和航运公司的运营效率,还降低了运营成本;引入“互联网+”理念,自主开发了外集卡预约系统,各地货主利用手机APP便可查阅货物信息;实现了集装箱船双吊具边装边卸新工艺作业,使桥吊效率提升至49.25%,集卡空驶率下降40%,大幅降低了船舶在港时间。此外，洋山港区还充分利用上海自贸试验区先行先试平台，加快“中转集拼”等特色业务发展。这些创新举措不仅让往来洋山港区的世界各大航运公司受益，还惠及所有涉及洋山的港口、航运企事业单位。

经过了十年的发展，如今洋山港区已拥有国际海运航线 77 条，每月国际海运航班 350 班次，覆盖了全球主要经贸区域，得益于洋山港的支撑，上海港从 2010 年起超越新加坡港，连续五年位列世界第一大集装箱港。随着通航条件的不断改善和上海自贸试验区建设工作的不断推进，洋山港区正在抓紧建设洋山深水港区四期工程，预计 2016 年底建成，2017 年可投入使用，建成后将全面实现港口的“智能装卸”、“零排放”和“无人码头”发展目标，同时进一步扩大航线密度，使上海港年吞吐量突破 4000 万标准箱，并有望推动国际中转业务比例由目前的 10%提升到 20%左右，提升水水中转比例至 50%以上。

洋山港是一项伟业，一个奇迹，一种精神，一个起点。日积月累，厚积薄发，凝聚出的“洋山精神”为城市的发展提供着源源不断的动力。在城市建设的进行曲中，洋山精神，永为激励，指引我辈奋勇前行！

我为洋山四期作贡献

综合所　唐　杰

2017年年底,全球最大的自动化集装箱码头——洋山四期工程将竣工运营,洋山深水港区建设取得新的重大成果。作为洋山深水港区的总体设计单位三航院综合设计所,我们既是洋山港的建设者,也是洋山精神的缔造参与者。

暖通专业涉及供热、通风、空调、热力动力、环保、节能、消防排烟等诸多领域,设计工作相当繁重。在所领导的关心支持下,我带领暖通设计人员同心协力,克服各种困难,以忘我的精神勤奋工作,面临重要的突击项目自觉加班加点。通过相互帮助、积极沟通,及时有效解决项目中的技术问题,按时顺利完成了洋山四期工程各种建筑单体设计约55项,包括公安楼、消防楼、17座变电所、2座AGV电池更换站、查验区工作室、2座基地综合楼、机修车间组合体、3座基地岸变、办公楼中控塔、候工楼、2座水手间等,完成了大量设计图纸,为洋山四期工程建设作出了贡献。

2015年4月,项总安排洋山四期工程14个变电所要求当月完成设计。四期变电所对空调、通风要求较高,前期与工程部沟通,不仅要求设备用房独立设置机械通风、空调二套系统便于节能和切换使用,而且要求满足远程操作控制以适应自动化港区需要。我同工程部、供电、控制专业及设备厂家进行了多次协调沟通,确定了合适的空调、通风设计方案,带领李新林快速投入施工图设计。通过工作日晚上和休息日突击加班加点、连续作战,圆满完成了洋山四期变电所项目的设计任务,并配合业主要求对空调设计进行了优化完善,及时有效解决了项目中的技术问题。

2015年9月末,项总安排洋山四期工程公安楼、消防楼要求10月中旬完成设计,2座建筑均要求设计多联变频空调系统、新风系统和供热系统。在综合所领导的关心支持下,我带领芮翔同建筑、水、电及时进行了协调沟通，确定了空调、通风和供热设计方案，及时展开了施工图设计。通过工作日晚上和国庆假期突击加班加点、连续作战，以良好的精神风貌和高昂的斗志按时完成了公安楼和消防楼项目的设计任务。

2016年4月，作为专业主任工程师，我又克服眼睛近视、老花等不利因素，主动承担了AGV电池更换站小站的设计，针对自动化集装箱码头AGV电池更换站工艺复杂，充电设备发热量大，须保证充电区域的工作温度始终控制在15℃~30℃范围内，满足站房降温，除湿和防盐雾的环境要求。我在参观南京公共汽车AGV电池更换站的时候，及时就AGV电池更换站的降温方式同业主进行了有效沟通，并就AGV电池更换站的空调方案进行了研究、汇报、修改和优化，确保设计方案具有负荷调节灵活和使用安全可靠，而且也能减少空调能耗。

2016年8月，新来的大学毕业生唐孝懿在老同志的带领下，虚心请教、工作积极、主动，努力协助完成了洋山四期好几个单体项目的设计。

韩钢在承担了水暖室大量设计工作的同时，也积极参与了洋山四期集装箱堆场地下综合管网的3D绘图。

2017年8月，我去洋山现场协调解决变电所的空调问题，及时提出变电所设备用房的空调设定温度过低的问题，避免了空调设备长期不间断地运行和浪费电能。帮助分析空调机调试过程中出风口出现喷雾现象的主要原因是房间内空气湿度过大或者是空调室内机冷凝水排水管不顺畅。并提出了相应的应对措施：避免室外热湿空气长时间大量渗入和保持空调室内机的冷凝水管畅通。

我们暖通设计人员在工作中倾注热情、在工作中挥洒汗水，以实际行动践行“三院是我家”的理念。勇于实践、乐于奉献，以良好精神风貌，弘扬和传承三航院人奉献洋山工程所留下的生动故事和精神财富。

我心中的洋山港

综合所　李雅婷

我是三航院一名普通的设计人员，参与了洋山港二期西护岸设计、洋山港四期交通工程设计，多次去洋山港进行现场技术服务。每次上岛，触景生情，那份自豪感油然而生。在我的心目中，洋山港是中国港口建设的一张名片、是一座充满智慧与创新的港口、是一座注重人文与环境的港口。

洋山从一座默默无名的小岛成长为世界大港，成为世界最大的海岛型深水港，年吞吐量从零起步，一次次打破集装箱码头单船装卸效率世界纪录、一次次刷新集装箱码头桥吊单机效率世界纪录，成为上海建设国际航运中心、参与国际竞争的战略支点。自2002年开工建设，到2017年洋山四期建成投产，上海港的年吞吐量将突破4000万标准箱，成为世界集装箱第一大港，洋山港也成为世界最大的自动化集装箱港口。洋山港是中国港口建设的一张“名片”，正是因为她的建设速度、建设规模、建设水平与建设效果，令世界惊叹与羡慕。三航院是洋山港的总体设计单位，也是这张“名片”的优秀设计者。

洋山港是一项精品佳作，凝聚了无数专家与领导的智慧。自1996年5月由三航院牵头正式开展洋山深水港区选址论证，到2002年6月开工建设，历时6年多。据资料统计，共有国内外近200家专业研究机构和高等院校6000多人次的科研人员参与了新港址论证和项目前期工作，完成专题研究200多项；参加各专题成果评审和咨询的国内外知名专家、学者达1000多人次，其中中科院、工程院院士100多人次。三航院人更是凭借技术和人才优势，对从港址论证、工程立项到开工建设全过程进行研究论证，对港口建设的技术可行性和经济可行性进行了深入分析，对地质、水文、气象、环境等各方面进行了综合评价，力求把洋山深水港区工程建成一个经得起历史考验的精品工程。由三航院设计的洋山港四期进入建设尾声，她将是世界上最大规模、智能化程度最高的“无人码头”，自动化远程操控岸桥，将船上的集装箱吊装到无人驾驶的引导小车（AGV）上，AGV 再将集装箱运到在陆一侧的轨道吊下方，然后由自动化的轨道吊将集装箱码放起来……全自动化装卸、码头无人现场作业、全天 24 小时不间断工作。正因为这些，洋山港在我心中是一座充满智慧与创新的港口。

洋山港既是生产繁忙的经营性港口，也是风景优美的旅游景区，三航院人完美地将港口建设融入美丽的海岛自然风景中。洋山港通过长约 32 公里的东海大桥连接大陆，犹如一颗璀璨的明珠镶嵌在东海。海岛型深水港口建设需要大量的回填料和石料，三航院人在港口规划与建设中仍然原样保留了现有的地貌，已有的大观音山、小观音山和城子山等三座弥足珍贵的小山得以保留，岛上幻石灵岩，摩崖题刻蔚为壮观。石景以卧叠有姿的“双龙石”，切切相依的“夫妻石”，天工巧鉴的“龙珠石”最为著名。“倚剑”、“海阔天空”等明清石刻气势撼人。这种特殊的港在景中，港景相融的景象，吸引了无数游客慕名前来观光，欣赏工程美、欣赏自然美，这是一座充满人文气息、绿色发展的新型港口。

洋山精神的延伸

东华公司　戴遐昌

经过提炼的“洋山精神”，充分展示洋山团队在洋山工程的风貌和精神，也在激励我们越南永兴四期热电厂煤码头工程项目部。越南永兴电厂四期煤码头工程是我院第一个真正意义上由外国投资、外国人管理的海外工程，越方的设计理念和工程管理的理念与我方有一定的差异。由于存在的差异给我们工作带来很大的被动，为了展示三航院的对工程高度负责精神和科学精神，在桩基施工中越方提出的几乎苛刻的要求，我们一一予以落实，如：桩基静压，根据规范，静载试压满足440T，越方要求844T，结果试压达到规范要求，越方仍然不放心，又要再增加一次，结果二次静压均达到他们要求标准；又如对我们的桩基标高测试必须100%，结果达到越方提出的要求，再如对我们完成358根钢桩要求对26根桩进行复打，检测贯入度。其结果均符合越方提出的规范标准，在检测所有科目中越方人员都参与旁站，对所有数据认证和备案。

越方业主一而再，再而三提出要求，我们均予以配合，其结果对三航院的施工质量以及提供的所有数据可靠性给予高度评价而放心。

码头上部结构由越方施工单位承揽施工，在施工前我们项目部本着对工程负责的精神与越方施工单位进行工程交流，从抱箍、夹围囹、铺底板、扎钢筋、立模、泵送混凝土的走向等流程进行沟通。由于越方施工单位第一次对码头工程进行施工，在工程技术、施工的经验，安全管理认识存在一定差距，为了保证我方大机整机上岸的目标，我们主动提出参与工程的协调、指挥，将管理向前沿。由于我们真诚合作的精神感动越方施工单位，形成共识，推进工程进度。为了保证大机整机上岸的节点完成，项目部同志吃住在现场，对码头工程瓶颈由我方带队进行施工突破。从原来越方施工单位12天浇筑一块面层，提前到3天浇筑一块面层，最终提前20天完成，从而具备了靠船条件。越方业主对三航院项目部主动参与码头工程推进的大局意识给予赞许。

在2017年码头后方配套工程中，业主提出的“3.10”节点、“5.15”节点，“6.15”节点，我们都能按时完成，从而保证6月17日第一艘煤船按时停靠卸煤大节点完成。

现在我部根据业主的需求和我院领导的决定，我们又承揽帮助业主卸煤任务，项目部人员服从院领导决定，及时调整工作思路，统筹安排，适应新的工作要求。目前我们已经胜任卸煤任务，对卸煤的调度，设备的检测和安全巡视，大机的使用和保养、清理和转运站的清煤工作一一到位，保证24小时卸煤任务完成，三航院项目部在这次卸煤中再次展示敢于担当，敢于奉献的精神。

回顾永兴四期两年多的历程，看到我们取得的业绩和越方的赞许，项目部团队感到非常欣慰，同时也感到洋山“负责、拼搏、奉献、科学、大局”的精神在我们越南海外工程进行延伸，因而感到骄傲和自豪。

从洋山出发

监察部　梁伟波

2017年年底，全球最大的自动化集装箱码头——洋山深水港四期工程将竣工运营，将再次彰显中国建造的雄厚实力和央企的创造力。洋山工程的总体设计单位——中交三航院的工程师们在多年前来到海岛，将荒凉的小岛勾勒成一幅壮美的现代化港口蓝图，并一步步将其呈现在世人面前，这背后凝结了几代三航院人的智慧和汗水。洋山之于三航院人，有着特殊的情结，每个三航院人，无论是直接参与设计的工程师们，还是间接提供服务的其他员工，都将洋山工程与自己紧密地连接在一起。洋山工程代表着三航院的过去、现在，更是三航院开拓创新、转型升级新的起点。

洋山是精神传承新的起点。自20世纪90年代起，从洋山工程选址、论证到如今建成世界上最大的自动化集装箱码头，也是世界上吞吐量最大的港口。成绩斐然，过程更值得回味和致敬。在这长达20多年的筹划与设计建造过程中，众多三航院人将自己最宝贵的年华奉献在这片海岛上。如今的繁华海港，曾经只有裸露的礁石，多少三航院人为了项目的实施，长期驻扎在简陋的板房中，没有家人的陪伴、远离城市的繁华，只有环境艰苦的勘察现场、苦思冥想的设计工作、忙碌的施工工地以及对未来的憧憬。经过几代三航院人的辛勤付出，如今憧憬已成现实，同时也孕育出了三航院人的洋山精神："不辱使命的负责精神、勇挑重担的拼搏精神、保持本色的奉献精神、求真务实的科学精神、团结协作的大局精神"。洋山精神是宝贵的精神财富，将被三航院人代代传承，引领着企业的发展。

洋山是技术兴院新的起点。作为高新技术企业，技术就是核心竞争力。在工业4.0的物联网时代，自动化码头就是行业先进技术的制高点，也是广阔的市场机遇。在洋山，三航院人不仅创造了最大的港口，更创造出了最大的自动化码头。作为一直以技术引领的设计院，这是一个里程碑，更是一个新的起点,以求真务实的科学精神为基础,创造不断、创新不断。

洋山是走向海外新的起点。在国家“一带一路”战略指引下,公司通过借船出海的方式,大力开拓海外市场。海外市场有机遇,也更考验一个公司的实力,只有过硬的技术支撑和优秀的工程业绩,才能被世界所认识和认可。洋山工程作为三航院亮丽的名片,在公司走向海外过程中,能让更多的国外业主通过洋山工程认识三航院,了解三航院和信任三航院。此时,我们是谁变得不那么重要了,重要的是我们做过什么,洋山就代表着我们。2017年2月27日下午,菲律宾总统杜特尔特在总统府会见了公司董事长沈明达,在详细听取沈董事长关于三航院总体设计的上海国际航运中心洋山深水港的相关介绍后,表示非常赞赏,并希望三航院能为菲律宾基础设施建设贡献智慧和力量,这就是洋山工程的巨大影响力。我们从洋山工程走向海外,这是一个高的起点,必将走出更宽广的道路。

从洋山出发,继续发扬洋山精神,为公司的十三五发展再创辉煌。

(作者为监察部部长、纪委办主任)

普通人、平凡事

建筑所　周　瑞

十年，是一个年代的更替；十年，是一个青年从青涩走向成熟的周期；十年，也是一位设计者从学生走向岗位能手的成长历程。2017年，当我站在洋山四期闸口的施工现场，看着这个由数个气势恢宏的钢拱支撑起的大跨度屋盖时，我的思绪不禁回到了十年前的那个早春，想起了这座闸口的设计师当时的点滴事迹。

2007年的春节姗姗来迟，正月初一已经是冰雪消融、万物复苏的二月下旬。在那个大地回春的时节里，洋山三期工程的建设也进入到了攻坚阶段。边设计、边施工，及时服务、随时修改贯穿着每一位设计者工作的全过程。一位参加工作仅仅五年的普通设计师——小王，也投身到了洋山设计团队的大家庭中。

随着工程设计进度的推进，设计团队的成员们已经连续奋战数月，大家都在加班加点，为洋山三期工程的推进群策群力，同时也希望早日完成设计工作，能够度过一个安心祥和的春节假期。随着假期的临近，前方却传来了指挥部新的要求——加快推进闸口的设计工作，春节后准备开工建设。设计团队成员虽然都想在春节假期放松身心，扫除一年的疲惫，却也深知洋山工程建设工期的重要性，不能因为设计原因耽误世纪工程的建设。

在这关键时刻，小王站了出来。他对大家说："让我来承担闸口的设计工作吧。许多同事家乡都在外地，离家一年，思乡之情肯定很迫切。我家在上海，与家人团聚方便，春节期间就让我来负责闸口的设计工作，保证春节后按时完成指挥部的要求。"看着主动请缨的小王，大家异常感动。虽说家在上海，谁不希望春节期间能够与家人团聚呢？

2007年正月初二的早上，上海大街小巷响彻着迎新的鞭炮声。在这鞭炮声中，小王走进了安静的设计院，推开了办公室的门，坐在电脑前开始了一天的设计工作。正月初二、正月初三、正月初四……小王牺牲了与家人团聚的时光,换来了洋山三期闸口设计工作的顺利完成,获得了指挥部的交口称赞。

时光飞逝,当初青涩的小王已经成长为工作岗位上的设计能手,一座座新的建筑在他的笔下成为现实。现今,洋山四期工程这座极具现代感的闸口,也通过他的笔尖矗立在东海之滨。是巧合,也像是轮回。十年前,洋山三期的闸口因他的奉献精神及时完工;十年后,由他设计的洋山四期工程闸口完工之时,他依然本着舍小家为大家的奉献精神,远赴港珠澳口岸的施工现场,将洋山精神带到了又一个世纪工程中去。

小王和洋山设计团队的许多设计师一样,一个普通人,做着平凡事。见微知著,普通人中、平凡事里,无不折射出洋山精神。这个精神,贯穿着洋山工程十多年的建设期间;这个精神,也是一个年代一批人共同的记忆;这个精神,就是奉献、拼搏、科学、进取、大局的洋山精神的传承和延续!

在困难中勇往直前

经济所　胡国勇

一个项目的完成要历经艰辛,经过重重困难。然而集体的力量,团结的力量则是我们冲破重重阻碍的强大动力来源。只要团结一心,共同努力,一切都是可以解决的。而洋山深水港的建造则体现了三航院员工的团结与协作,在困难中勇往直前,创造奇迹。

我有幸和公司员工一起参观洋山深水港。当我看到它的宏伟与壮丽时,一种自豪感油然而生。洋山深水港区的建成是意义非凡的。它的建造有着独特的战略意义,标志着我国由航运大国向航运强国迈进。洋山深水港区由大洋山、小洋山等数十个岛屿组成,是中国首个在微小岛上建设的港口。是中国发展上海自贸区,建设海洋强国的依仗。它的建成将为上海、为长三角、为中国经济社会插上飞翔的翅膀,为亚洲和世界的经济起到促进作用。上海的明天将会更加的美好!中国和亚洲也将快速腾飞!

在与同事和其他单位同行交流中,我也了解到建造洋山深水港所遇到的艰难险阻。从 2005 年 12 月 10 日起,洋山深水港区(一期工程)顺利开港。然而在开港之前,洋山深水港开始的建造是在没有水没有电的环境下进行的。对于任何一个工程、项目来说,没有水和电一切都似乎是举步维艰,难以进行下去。然而三航院的老员工和其他子公司的员工一起努力,团结起来共同克服困难,最终才有洋山深水港现在的辉煌与壮丽。

人们常说,吃水不忘挖井人。不仅是要铭记建造者的丰功伟绩,更重要的是将这种精神发扬光大。三航院作为洋山深水港区的总体设计单位,公司广大职工既是洋山港的建设者,更是洋山精神的缔造者。而在我看来,其中最为重要的就是三航院员工团结合作的精神。

常言道:“人多力量大。”团队可以让我们感到更为强大,同时还给予我们归属感。任何一项工程,都需要全员发挥团队协作精神。发挥团队协作精神,第一,我们要建立和谐的信赖关系,营造良好的人际氛围。心理学家认为:如果我们能与同事、领导形成和谐的信赖关系,我们相处的气氛就会融洽,就会有助于形成相互尊重、相互理解的工作氛围和友好宽松的工作环境。这将激发我们的工作热情,更好地发挥我们的聪明才智。另外还要虚心向其他同志学习,搞好与其他部室和单位的协作配合,多交流、多协调、多沟通,互相帮助,共同提高,这样才能营造和谐、融洽的氛围,才能团结一致、齐心协力,共同把工作干好。第二,要积极参加集体活动,增强团结协作精神。参加集体活动,可以增强我们的团结协作意识,进而产生协同效应;在遇到困难的时候,就能共同想办法、出主意,凝聚集体的力量,做到"三个臭皮匠,顶过诸葛亮。"第三,要营造你追我赶,力争上游的工作氛围。没有流动的水就没有活力,缺少春风的大地就缺少生机。竞争是保持团队锐气的必要条件,它能促使我们在学习上更刻苦、工作上更努力、作风上更顽强,从而加快完善自我的步伐。我们提倡团队的协作精神和互补精神,就是要在目标一致的前提下团结起来,携手争一流。同时要避免恶性竞争,积极进行良性竞争,大家要心往一处想,劲往一处使,人人树立良好的形象。最后,也是最为重要的就是要充分信任同事和周围的人。信任别人是一种良好的美德。在与同事相处时,一定要给予充分的信任,同时自己要谦虚一点、微笑一点、宽容一点、主动一点。要搞好团结协作,把工作做得更好。万事不求人,只会吞下自我封闭的苦果;团结一致,紧密协作,才能走向成功。

团结就是力量,合作就是力量。要想成功,任何人都需要他人的帮助。卡耐基说过,一个人的成功,只有15%是由于他的专业技术,而85%则要靠人际关系和他的为人处世能力。

洋山，梦想起航的港湾

东华公司　吴嘉昊

2016年7月，我从大学毕业进入三航院参加工作，完成了学生到社会人的转变。在入职培训时，便被纪录片《东方大港》震撼了，我国的工程师们在外海孤岛吹填造地，建设深水港口，创造出了一个奇迹的工程——上海国际航运中心洋山深水港，也创造出了全球最大集装箱港口等一系列的荣誉与纪录。随后三航院沈董事长介绍洋山深水港工程，言语之中是满满的自豪。我承认，我确实是被“洗脑”了，我为身为三航院的一份子而感到骄傲，同时也对洋山深水港这个世界工程充满敬畏。

培训结束后，我接到公司通知，我将被派遣到洋山四期工程监理部工作，当时的心情激动不已自不用细说，现在回想起来内心更多的是庆幸，庆幸自己加入了三航院，庆幸自己能有机会在洋山四期工程完工前参与工程建设，庆幸自己这一年多几乎每天都能近距离感受梦想中的自动化港口一点点建成。纸上得来终觉浅，绝知此事要躬行，这些回忆和感受是独一无二的，绝不是观看纪录片、听人介绍就能体会到的。

还记得第一次进入洋山港，震撼从驶入东海大桥开始，上海陆域在我身后越离越远，我就这么乘着车进入了大海，窗外是排列整齐的风电塔，日头正足，海水也是难得的清澈，让我一度错以为东海近海就是清澈的。三十多公里的车程在期待的心情中转瞬即逝，洋山港终于出现在眼前，第一眼便是惊艳。当时的四期道路堆场工程还在如火如荼地建设当中，现场环境还是尘土飞扬。但是眼前的一、二、三期工程静静坐落在南侧海边，巨大的集装箱堆场几乎全被石龙山挡住，仅露出了堆场边角高耸的集装箱和桥吊，宛如轻纱遮面的少女，让人不禁联想到白居易的名句，犹抱琵琶半遮面，妙景妙景！现代化的工程与原生态的海岛风景完美融合，建设不忘环保，才能打造这种无可挑剔的精品工程吧。而后入岛上山，到达洋山港指挥部我才看清

一、二、三期工程全貌，脑海里只有两个字，震撼！上海有航运中心，其名为洋山港，港之大，全景拍不下。一眼望去，集装箱堆场真的就像“北冥有鱼其名为鲲”，那集装箱就是鲲肚上的斑斓的鱼鳞，码头的桥吊像是背鳍。万吨巨轮反而显得小气很多，如同小鱼小虾一般，只有当海事船引导出港时，巨轮才恢复以往的霸气。动与静之间，洋山港化身为鹏，带领中国港口建设鹏程万里，成为世界第一大集装箱港。

带着这样心潮澎湃的心情，我开始投入到四期工程的工作中去。现场的施工监理工作就没有那么激情了，这一年多我的感悟就是发扬“洋山精神”，牢记自己的使命，明确自己的职责，在这两个大前提下做好每天的日常工作，保持住对这个工程的热爱，就能每天努力做好自己那一点微小的工作，与同事、施工方、业主，共同推进工程的进展。纪录片中那满屋的档案，就是工程成长的日记，从场地平整到最后一块混凝土浇筑完成，从设备进场到最后交工验收，档案资料中记录着工程进展的点点滴滴。而我自己也从做工程资料中得到了锻炼，处理事务变得谨慎细致，有条有理。通过现场的工作到每日的监理日志，都是工程的细节所在，细节决定成败对工程同样适用。每天尽职尽责的工作后，洋山岛上的业余生活谈不上丰富多彩，但也十分充实。洋山港除了是世界第一大集装箱港，同时也是上海著名的旅游景点，作为岛上工作人员，每天晚饭后，都可以登上石龙山，看港、看桥、看海、看夕阳，虽然景致已经深深印在脑海里了，但是锻炼身体也成了每天的日常，工程竣工之后，这样的美景也很难再见了。很多人都说工地难待，太过枯燥寂寞。确实，夜色降临之后，城市的夜生活才刚开始，深处远离城市的海岛上难免会觉得有些孤寂。可是，这不也代表着宝贵的独处时间么。沈董事长提出的“821”计划我非常赞同，八小时工作，两小时学习，一小时锻炼，当然我也不是那么严格的人，学习锻炼随性而来，专业学习和个人的爱好都能一直保持稳定进步，偶尔忙里偷闲懒一下，岛上业余生活过得倒也心满意足了。

2017 年 8 月 31 日，洋山四期道路堆场工程通过中间交工验收，我和洋山的时间也进入了倒计时。这一年多我亲眼见证了四期工程从刚开始灰头土脸的像只天鹅边上的丑小鸭成长到现在不逊色于一、二、三期工程的白天鹅，也像化身为鹏的尾巴，指引着我国向着自动化港口方向的迈进。我期待着，期待着下一次来洋山港，洋山四期繁荣运营的样子。

传承洋山精神

勘察公司　陆志刚

“洋山”这个地方对于我们今年刚入院的新员工来讲只有过一面之缘，“洋山精神”对我们而言更是一种抽象的、浅层的、甚至只是口头的了解。不知道是阴差阳错的命运安排还是单位领导的刻意安排，在全球最大的自动化集装箱码头——洋山四期工程即将竣工运营之际，我被安排到了洋山进行了为期约10天的测量作业，这让我有幸近距离地接触了洋山这块热土，让我有幸更深入地理解了洋山精神。

我清楚地记得那是在2017年8月8日那天，我来到了洋山。一下车刚进入宿舍门时，我顿时没了在来时车上的兴奋劲。天呐，这住宿条件这么艰苦啊，脏脏的被子、破破的摆设，心里立马涌现出千万个不愿意来。但是既来之则安之，我安慰着自己，毕竟我们的两位高工负责人也是住宿在这里。简单的晚饭过后，负责人来对我讲，明天早晨5点钟出发。我又被当头一棒，什么，5点出发，意味着4点半就要起床，测量工作嘛，全天都可以进行，为何要这么早。虽然心中不爽但是还是只能点头答应，心中暗想，我明天早到10分钟，我还不信你们都已经起来了。

强忍着瞌睡，我们第二天早上4点50分左右来到车前，眼前一幕又把我惊住了，车里十几个人都已经整整齐齐的坐好，就在等我们了，顿时一股羞愧之情从胸中涌出。

不出意料的，我们9号的工作从早上5点开始，直至晚上7点结束，等回到宿舍我就一头趴在床上，也顾不得洗漱了，倒头就睡了。说真的，在我工作10年内都没有今天这么累过。

第二天一早5点，大家又准时出发了，车上负责人的一句话让我差点奔溃，“昨天的测量数据不是很理想，我们今天再测一遍。”这意味着我们今天要重复昨天的故事了。

从闲暇的聊天中得知，在我们昨晚已经休息的时候这两位高工负责人还在对白天的测量数据进行计算，也许他们晚上只休息了 3 个小时。同时我了解到他们俩都是在洋山港刚开始建设的时候就来参加工作了。当时洋山港在开始建设的时候，条件比现在不知道苦多少倍，也不知道有多少个日日夜夜的不眠不休，多少次的重复测量才保证了洋山港建设的坐标不出一丝一毫的差错，顿时心中一种钦佩之情油然而生。

在之后的几天内，我们也渐渐地融入了工作，慢慢地理解了负责人工作的安排，我深深感觉到自己已经被他们的工作态度、工作热情所影响。让我从他们身上看到了洋山精神的一种诠释，洋山精神应该是一种艰苦创业的拼搏精神，洋山精神应该是一种求真务实的科学精神，洋山精神应该是一种不辱使命的奉献精神。

在这段工作经历中最激动我心的当属 8 月 18 日了。记得那是上午 10 点左右，正当我们挥汗如雨的时候，院沈明达书记不知何时来到了我们的身边。顶着烈日，冒着酷暑，来给我们战斗在一线的员工送慰问来了。书记不顾自己豆大的汗珠，亲切地让我们注意防暑，注意安全，跟着我们测量路线和我们一起作业。当时正值高温预警高挂的日子，书记的到来让我们瞬间凉快了下来，工作也更有了干劲。尤其是在进行合影的时候，书记指着我说："你，站到前面来，洋山的工作离不开你们奋斗在一线的员工。"顿时，心中涌出了一种自豪感以及责任感，我一定会好好保存这么一张珍贵的照片。慰问过后，沈书记也和我们讲了洋山建港时的一些故事，其他几位领导也讲了他们当时在洋山的点点滴滴，顿时让我心中涌出一腔热血，美好的事物后面都有千千万万个默默奉献的人，而我，愿意成为那千千万万分之一。

短短的约 10 天时间，我从老一辈的同事身上看到了当年在洋山这块热土上他们流血流汗、伏案疾笔以及充满自豪的身影，而如今，他们正在用他们自己的个人魅力来引导、来感染我们这些新员工。我也暗下决心，虽然我们没有在洋山这块热土上拼搏奉献过，但是我要把这种精神融入我今后的任何一个项目中去，也要通过我，把这样的精神传递给还没有来过洋山，或者还没有充分理解洋山精神的同事中去，让他们再去影响其他人。这，也许就是传承。

这就是我和我的洋山故事，我为洋山精神点赞。

那个港·那些人
——为祖国的建设者喝彩

综合所　刘　岩

上海,这个中国最大的城市,国际化的大都市,多少年轻人向往又却步的目的地。每日华灯初上,这个城市喧嚣依旧,开启另一番模式。这也是我从小对上海的印象,然而,当我踏上这片土地时才发现灯红酒绿并非娱乐,其背后更多是一种拼搏与奋斗,哪怕是现实的鞭打也好,这是个容不得懈怠的城市。而由于专业的关系,我对这个城最初和最多的了解却是与港口有关,上海是世界的繁忙货运口岸之一,长江在这里入海,盛江东下,中国各地制造的物品从上海运出,走向全世界。在海运上,上海确实取得了骄人的成绩,然而,这并不意味着这个城市没有他自己的问题,就是这个河道,带来货物的同时,也带来了一路的泥砂,在冲入海域的过程中逐渐沉淀,形成一块一块的浅滩,泥砂淤积严重影响了船舶的航行,在航道狭窄,在这里开一艘船就像在纽约的高速上开跑车,其实航行员也不想享受这样的快感,但在这具挑战性的航道上运行也是无奈之举。更为要紧的是,退潮时,港口的海水深度只有 7 米,这对于越来越大,吨位越来越高的船舶极不匹配,这样的客观条件将导致国内外的有竞争力的船运业务选择其他港口。作为东部海岸线的中央,致力于建设国际航运中心的上海面对的是紧迫的形势。由此,各路专家学者、相关企业和工程师致力于全新港口的建设和完善。

一、认知中的洋山港

老实说,读书时并未很关注港口建设,但不论是新闻还是专业学习领域,这个港口的建设信息从四面八方扑来。作为中国第一个外海集装码头,洋山港已经成为上海打造国际航运中心的核心。长兴岛,一个只能容下小渔村的小岛,中国的建设者们奇迹般地在这里建起了一个港口码头。三航院，是主要的设计与建设者，洋山港之前，上海现有港口的水深根本无法满足要求，与东北亚的韩国、日本相比，出现了较为明显的劣势。我们的目光只能跳出黄浦江，伸出长江口，但建设的难度不言而喻，从选址开始就问题重重，经过三易选址，多次试验才确定最终的方案。而施工上也有不少难题，国内外还没有在外海孤岛建设大型港口的先例，在外海施工意味着材料需要海上运输，并且开敞的环境，施工时风浪特别大，极大影响施工进度。另外，外海港口还需要相当的配套工程，于是有了东海大桥，这个达30余公里的大桥设计了双向六车道，上下行双幅桥面，最大航通孔离海面高达40米，相当于10层楼高，可满足万吨级货轮的通航要求，实为了不起的技术。而洋山港第四期，更是全自动的港口，于全国乃至全世界都是佼佼者。

二、与洋山港第一次亲密接触

进入三航院使我有机会接触洋山港，入职培训时，当车辆行驶在东海大桥，我第一次见到一座桥似乎没有尽头，一直延伸到海里，到天际，好像要触到那一片片的云。渐渐地，身后“魔都”的身影越来越远，越来越模糊，从一个倩影逐渐变成一小块图片，而前方目及之处的一排红色、一排绿色、一排橘色，好像一个色彩盘，我知道那是装卸臂整齐列着队，不同国家的颜色不同。到达下车，外海的大风裹挟着一阵热浪袭来，风力很强。头顶上是一片湛蓝的天，水平面是深蓝的海。头顶的天上有些许不成形的白云缓缓移动着，伸向港湾的这一片土地，被隔着好几段，各自摆放着大大小小的机械，而事实上这周围，土地下更有着各种线路、管道，巧妙地按照一定的方式布集在此处，彼此发挥着自己的作用，各不干扰甚至相互配合。这样的场景，想来就是一个港口码头的经典画面，但对一个生在内陆，长在内陆的年轻人来说，却是无比广阔，这天、这海，还有这巨大的港区，广袤的一切令人心潮澎湃。尤其对涉猎这方面专业的人来说，这港口建设的先进和精妙展现了人类智慧。来来回回的工人还在作业，将这个港口码头修建完工，他们便退出了这个舞台，然而这庞大的建筑早已印下了他们的身影。

三、孤岛上的建设者们

从项目决定开始起，我院设计师们陆续奔赴这个离上海30多公里的岛屿。据当时的洋山一期设计前辈们说,刚来这个小渔村时,极少的蔬菜、粮食,肉食也极为单一,除了鸡蛋和较为容易获得的海鲜,大多数物资需要由内陆补给,能泡上一碗方便面也感觉是美味。每日的工作也是紧锣密鼓地进行,遇到的大小问题一个接一个,只有在问题得以很好地处理,施工顺利进行时,才会发现日头要落了,晕染西边一片天,通红通红。我想,那时他们一定在心中有一股成就感和充实感油然而生;在这个浮躁的社会,追名逐利的社会,这样一群建设者承担的不仅是小家的利益,也有着国家建设的责任。一张张图纸,凝聚的是智慧;一颗颗汗珠,洒下的是情怀。我有幸成为三航院的一员,并在洋山港建设完成之前参与最后一期的设计,虽然只是一些单体,但我已然觉得这是一个非常珍贵的学习、进步与成长的机会,在自己职业生涯上添上有力的一笔。

洋山港是个伟大的工程,而建设洋山港就是值得思考并从中汲取营养的过程,我体会其中的坚持与坚守,学习其中的智慧与执着,这段短短的、浅浅的参与让我进一步认识了这个职业,在为建设者们喝彩的同时,我也又为自己的职业理想添上一方土,在以后的路上走得更有方向、更为坚定。

践行洋山精神，树立三院丰碑
——记我的洋山奋斗故事

勘察公司　孙洪瑞

不辱使命的奉献精神，
艰苦创业的拼搏精神，
求真务实的科学精神，
争创一流的进取精神，
团结协作的大局精神。

这就是洋山精神，短短的五句话，道出了每一个洋山港建设者的赞美之情和自豪之情。尤其是作为中交三航院的员工，有更多的故事值得回忆，更多的经验值得总结，更多的自豪值得表达。

本人非常幸运地在2009年4月加入三航院这个大家庭，当时洋山港已经完成一、二、三期的建设。三航院作为洋山港总体设计单位，对洋山港的建设更是非常重视，每一个新进职工都必须要到洋山港参观并实习锻炼，事后也充分证明这是一笔非常宝贵的历练，伴随着洋山港的逐渐建成壮大，乃至成为全球第一大港，三航院也培养出了一大批优秀的港航设计师。

2009年4月14日，我入职三航院勘察公司，办理完入职手续的第二天，我就乘坐三航院往返洋山基地的班车前往洋山港进行实习，进驻三航院的洋山基地，一座独立的二层公寓楼，作为洋山港总体设计单位的后勤保障基地。我属于测量专业，当时的主要任务是监测已建成的一、二、三期码头在使用期、保修期以及运营期的变形情况，并及时把数据成果反馈给设计部门，确保码头的正常稳定。测量是一项非常艰苦的工作，尤其是岛上交通不便，码头上集卡车、龙门吊等机械设备等干扰多，而监测数据又要及时准确，工期很短。大家正是秉承艰苦创业的拼搏精神和求真务实的科学精神，坚定理想信念,每天早上 5 点出工,带着干粮和水,趁着码头上机械设备还没有开始作业,扛着水准仪和全站仪,进行沉降位移观测,记录真实稳定的码头位置;每天下午两三点钟,顶着烈日骄阳坚持早点出门,翻山越岭,克服交通的不便,争取更多的白天作业时间;晚上还要加班整理外业数据,并整理成报表及时反馈给设计。虽然很辛苦,但是大家都很团结,很有干劲,公司领导对员工也经常关心慰问,让我们感受到三航院大家庭的温暖,为能够参与洋山港的建设感到自豪。

为了洋山港的建设,从最初的规划立项,到如今四期马上建设运营,三航院人付出了近二十年的努力,很多年轻人奉献了自己的青春。作为测量人员,入职八年来,我参与了洋山港大大小小的项目几十项,从洋山一、二、三、四期的变形观测,到每年一次的洋山总体控制网复测和周边海域大面积水域测量,以及各种零星的道路、防波堤、地形、滩涂等等测量任务,无一不体现三航院人的无私奉献和团结奋进精神。我们克服岛上生活的不便和寂寞,克服岛礁测量的艰辛和难度,克服洋山海况的恶劣与风险,克服家庭分离的不舍和矛盾,为的就是坚持心中的理想信念,秉承团结协作的大局精神,为洋山港的建设运营奉献自己的青春和力量。

如今在上海国际航运中心建设、为长江经济带以及“一带一路”全球战略布局之下,我们继续践行洋山精神,传承三航丰碑,在我们沿海沿江地区、东南亚、非洲、拉美、东欧等全球各大港口地区承接大量勘察设计项目,成为这个领域的全球领跑者。

初到洋山

勘察公司　赵　磊

1995年12月22日，随着“蓝天号”跌跌撞撞地靠上大洋山圣姑码头，我们三航院勘察公司一行6人脸色苍白地从木制的“蓝天号”登上了大洋山岛。

“脚踏实地就是好啊！”这是熬过了半天风浪的我，第一次踏上洋山岛的感叹。当时的大洋山岛是个典型的渔村，整个岛上仅有一家诗意旅社。随着上海的经济发展，上海港的吞吐能力日益接近极限，为突破上海的发展瓶颈，受相关部门的委托，我们来到大小洋山开展建设的前期工作。码头建设，测绘先行。没有准确的水下地形数据，一切都无从谈起。在远离大陆的海岛，开展大面积水深测量成为摆在我们面前的一道难关。

为了克服这一困难，我们使用了当时国内最先进的542微波测量定位系统，进行大面积水下地形测量。这也许是国内第一次大面积外海岛屿1∶5000的水下地形测量。在这次测量中，同志们充分发挥主观能动性，找不到通视的场地进行微波系统校正，同事们就把微波发射台架到山头上，利用通视的两座山头完成了微波讯号的校正。

在整个测量过程中，各位同事密切配合，负责岸台的同事，冒着风险，带着上百斤的电瓶、微波发射台、脚架等登上各个小岛，架设陆上微波站，保障水上作业持续进行。水上作业的同事周密规划测线，尽可能地减少岸台的移动，提高工作效率。充分利用难得的好天气完成外业测量。在风浪大的日子里，我们进行内业资料处理，利用绘图仪进行水深图的绘制，这在当时也是一项创举。这一系列创新，保障了水下地形测绘工作按期完成，为洋山港预可行性研究提供了重要的基础资料。

二十多年过去了，现在回想起来，以目前的技术力量和装备水平，完成同样的水下地形测量工程，已经是驾轻就熟了。这二十多年来的技术进步也印证了我们国家的进步和发展。能为国家的进步和发展贡献自己的一份绵薄之力，也是我的荣幸。

洋山,感谢我青春中有你

厦门公司　王　坤

日月如梭、弹指之间,洋山港建设已经走过了十五个不平凡年头。当你看到一艘艘远洋集装箱船,正从国际航道上向这里驶来,洋山,成为他们跨越大洋的蓝色航线上新的装卸点。不禁要问:是谁在茫茫大海里创造了这一沧海桑田的奇迹?我想说是无数参与建设的中国人,他们因同一个梦想汇聚洋山,以同一个"洋山精神"筑建港湾,凿壁开山,才有了如今如全球最大的现代化集装箱港区——洋山港,令世人惊艳。

在我告别青青校园踏上社会大校园的第一步中,有幸能够加入三航院这个大家庭,与同事们共同奋斗的日日夜夜,是我人生中弥足珍贵的经历。也了解了洋山从一座默默无名的小岛成长为世界大港的历程。洋山的年吞吐量从零起步,一次次打破集装箱码头单船装卸效率世界纪录、一次次刷新集装箱码头桥吊单机效率世界纪录,成为上海建设国际航运中心、参与国际竞争的战略支点。尤其是以此而生的"洋山精神",更让我们始终有一种自豪感。

从 2002 年至今,三航院主持了上海国际航运中心洋山深水港区的勘察设计工作。设计者们克服了毫无任何先例借鉴、设计工作大、时间紧、海外孤岛作业、恶劣环境工作、新技术难等重重难题,在一个凄凉的孤岛,面对浊浪滔天的大海,面对变化无常的天气。正是他们这样一群人——拥有智慧,富于激情,勇于奉献,成就了这一史无前例的大工程,在茫茫大海中托起了一个集装箱深水大港。他们始终以昂扬的精神状态,挑战自然环境,挑战设计极限,挑战科技难关,创造了又一个人间奇迹,他们用勇挑重担的拼搏精神把一座默默无闻的渔村小岛,建设成如今全球最大的现代化集装箱港区。可谓是:誓言压顶,汗水与波涛同涌;大海作证,精神与工程长存。

有人会问,设计人员当然可敬可佩,你一个经营部的职员有什么好骄傲的。我想说的是，每个部门，每个岗位分工不同，但是缺一不可，我们经营部门的运作是否顺畅，投标是否顺利，引导方向是否正确，都关乎着整个设计工作和建设进度的实施和运作。经营部同样是一个具有挑战与机遇同在，压力与动力并存的部门，工作强度和工作难度都很高，在这样的压力下为了更好地配合一线设计者，面对综合事务繁杂，市场经营任务重，从不言辛苦。加班加点是常有的事情，为了一个项目，一次投标，往返不同的城市。为了编制符合要求的标书，熬过了多少个夜晚，熬红了多少次双眼，多少次为了不耽误工作进度带病工作，多少个节假日不休不眠，我从未抱怨，从未懈怠，因为我被所有洋山建设的守护者们身上拥有的保持本色的奉献精神和不辱使命的负责精神所感动。

有些时候我也想偷懒请假休息，我想少了我一个耽误不了什么。可是古语有云：一屋不扫，何以扫天下？如果连小事都不愿意做，怎能干大事业呢？我如果连这么简单的事情都懈怠，都不能持之以恒保证自己的工作态度，我怎么成长？战国时期著名思想家荀子也曾告诫我们：不积跬步，无以至千里；不积小流，无以成江海。这些古圣先贤的智慧告诉我们，不管干什么事都不可能一蹴而就，没有人可以平地起高楼。我们要懂得脚踏实地地做好每一件细小、琐碎的工作，把它们作为锻炼能力、提高自己的机会，把它们当成向更高目标迈进的踏板，就必须爱岗敬业。更重要的是，每当我懈怠的时候"不辱使命、勇挑重担、保持本色、求真务实、团结协作"的洋山精神就会在我耳畔响起，督促我勇于克服自己的懒惰做一个拥有"洋山精神"的人。

工作的一年多来，我和部门同事一起在领导带领下，不辱使命，勇挑重担，求真务实，团结协作。在完成了从学生到社会人角色转变的基础上，力求发挥"洋山精神"，在逆境中，培养了顽强生长的精神。我虽然不是一名设计人员，但工作繁杂、琐碎，很多工作不可预测，也难以量化。我始终践行"尽我所能"的工作理念，认真了解部门各项工作业务流程，学习公司规章制度，做到处处留心、事事尽全力，努力摸索工作的方式方法，为各级领导正确决策提供了准确的信息。确保了文件传阅无差错、信息报送无遗漏、要文归档无混乱，保证了部门日常工作有序运转。让自己在简单的工作中为我国伟大的洋山港建设贡献自己的一份力量，也在充满"洋山精神"的江山建设者们身上感悟洋山精神，思考出不简单的人生定向。

一年多的时间里我也曾有过迷茫,也曾有过失败,但是我的领导和同事用实际行动告诉我,岗位有分工,工作无轻重,每个人的岗位不同,所担负的职责有大小之别,但要把工作做得尽善尽美、精益求精,却离不开强烈的敬业之心。在这个世界上,做任何事情都不简单,虽然我只是经营部的小职员,但我们的每一处工作都关乎着设计工作的实施,做任何一件事情,都当用心营造,全力以赴地去追求"敬业、奉献、开拓、创新"。当一个人把青春燃烧,才能发出光亮拥有价值,当一个人坚守一份信念才会秉承一种精神。当一个人汇入一个时代,经历一份伟大,才能拥有更完整和美好的青春。

我想是的,我的青春是幸运的,当我踏入社会,第一次工作就加入了三航院,了解了洋山港这个世界震撼的工程,这个国人为之骄傲的工程。我第一个工作环境处处都充满了"洋山精神",教会我把"洋山精神"当做生命的座右铭。

我眼前浮现出去洋山港实地参观的景象:一个巨大的铁锚矗立在旁,象征着守卫,象征着远航,象征着深水港无可限量的发展前景,象征着祖国的未来坚如磐石!我不禁吟唱起:洋山观海,天水茫茫,大洋小洋,寂寥怅望,群岛如珠,散落四方。叹千年岁月流逝,潮涨潮落;听屿礁雪浪相击,渔舟晚唱。新世纪群贤汇集,洋山岛风云激荡。十年一瞬,绘惊天宏图,追星赶月,建旷世巨港!

洋山,感谢我青春中有你!

我心中的东方大港

海外所　皮帅帅

2016年五一劳动节到来之际，得知中央电视台即将播出《东方大港》专题系列大片，并反映中交三航院等洋山深水港建设者为打造全球最大及自动化程度最高的集装箱港口而奉献智慧和力量，身为三航院一员，我兴奋不已，早早做好了准备：微信多次转发，转发和点赞早已在朋友圈被满满刷屏。四月三十日，一个周末的中午，我早早地静待在电视机前，影片如期而至，窗外是盎然如画的春意，电视机里面却是如火如荼的四季变换。在节目中，可以见到熟悉的洋山港，东海大桥在建设过程中及建成竣工后的美丽画面。节目背景介绍中，有关于三航局、振华重工和三航院工程人员的相关介绍和重要采访。让我得以有机会一睹三航人作为大国建设者的风采。我院的刘广红同志作为洋山建设的亲历者，占了纪录片较大的采访篇幅。从他的娓娓道来中，洋山港建设的设计细节让人震撼。在整个观影过程中，我一边自豪地学习系列片的相关内容，回顾三航院在洋山港建设过程中的种种，一边骄傲地给家人介绍洋山港不平凡的建设历史，同时也万分感慨三航院建设者背后的种种艰辛和付出。在五一劳动节之际，中央电视台对建设中国的劳动者做出此次专题系列报道，可见其意义重大。对三航院普通一员而言，既是一次绝佳的学习机会，更是一次人生历程的重大激励和指引。

国家战略，众志成城。20世纪90年代，由于经济全球化趋势加速，世界航运业格局发生重大演变，5000标准箱以上、吃水13~15米的超巴拿马型集装箱船已成为主流船型，而一个港口如不能满足15米水深等要求，就只能沦为支线港。为顺应国际航运发展新潮流，世界主要港口无一例外为满足大型集装箱船运营的要求，而加紧打造战略性枢纽港。在中国这样一个市场巨大、腹地辽阔的国家，特别是长江三角洲地区，如果没有一个国际航运中心，没有深水枢纽港，在国际分工与竞争中就会处于被动地位，动员资源的能力就会受到制约,经济发展的动力就会被削弱。建设深水枢纽港,关乎中国未来100年的可持续发展。上海国际航运中心深水港工程中就有洋山工程,它的成功建设,不仅见证了中国港口事业的大发展,更高度地体现了国家意志,具有重大政治意义和国际影响。如同公司常务副总工浦伟庆所言,“洋山深水港区工程的成功建设,再次证明,只有在中国共产党领导下的社会主义国家,才有能力在短时间内建成这一史无前例的浩大工程,而这在西方国家是天方夜谭之事。也说明了我国的筑港技术是世界一流的,无论是前期论证研究、项目建设到现在的成功运行,所面临的各种挑战、攻克的各种技术难关,都是在世界港口建设领域前所未有的。”经过近十四年的建设,洋山港工程已然傲然立于东海,成为世界第一大集装箱港口。

承上启下,转型升级。洋山港作为国际集装箱第一大港,汇集了三航院人无数的心血和汗水,也彰显了每一个三航人的智慧与追求。刘广红同志在影片的采访中表示,单就洋山港一期的先期送审资料,都是靠卡车拖走的,几百个工程师日日夜夜加班加点,而这,都是为了工程能保质保量按时完成,前辈们绞尽脑汁,挥汗如雨的画面在我脑中浮现。看着影片中刘广红同志背后的档案室,想着现已竣工的如此浩大工程,我内心无比地羡慕前辈们能有机会在这样的项目中施展拳脚,为国争光。这对我们青年是一种无形的榜样和最好的鼓励。洋山港,不仅是上海的,更是中国的,甚至可以说是全人类的文明成果。虽然男儿建功立业需要大的舞台,洋山港这样的大工程可遇不可求,但是只要我们青年勇于承上启下,勇于传承洋山精神,勇于怀有梦想,敢踏踏实实地去做,敢谦虚谨慎地学习,就一定能做出成绩。也许入职的第一年,我们或许对项目很生疏,需要师傅在旁边手把手教、事事点醒,一次又一次地改好了自己才能满意。但第二年,我们可以开始自主学习并独立完成制图任务。而第三年,当我们对整个项目有了系统的概念,胸中能有全局观而又不放过每一个细节……如此,我们才能有所成长。所谓成长并非一朝一夕,而是需要极大的专业精神和奉献精神,需要极大的耐心和勇气才能由当初的大学实习生变成了现在的总工,才能由当初刚毕业的年轻人变成现在的项目总设计师,才能像三航院的前辈们那样成为我大国建设的一位普通而又不平凡的光荣劳动者。

三航院不像拥有各种大型装备的振华重工和三航局,三航院最大的资产是人才资源,因此院里对人才的培养显得更为特殊和意义重大。在新形势下,集团“五商中交”战略,国家“一带一路”战略的双重启发下,舞台早已为我们三航院准备好,时代的发展对港口设计行业,对公司提出了新的挑战,作为一名青年工程师,跟着项目走,到海外去设计并修建符合新时代要求的大港口成了新常态。过去的光荣历史时刻在提醒着我,想要多大的荣誉,就得吃得下多大的苦,就得耐得住多大的寂寞,就得坚守住多大的梦想。“洋山精神”在我们每一个三航人心中,就如同北斗星一样,在夜空中为我们指明了前进的方向。正如影片结尾所展示的,东方大港的故事正越来越精彩,在上海宝山的一个机械装备加工厂,正紧锣密鼓地加工生产新型的机械装备,而这正是为2017年洋山港第四期全自动化集装箱码头奋战。建成后的港口将全面实现“智能装卸”“无人码头”和“零排放”。不远的未来,高科技人才资源是取之不尽的,创新技术的应用是永无止境的,对未来的港口建设,要求将是智慧化、绿色化。未来的港口建设需要更高更新的要求,对整个行业发展,对公司的转型升级都提出了更高的要求。在这场时代转型大潮中,我们每一个三航院人只有抓住了创新机遇才能抓住未来!

我与洋山的小故事

勘察公司　杨秋芳

说起与洋山的缘分要从我刚进三航院开始说起。2007 年洋山港建设已经进入三期,第一天进入三航院勘察公司就听领导说和我一届新进来的同事来公司报到后第二天就被派到洋山项目部实习去了。从那时开始我就对洋山开始有了了解。后来新员工培训我们就有机会亲临洋山参观学习。从那以后洋山港的宏伟、壮观、豪迈形象,及洋山精神“不辱使命的奉献精神、艰苦创业的拼搏精神、求真务实的科学精神、争创一流的进取精神、团结协作的大局精神”就深深地印入了我的脑海。

洋山深水港区位于杭州湾口外的浙江省嵊泗崎岖列岛,由大洋山、小洋山等数十个岛屿组成,是中国首个在微小岛上建设的港口。是中国发展上海自贸区,建设海洋强国的依仗。2005 年 12 月 10 日洋山深水港区(一期工程)顺利开港,成为中国最大的集装箱深水港。

与洋山港真正的结缘是在 2009 年,那年是我进入三航院的第三年。虽然在那之前我也承担或参与过洋山工程,但真正进入洋山港腹地参与洋山港的建设是在 2009 年的 8 月,由于洋山港建设项目繁多,现场人手不够,公司把我派到洋山深水港项目部,开始了我与洋山港的亲密接触。

到了洋山项目部的第一天,我就加入了建设洋山港的建设者行列,来不及熟悉洋山港的环境条件,直接投入到洋山港项目紧张地勘察资料整理、报告编写工作中。在项目部的工作作息跟在公司本部是完全不同的。因为工作休息都在一幢楼里,所以不像在公司里严格规定几点至几点是工作时间。从一接手项目开始,我们的工作时间就需要完全配合设计人员,设计人员说什么时间他们需要什么勘察资料,我们就需要在那个时间前把资料整理出来,经过校核、审核、审定并修改好后提交给设计,设计随时有疑问我们随时解答。项目着急的时候大家除了吃饭、睡觉的时间以外,都是白天去工地现场，晚上回办公室整理资料的，熬夜赶资料是家常便饭。碰上刮风下雨，外业无法实施，就可以安心在办公室整理资料了。当然这其实也不是我们所乐意的，因为外业工期拖延了，就要从内业资料整理的时间中来弥补，后续资料整理的压力更大。

2009年年初我就和家里人商定好10月要举办婚礼，这年9月家里人就开始问我什么时候开始请假做准备。当时由于项目部工作紧张，我一直没好意思跟领导请假。后来跟家里人商量后决定不请假了，反正婚期订在十一国庆假期期间，其他准备工作就全让家里人操办。就这样我利用国庆假期，没有耽误任何工作，办完了自己的婚礼。婚后，想着洋山项目部工程繁多，工期紧张，就没休婚假，假期结束就直接投入到洋山港的建设中去了。虽然这在其他人来看不足挂齿，但在于我却是意义深厚。

此后，每每提到洋山港，我内心就不由得升起无比的自豪感，虽然没为洋山港的建设作出过重大贡献，但我也曾经真正参与过洋山的建设，也曾经在洋山港奉献过我的一小段青春、抛洒过我的血汗，留下过我的足迹！

港史建筑丰碑，洋山精神永恒

咨询所　李　贺

提起“洋山港”，你联想到的也许是那气势恢宏的集装箱深水码头，也许是那颜色艳丽的港口起重设备，也许是那映着夕阳永不停歇的装卸场景，也许是那从耳旁呼啸而过的风声。你所想到的“对，也不对”，“对”在于你看到了表象，“不对”在于你忽略了内涵。洋山港自正式开港、载入中国港口建设史册以来，不仅仅代表着中国第一座全自动的集装箱深水码头，更象征着中国人民无私奉献的精神、艰苦创业的拼搏精神。在洋山深水港开港十周年总结报告大会上，市委书记韩正对洋山精神作出了最完美的阐释，即不辱使命的奉献精神、艰苦创业的拼搏精神、求真务实的科学精神、争创一流的进取精神和团结协作的大局精神，并突出强调“洋山精神”是上海城市“海纳百川、追求卓越、开明睿智、大气谦和”精神文明的重要体现。

洋山深水港于 2005 年 12 月 10 日正式开港运营，为上海港发展谱写了新篇章，见证了上海国际航运中心建设的重大突破。2015 年洋山港一、二、三期工程全面建成，生产运营管理高效有序，口岸服务效率达到一流水平，集装箱远洋航线遍布全球，国际航运枢纽港地位更加稳固，上海港的综合服务能级和国际竞争能力显著提升。自开港以来，洋山港累计完成集装箱吞吐量达到 1.08 亿标准箱，年集装箱吞吐量由开港第 1 年的 324 万标准箱，增长到 2015 年的 1537 万标准箱，年均增速近 20%，为上海港集装箱吞吐量迅速跃居并连续五年保持世界第一作出了重要贡献。

洋山港取得的成就令世人瞩目，虽然我未曾参与过洋山港的设计与建造，也未曾涉及过洋山港的经营与管理，但我仍从心底对洋山港充满了莫名的敬畏之情，也许这种难以名状的情感正是来源于我与洋山港之间千丝万缕的联系。我院作为洋山港总体设计单位，自我入院以来，时常听老一辈同事说起洋山港的那些事儿。提起他们如何化解在洋山港设计中面临的种种困境,并对解决方式的沾沾自喜;提起他们针对洋山港设计图纸的锱铢必较,并对认真负责态度的倍感欣慰;提起他们在洋山港仰望星空通宵达旦的议会,并对自我毅力的由衷惊讶;提起他们在洋山港正式开港时的手舞足蹈,并对亲临现场的独有自豪。作为总设计单位的一员,我为我的身份感到骄傲,更为三航院为洋山港建设所付出的努力而感到自豪。

2015 年单位举办新员工培训班,有幸一览洋山港真容。在单位人力资源部门组织下,近 40 名新员工乘车前往洋山深水港进行参观。近 2 个小时的车程说长不长,说短不短,但在无比期待、归心似箭孩子的眼中,2 个小时已然延展成了两个世纪,此时你只能感觉到时间的流淌,却无法感知时间的真实流速。汽车在疾驰,建筑物在飞快倒退,当我们驶入蜿蜒的东海大桥时,着实震惊于工程师的伟大,不禁惊叹工程师丰富多彩的创造力,更惊讶于工程师巧夺天工的手笔,正是这些宏伟的建筑为世界增添了的绚烂一笔。壮观的东海大桥顿时增加了我对洋山港的期待,在静静疾驰的大桥上,海水倒映着蔚蓝的天空,感受着来自海面的微风,嗅着海水淡淡的咸腥味,洋山港悄然无息地闯入我的视野。初看洋山港,感受到的不是洋山港的波澜与壮阔,也不是洋山港气吞山河的气势,而是洋山港的包容与内敛,它好像一名雄武有力的男子,以最有力的臂膀迎接船舶的每一次碰撞;又好像一名不谙世事的少女,以可爱迷人的微笑喜迎八方来客。

当我第一次驻足洋山港时,我真切地感受到洋山港的厚重与沉重,她承载了中国的大气谦和,承载了中国人的艰苦奋斗、承载了工程师的无私奉献。耳边响起了老一辈同事讲述洋山港事迹的余音,仿佛洋山港建设的一幕幕重塑于我的脑海,看到了当年那些奔走于雨中而不知疲惫的身影,看到了那些与黑夜共舞而不失信念的坚挺身躯,看到了那些风餐露宿而食之有味的刚毅面庞,我深深被老一辈同事所展现出的精神与品格所震撼,他们是洋山港最可爱的人,更是洋山精神的践行者。踏着石头阶梯,观赏着沿途的风光,来到山顶。当一排排鲜艳如火的起重设备映入眼帘之际,深刻体会到洋山港的恢宏气势,长达数百米的起重设备,以昂首挺胸的姿态伫立于码头岸旁,像一排排雨雪难以遮青的松柏,更像是一排排待检而不失风采的军队,时刻准备着为洋山港、为上海港乃至为全国港口去拼搏,去奋斗。夕阳西下,映衬着落日的余晖,洋山港披上一层金色的衣纱。与静静的夕阳相比，洋山港不断轰鸣的机械设备为整片天空奏响了星空乐歌，这不禁让我想起了精卫填海的故事，洋山港就是那不知疲倦的精卫，时刻为我国航运事业、为我国经济发展作着永不停歇的贡献。我感叹她的宏伟工程，赞赏她的豪迈雄姿，更敬重她厚重的洋山精神。

肩有责任千斤重，胸怀宏图鏖百战。回想着建设者们在这片水土上历经的一次次艰难考验，攻克的一道道技术难关，创造的一个个人间奇迹，从此我的心中烙印下一个港口叫洋山，铭刻下一种精神叫洋山精神。誓言压顶，汗水与波涛同涌；大海作证，精神与工程长存。跟随着建设者的脚步，我期待着自己继承前辈意志，能够用责任成就大志，以拼搏降龙伏虎，讲奉献谱写诗篇，在未来科研领域开创新高地。

回忆洋山

东华公司　蒋　杰

2006年9月7日，我离开南京来到上海，进入上海东华建设管理有限公司，公司给我安排的第一份任务就是洋山深水港三期进港道路高架桥项目监理工作，就此我踏上了洋山之路。还记得第一次踏上东海大桥的感觉，蜿蜒曲折，犹如一道彩虹挂在东海之上，无比震撼。经过了大、小乌龟和颗珠山，正式踏上了洋山岛的土地，来到了当时的监理园区，正式开始了我的洋山之旅。

那时刚上岛，和公司在岛上的前辈们聊天了解情况，可以以最快的速度融入环境中去，就常听他们说起以前东海大桥尚未通车时洋山深水港建设的艰辛。岛上没有搭设临建，只能大家挤在船上，生活用品只能靠几十里之外的芦潮港补给船运送，水只能勉强够基本的饮用，要想洗个澡那都是奢侈，那样的条件我没想过，更没经历过，作为听众的我也是能在脑海中播放那样的画面。可就是那样的条件，建设者们依然把洋山港一期工程完美地建成了，这是多么地奉献和拼搏才能取得这样的结果！为你们点个大大的赞，也为我自己能来到这样的团队点个赞。

洋山深水港三期进港道路高架桥工程是三期进港的门户，各项要求都很高，而我也是新到一个单位，面临着新的工作环境、新的管理模式、新的工作任务，“学习、学习、学习”是重中之重。通过学习、领会，我迅速融入整个队伍之中，只有团队协作才能将整体力量发挥到最大。我积极谦虚地向老同志学习，带好新同志，以良好的大局观配合整个团队的工作。在担任三期进港道路、高架桥项目结构专业工程师时，整体工作以全力配合总监的各项工作展开，严格执行监理程序，坚持中间检验手续，坚持分项工程开工审批手续来实现事前控制。现场监理工作求真务实，针对不同重点，采取以单位工程控制，带动分部工程质量。对于每一分项工程抓关键部位，抓薄弱环节，在过程中特别注意抓好混凝土浇筑、张拉压浆等重要工序。将工序化小，勤巡视、勤检查，出了问题及时发现，及时处理。

由于现场施工项目多，夜里施工也是常事，所以无论白天和黑夜，只要现场有施工，都能在现场看到我们东华人的身影。那段时间，很多人都成了黑脸关公，看谁脸上那两道白色的安全帽带的印记对比明显。在施工单位的努力和我们监理团队的配合下，不辱使命、顽强拼搏，最终优质高效地完成了工程建设各项任务并取得了上海市和交通部等颁发的多次奖项。我们也深刻体会了什么叫拼搏奉献，什么叫科学进取，什么叫团队协作，这也正是洋山精神的体现。任何一位在洋山工作过的同志都深有体会。

完成了三期高架，我又陆陆续续地参加了三期二阶段闸口和污水处理站、大指头和小岩礁的景观工程、工作船码头及后方陆域改造、大、小乌龟联络堤工程等等，足迹遍布了整个洋山，也见证了洋山的逐步繁荣，每次踏上小岩礁的观景平台，看到码头繁忙的景象，总是觉得叹为观止，为此给能够参与到其中的我也带来了深深的自豪感。遗憾的是，只在洋山待了五年，便因为工作需要离开了洋山，那些年的时光一直是我心中最美的记忆。

现如今全球最大的自动化码头——洋山四期工程虽已接近尾声，可洋山发展的脚步永不停滞，“洋山精神”还在指引着我们不断地前进，先定个小目标吧——今年一定要回洋山看看！

洋山之缘

海外所　陶　伟

2011年9月，一个人扛着大包小包来到上海，出了火车站，望着遍地高楼大厦，乡下人第一次感受到了大城市的繁华，坐上校车，这繁华渐行渐远，一个半小时车程，到了位于临港新城的上海海事大学，下了车就看到学校里那座醒目的红色岸桥和岸桥后面不远处那些旋转的巨大的风车，以及风车下面那座伸向海里的大桥，后来才知道那就是东海大桥，这座大桥的另一端在哪里，那时尚不得而知。坐在学校图书馆窗边，看这东海大桥远远地往海里延伸，天晴时，能见度好，能看到东海大桥延伸的地方若隐若现着一些岛屿。后来从老师口中得知，那些岛屿就是洋山深水港所在之地。出于好奇又在网上找到了一部美国国家地理所拍的洋山深水港纪录片，算是和这个东方大港的初次结缘，对渺小的人类能够征服波涛，战胜巨浪，建立东海大桥和洋山港这样的伟大工程叹为惊奇！

眺望东海大桥(2012，拍摄于东海)

2012年暑假，一位叔叔带着我和同学一起去洋山参观，汽车行驶在东海大桥之上，脑子里一直在想“原来桥还可以建这么长，这么深的海水桥是怎么建起来的？海里大片大片的风车是怎么‘种’进去的？”越是疑惑越是激发着我对工程建设的兴趣以及对工程设计建设人员的钦佩。跨过东海大桥，尽头便是洋山深水港了，早有耳闻，未曾谋面，初次相见，深感震撼！港区面临大海，岸上箱堆如山，巨轮静待，岸桥如林，一派繁荣的景象。以前对建设上海国际航运中心并没什么概念，此行之后，顿感觉悟，不觉对国家的强大深感自豪，对洋山港建设者深感钦佩。

洋山卸船作业（2012，拍摄于洋山港）

转眼到了2015年，本科阶段的最后一年，我在振华重工实习了一段时间，在长兴岛制造基地参观岸桥的生产、安装、调试过程，对港口起重装备有了一定的了解。我决定再次去洋山港看一看，于是周末又来到了这个熟悉的地方，爬上了洋山的山顶，放眼望去，整个港区一览无遗。远处航母般大小的国际远洋集装箱货轮或行驶，或靠岸。近处岸桥，龙门吊、跨运车忙碌而有序作业中，无数的集装箱肩负着全球贸易的重担或从船上到卸到堆场，或从堆场到装到船上。从2005年12月10日洋山开港至2015年正好十年，洋山已从一座籍籍无名的小岛变身为世界瞩目的国际大港，已成为推进上海国际航运中心建设的强大引擎！

与洋山的缘分并未到此结束，而因为对洋山的关注我也很早就关注着中交三航院这个公司。研究生毕业之后，我也很荣幸加入了三航院这个大家庭，开始为港口建设尽自己的一份力量。2017 年 7 月末，公司又组织我们去洋山港进行参观，这次又见到了洋山四期自动化码头。作为世界上规模最大，技术最先进的自动化码头，洋山四期也将在今年年底开港试运行。码头众多红色的岸桥依次排开，偌大的码头空无一人，五颜六色的集装箱被岸桥精准抓起又放下，无人驾驶的 AGV 小车来回自如的穿梭于码头前沿和堆场之间。绿色智能自动化的洋山四期工程顺应时代的潮流，将进一步巩固上海国际航运中心的地位。

六年洋山缘，一生工程梦，每次与洋山相遇，对“不辱使命的奉献精神、艰苦创业的拼搏精神、求真务实的科学精神、争创一流的进取精神、团结协作的大局精神”洋山精神的理解都更上一个层次，也正是这洋山精神指引着我一步步地走进了三航院，走上了工程设计岗位。立足岗位，学习洋山精神，发扬洋山精神，才能建设国际一流工程！

（2015，拍摄于洋山）

（2017，拍摄于洋山四期）

我的独家洋山记忆

综合所　刘丽娜

时光如梭，岁月荏苒，一转眼，我已经在一家公司，一个行业里工作十年多了，这十年时间里，我从一头初出社会的小牛犊，成长为一头积攒了一点经验的老牛，有的时候回头想想我的这十年，让我感觉最骄傲的也是最难忘的，可能就是跟同事们在洋山奋斗的日子了，那里承载着我的青春岁月。

2007 年 7 月，从未离开过东北三省的我，独自一人登上了开往上海的列车，心情复杂，期待又带着很多担心。在车上联系了人事处傅处长，汇报了到达上海的时间预约报到，得知我是一个人带着行李过来之后，傅处长帮我联系了洋山设计所的领导，对我说已经帮我安排好接站。当下我的心安定很多，出站口果然见到了傅处长和司机师傅，当天下着倾盆大雨，地上很多积水，我在要取行李的时候，有点犹豫，傅处长伞也没打，直接过去帮我拿行李，真的，这么多年过去了，那个瘦瘦的背影依然就像在我的眼前一样，可能像妈妈。装好行李，车子载我到院总部，办好入职手续，就直接奔赴洋山了，我的洋山生活开始了！

2007 年 7 月 10 日，我第一次踏上了小洋山岛，到了之后，安排我入住洋山基地，领导和同事都很热情，我也很快适应了这里的生活，工作步入正轨。

洋山设计所的工作有其自身特点，专门做洋山一个地区的工程项目，业主、设计、施工、监理都在这边设有项目部，每周大大小小的工地例会很多，每周去工程现场的机会也很多。

苦，这里的确是苦的。岛上没有超市，只有两个小卖店，卖泡面、啤酒为主；太阳和海风很毒，在北方从未擦防晒霜打过伞的我，皮肤被晒伤；生活单调，早起就是工作，晚饭后还是去办公室看书或者加班……但是有一群同事在一起，好像日子也过得很快。

洋山所机构总人数不多，但是五脏俱全，每个人都要独当一面。在这里，我参加过许多大大小小的工程会，积攒了很多跟工程各方沟通的经验，对我今后的工作有很大帮助；在这里，我早早地就在项目里承担单项工程的项目总负责人和专业负责人的双重角色，偶尔还有点自己还挺能干的错觉，应该是自身价值实现的那种自豪感；在这里，领导看重锻炼培养年轻人，我在参加工作第二年，就推荐我参加单位组织的“四新”比赛，参与“QC”竞赛，也取得了自己比较满意的成绩；在这里，还有很多很多，生活、工作以及做人各个方面，借这次征文的契机，我又重新回忆起了很多尘封记忆的点点滴滴，又走了一遍青春。

2010年3月，服从公司调动，我调到了综合设计研究所，从“岛民”变成了“城里人”，虽然离开了洋山所，但是每每听到大会上有人讲洋山所，提到洋山精神，我都感觉挺自豪。

什么是“洋山精神”？我百度了一下，“不辱使命的负责精神、勇挑重担的拼搏精神、保持本色的奉献精神、求真务实的科学精神、团结协作的大局精神”，这就是“洋山精神”。我觉得，真正的洋山人，其实根本没想这么多，就是踏踏实实坚守了下来，勤勤恳恳做了每一项工作，这种精神是渗透到每一件事情当中去的，这种精神值得去传承和发扬光大。

学会用数据说话

综合所　于传见

与洋山工程结缘始于2005年，进院2年后，响应洋山所的号召，我和另外几位同事一起踏入了洋山工程大门。此后有幸参加了四期工程的前期论证、设计工作，在各位领导、同事的带领和帮助下顺利完成了自己的任务，值此机会回顾四期工程建设的历程与大家分享。

四期工程的论证始于2003年，其初衷是研究利用颗珠山汊道水域，为小型船舶提供一个比较好的避风水域。但随着一期~三期工程的实施，颗珠山汊道不断刷深，由原来的一个小汊道逐渐发展，成为小洋山岛链仅存的唯一汊道。按照洋山建港初期的规划，小洋山西部港区的建设需要封堵颗珠山汊道，自二期工程向西继续延伸建设港区。但随着洋山一期~三期工程建设完成后，港区前沿的水深情况好于预期，作业情况也较好，因此有专家提出保留颗珠山汊道，以免破坏当前有利的冲淤格局。

为了回答封堵颗珠山汊道的影响，我院会同天津水运科学工程研究院、华东师范大学、大连理工大学、天津大学、东海海洋工程研究院、上海航道院、长江口水文水资源勘测局等国内著名的科研院所一起，对洋山海域的潮流、泥砂、地形进行了多年的大范围监测，采用ADCP走航，OBS悬沙观测、无验潮地形测量等先进的技术手段，大大提高了野外观测的精度和广度。同时，利用潮流泥砂物理模型试验，对封堵、不封堵颗珠山汊道的建设方案进行了几十组次的试验，研究了方案实施后洋山海域的潮流动力变化、水下地形冲淤。采用野外测量加模型试验的手段，最终得出了封堵颗珠山汊道后，其泥砂回淤量要小于保留颗珠山汊道的方案，该成果也得到了各方的认可，为确定四期工程方案提供了坚实的科学基础。

从控制风险的角度考虑，四期工程最终采取了保留颗珠山汊道方案，为了解决保留颗珠山汊道后，陆域面积不足的问题，我院又综合考虑，提出了建设全自动化码头的方案,将四期工程的通过能力由420万标准箱提高到600万标准箱,增幅达到50%。

四期工程于2009年开工,至今已渐进尾声,四期工程的论证与建设,我院投入了大量的人力物力,克服了许多的技术难题,将不利因素化为有利因素,取得了令人满意的成果,作为洋山工程建设者的一员,在四期工程方案论证过程中,感悟最深的一点就是做设计要用数据说话。

一分耕耘，一分收获

东华公司　杨　明

2014年7月，接到东华公司调令，我将参加上海国际航运中心洋山深水港区四期工程西侧导流堤工程的监理工作，我的心情无比激动，能够参与洋山深水港建设监理工作一直是我的一个梦想，记得刚进东华时，每每听见各位前辈们聊天说到洋山时，他们的脸上都会流露出那种自豪感，我想不仅仅是因为它是世界上最先进、规模最大的智能化集装箱码头，它同时也是各位前辈们艰苦奋斗的地方，那里留下了他们的辛酸和汗水，我想正是因为有无数建设者的无私奉献才支撑起了这个东方大港。所以我很想去一睹东方大港的真容。

7月中旬我带着激动的心情踏上厦门前往上海的高铁，到达洋山时已经是黑夜笼罩了，没有领略到美丽东方大港的亮丽风景，虽然有那么点小遗憾，可心情还是很激动，因为这里将是我以后工作及生活的地方，这里的一切一切对我来说都属于新鲜事物。我到达的那天晚上，监理部的几位同事热情地接待了我，给我留了份可口的洋山晚餐。吃完晚饭后，我们开了个简短的会议，相互之间做了介绍，周林根总监也针对我们各自熟悉的领域给我们接下来的工作进行了分工安排。

西侧导流堤位于洋山深水港区四期工程的最西端，东端与西围堤相接，堤轴线全长1509.5米，西侧导流堤工程共分为1个单位工程、5个分部工程、25个分项工程。本人在洋山四期工程主要肩负西侧导流堤工程监理部资料的收集整理和施工现场旁站工作。

导流堤施工监理对我来说是一个全新的领域。开工伊始，我认真参加总监组织的有关对导流堤工程进行监理的各项知识教育课，了解了导流堤施工的概况、范围及方法。了解了海潮、流速对海底铺排、铺砂被、碎石垫层、块石筑堤质量的影响，掌握了施工监管的重点。在施工的监督中，根据

"施工组织设计"所提的方案，通过监督打水砣，随时了解砂被、碎石的铺设厚度是否达到设计要求；还学会了利用海面的漂流物计算流速的技术，了解了GPS对施工的重要作用，加深了严格进行科学施工是保证和提高施工质量的要素的认识。在铺排、塑排船上执行旁站监理时，认真检查"土工布构件"的加工质量、观察检查铺排位置的GPS船位与设计排位是否精密重合、砂肋条的充实度是否达到85%、砂被的铺设速度与用砂量是否基本达到了设计要求、碎石铺设厚度是否达标、塑排的搭接长度、打设深度及点位是否满足设计要求、是否存在漏打、跳打想象的检查；在毛石混凝土挡墙浇筑、灌砌块石的砌筑旁站监理时，认真学习施工方案，每道工序都要严格把关，且施工精度必须满足规范的要求。在监理旁站期间，针对发现的质量问题，我严格按照"发现问题→调查取证→分析原因→解决问题"这一方法进行处理。

在安全管理方面始终坚持"安全第一、预防为主、综合治理"的安全生产"十二字方针"，洋山的特殊环境和地理位置，没有安全生产的保障和良好的安全氛围，就不可能保证施工质量和施工进度的正常开展，所以要求作为现场监理的我们要时刻绷紧"安全弦"，做好一岗双责，大家一起管安全。在认真地翻阅"施工组织设计"和"监理实施细则"后更明确了各项水上施工的安全要求，在乘坐交通艇时必须穿戴安全帽救生衣，检查充砂袋的饱满度时必须注意避免站翻版一侧，以防砂袋突然破裂会将人冲入海中的危险。对甲板上施工人员忘戴安全帽、忘穿救生衣等不安全行为及时进行了批评、纠正，并进行了经常性的提醒，杜绝了重复发生，确保了施工安全。

在资料管理方面，配合各专业监理工程师对施工单位上报的工程资料进行严格把关，确保上报的施工资料与现场施工进度保持一致性，定期对施工单位的内业资料进行检查，确保工程资料的完整性。协助专业监理工程师编制和整理规划细则，编制会议纪要及监理周报、月报，并对日常的监理资料进行收集、整理和归档。工程资料是真实反映工程项目施工的结果，资料就是在工程建设过程中形成各种形式的信息记录。

监理的每一项工作都对应了一份责任和付出，在两年多的监理历程中，我收获了经验，提升了技术水平，正所谓"一分耕耘，一分收获"，当我站在高高的观景平台上眺望四周时，东海大桥以及举世瞩目的洋山深水港尽收眼底，如火柴盒大小的集装箱密密麻麻地整齐排列着，各式各样的起重机械忙碌运行着，数不清的集卡来回奔波着和那条宛若巨龙的东海大桥，我不经发出一声惊叹，东海大桥及洋山深水港工程不愧是我国建设者智慧和汗水的结晶。目睹东海大桥及洋山深水港工程的浩大和宏伟，对建设者们表示由衷的钦佩，同时也为能参与洋山深水港工程的建设而感到由衷的自豪。

脚踏实地、用心浇筑

东华公司　方后春

大学毕业后，我就始终在一家公司、一个行业里工作，像我这样的人实在太多了。入职5年来，我先后转战洋山港、华能长兴电厂、蚂蚁岛，再到大、小鱼山岛，从监理到EPC总承包再到项目管理，从现场旁站、施工、档案管理到合同造价管理各个岗位，一直勤勤恳恳、脚踏实地，认认真真做好每一项工作。要说唯一让我感到骄傲与值得记录的，可能就是在洋山奋斗的这么多日日夜夜了。

2012年7月28日，结束了三航院两周时间的新入职员工培训，根据公司统一安排，我被调配到洋山监理部，担任一名普通的现场监理员。乘坐公司班车，第一次踏上东海大桥，看着旁站一座座大型风力发电机组从自己眼前划过，感到无比震撼。随着班车驶入东海大桥尽头，我来到了洋山港，一座三航院人为之付出艰辛的东方大港，一座沉淀了几代国人梦想的深水港。刚刚踏上洋山这片沃土，我就下定决心，要踏踏实实地向洋山前辈学习，夯实基础知识，在洋山为自己的职业生涯留下浓重的一笔。

入职前三个月，我被安排在施工现场从事旁站工作。从基础开挖、垫层浇筑、钢筋绑扎、模板支设、混凝土浇筑等等各项工序流程，我都始终跟随施工班组一起进出，全过程旁站每道工序，跟着现场工人认真学习书本上没有的知识要点。跨线桥钻孔灌注桩施工期间，需24小时不间断施工作业，为保证了钻孔灌注桩施工质量，即使在雪花纷飞的寒冬深夜，我仍坚守在施工现场，不畏艰辛认真履行监理旁站职责，每次清孔都亲自检测数据，严格把控桩基施工的每一道工序，为上部结构的安全施工夯实基础。

随着洋山保税港区扩区工程的持续推进，我被调任合同造价管理岗位。三个标段同时开工建设，合同造价管理工作日趋繁重，需要面对三家施工单位，加之业务不熟练，有时遇到些常见问题，对我这刚刚走出大学校门的新生来说，却是天书一般。为了能满足工程进度的需求，达到业主满意，我时常加班到深夜，通宵达旦亦不乏有之。最终在不到半年的时间里，我从一名懵懵懂懂的大学生快速成长为监理部合同造价管理的负责人，多次代表监理方独立组织建设单位、审计单位、施工单位召开造价计量专题会议，公平、公正维护各方合法利益，得到各参建单位一致好评。

2014 年，我被调任华能长兴电厂监理项目部，仍不辞辛劳，发扬无私奉献精神，独自多次往返长兴与洋山两地，协助业主单位完成了洋山项目的档案验收及结算工作。并在此期间，认真钻研公司前期遗留文件，积极与业主单位沟通，在前期项目结束 2 年的情况下，为公司增补了十余万元的监理服务费。

洋山，是我学习成长的地方，留下最美好回忆的地方。离开洋山，已将近 4 年，在洋山发生的点点滴滴，仿佛就在昨天，仍历历在目，时刻难忘。洋山港的建设发展，我也算参与了其中，洋山的年吞吐量从零起步，一次次打破集装箱码头单船装卸效率世界纪录、一次次刷新集装箱码头桥吊单机效率世界纪录，成为上海建设国际航运中心、参与国际竞争的战略支点。尤其是广为传颂的洋山速度、洋山精神，更让我始终有一种自豪感。

构建平安洋山深水港

东华公司　钮旭东

本人 2007 年参加洋山深水港三期工程监理任务，相继又参加上海国际航运中心洋山深水港区四期工程西侧导流堤工程和自动化堆场工程安全监理工作，能够再次参与世界上最先进、规模最大的智能化集装箱码头而感到骄傲和自豪，也深感到自身的责任和重担。

洋山深水港四期工程位于小洋山岛链最西端，颗珠山汊道以西，与洋山二期工程相邻。洋山四期工程在小洋山的特殊环境和地理位置，尤其外海岛作业的客观因素影响，如没有安全生产的保障和良好的安全氛围，就不可能保证施工质量和施工进度。

本人在洋山四期工程主要肩负西侧导流堤工程和自动化堆场工程安全监理工作，在总监的安排和领导下，认真执行安全监理规范，全力监护施工安全的警钟长鸣。在工程开工前，熟悉现场作业环境及施工方案要求，辨识、分析洋山四期工程的重大危险源，编制了有针对性、详细全面的《安全监理实施细则》，组织监理部全部人员进行学习和落实相关安全文件的宣贯，要求全体监理人员时刻绷紧“安全弦”，做好一岗双责，大家一起管安全的准备。

同时在工程进行过程中坚持每天现场巡视、检查，对各工序都仔细观察，对容易产生安全隐患的工序，认真监督，一旦发生隐患和不安全事项，立即通知施工方有关人员，要求整改；遇到重大安全隐患，及时向总监或总监代表报告，向施工方下达监理工作通知单，在项目施工过程中，采取各种监理的方法和手段，掌控现场施工安全，避免、防范安全责任事故的发生。

通过参加洋山四期指挥部每月的安全月度会议，本人积极落实安全会议精神，从会议上借鉴其他工程项目的管理经验，吸取相关教训，根据业主、海事、港口、公安等部门的要求对照、检查监理部的安全监理工作。每周的周例会对施工现场安全生产状况进行分析，提出当前存在的问题，要求施工单位及有关各方面予以改进，保证了安全的常态长效化管理。通过安全月度会明确了各个不同时段的安全监理的方向和安全监理的工作重点，对实现安全生产起到了重要的指导性作用。

在2015年7月7日的“灿鸿”台风抗台中，当时“灿鸿”台风预报在福建福鼎和浙江象山登陆，可能正面袭击上海市和小洋山海域。7月10日台风中心附近最大风力达16级，伴有持续的大暴雨和特大暴雨，作为监管安全的我，立即组织施工单位上海道局和中建港务工程公司主管安全人员召开紧急会议，严格按应急预案逐步落实施工设备、大型船舶、供电、土建高层建筑物、临舍等设施的避风、加固和拆除等措施，并与施工单位一并成立抗台应急小组，做到预案周详，措施齐全，检查到位，不留死角，同时在洋山四期指挥部的统一组织、协调下，充分做到了预警及时、处置得当，7月9日完成对加工区2000余人全部撤离出岛任务，应急保障和台风过后的恢复生产都做得有条不紊。此次事件中体现了应急预案的重要性以及必要性，此前监理部认真审核了项目部的年度安全应急预案以及季节性应急预案并提出指导性意见，同时督促并参加了施工方主导的防台、防汛应急预案演练，检查了预案要求的相关设备及物资准备，是此次成功抗台的关键因素。

伴随着东海大桥集卡车辆通过的鸣笛声，混凝土车辆在洋山四期工程的穿梭，自动化堆场和导流堤工程又进入常态化施工，作为安全监理督促项目部继续坚持做好长效常态的安全管理工作，确保洋山四期工程的顺利进行。

记一次水文测量中的洋山精神

勘察公司　刘鹏飞

2016年10月,作为勘察公司的实习生,我有幸随水文室参加洋山深水港一处配套工程的水文测量项目。由于当时还是一名初出茅庐的学生,去之前内心忐忑不安,担心自己无法胜任在船上的工作,更担心由于自己从小在内陆长大,上船以后会晕船难受。怀着惴惴不安的心情,我随着大家从公司出发前往洋山港,准备第二天上船工作。

汽车行驶在高速公路上,很快,汽车就驶过了芦潮港,当通过收费站进入桥面时,我只觉得这是一条宽阔而又平坦的公路,没有什么特别惊奇的地方。随着汽车不断地前行,我才知道这一想法是多么的无知。在桥梁的引导下,我们从延绵的海岸前行,越过浑浊的海水,将大海踩在脚下。此刻我才发现,蜿蜒前进的东海大桥,一眼看不到头,像一条美丽的长虹,又犹如一条蛟龙,在海面上空中飞腾!带给我的感觉只有震撼,不禁感慨如此雄伟壮阔的工程。

经过了壮丽的东海大桥,到达了美丽的洋山港。我又看到了一排排的泊位,无数个集装箱在各种机械器具的引导下井然有序的移动着,排列着,堆放着。最外侧是一架又一架龙门吊,看着像是一个个倒立的坐标轴,一端从岸上升起,另一端则像是手臂一样升入大海,我看到它们在不断地运作着,从停泊在码头上的轮船上将集装箱吊起,之后又转移到岸上的运输车辆上,不断的运输着一个个集装箱。整个码头给人的第一感觉就是忙碌,不过在忙碌之中也看到了井井有条的秩序感,像是一个整体的系统,更像是一个有机的生命体,不断地吞吐着集装箱。在随行的同志介绍给我说我们三航院也参与建设了这两大奇迹以后,作为一名准员工,一股自豪之情油然而生!

第二天一大早,我们就上船了,开始了在船上的工作,按照之前的安排,我们要在船上大约三十个小时,也就是第三天中午才能下船结束这次工作。刚上船的时候没有觉得不舒服,工作之余还在感受大海的平静。此时的大海像是一面明镜,倒映着蓝天、白云和远处的洋山港。我沉浸在大海的平静之中,看着星星点点的浪花,感觉非常的惬意。直到傍晚的时候,海上起风了,我所担心的事情也终于发生了。

刚开始还觉得微凉的海风带来的空气清新而又自然,海面上的波浪像是一个个翻滚的小精灵,船只是在微微地晃动着,时间长了,我感到自己的脑袋晕晕乎乎的。到了晚上的时候,海面上能看到的东西极为有限,海风更大了,像未知的怪兽一样,不停地翻搅着海面,晃动着小船,我的胃也随着翻江倒海。我只觉得更加难受、恶心,整个世界都在天旋地转,只能在船舱里面躺着休息。可尽管这样也没有用,由于自己第一次在海上坐船,虽然浪并没有特别大,可是由于身体非常不适应,只能对着塑料袋一次次地吐。面对着波涛汹涌的大海,自己真的一点抵抗之力都没有,只能感受着肆虐的海风一遍又一遍地蹂躏着我的躯体,太难受了。

透过船舱的窗户,我看着外面翻滚的大海。这时,我才注意到了远处的灯光,明亮的路灯点亮了东海大桥,远远看着像是一条发光的巨龙蜿蜒在海面上,由于视线有限,只能看到东海大桥的一部分,这可真是"神龙不见首尾"啊。看着远处的大桥,我感觉到它更伟大了。过了一会儿,我又看到了远处的洋山港,虽然由于距离比较远看不清楚,但是上面的点点星光仍然在忙碌地移动着,洋山港仍然在恶劣的天气条件下为祖国人民服务着、奉献着。这时我才想到,面对着肆虐的海风,它们仍然在那里岿然不动,这不正是我们三航院坚韧不拔的洋山精神吗?

正是在这种精神的支撑下,我们公司的前辈们才能在当年更艰难的条件下建设洋山;正是在这种精神的支撑下,洋山港的建设才能不受各种恶劣的环境限制;正是在这种精神的支撑下,我们三航院才能将洋山的经验发扬光大,继续努力去建设一座又一座港口,成就一个又一个奇迹!

想到这里,我觉得身体上的痛楚减缓了许多,看着远处的灯光,感觉洋山精神也在激励着我,鼓励我克服眼前的困难,努力完成自己的工作。我吃了一点东西,努力让自己站起来保持平衡,虽然晕船很难受,但我知道,在洋山港的建设过程中,比现在更大的风、更高的浪,一定出现过无数次!比起前辈们当时的困难，现在的晕船又算得了什么呢？

次日，我又看到了洋山港，依然跟之前一样，忙碌而又井然有序地运作着。在洋山精神的支撑下，我也从心理上克服了对晕船的恐惧，努力完成了在船上的工作。

虽然那次水文测量过去很久了，但后来每次自己晕船的时候，每次遇到困难的时候，我总会想起那天晚上在波涛汹涌的大海中屹立着的洋山港，感受着洋山精神给我的鼓励。这种精神将永远伴我前行，帮助我克服更多的困难，建设更多的“洋山”！

洋山的速度

勘察公司　胡振明

洋山的速度是三航院的速度，更是上海的速度，中国的速度。

洋山的速度主要体现在以下过程。

1996 年 5 月，开展洋山深水港区选址论证。一大批国内外专家、学者和科研技术人员，对从港址论证、工程立项到开工建设全过程进行研究，对港口建设的技术可行性和经济可行性进行了深入分析，对地质、水文、气象、环境等各方面进行了综合评价。

2002 年 6 月，洋山深水港区一期工程全面开工建设。2005 年 12 月，工程竣工并开港使用。一期工程是“十五”期间上海最大的城市基础建设项目，总投资 143 亿，工程由港区、东海大桥、沪芦高速公路、芦潮港陆域配套工程等四部分组成。共建设 5 个 10 万吨级深水泊位，前沿水深 15.5 米，码头岸线长 1600 米，可停靠第五、第六代集装箱船，同时兼顾 8000 标准集装箱船泊，陆域面积 1.53 平方公里，堆场 87 万平方米，年吞吐能力为 220 万标准箱。东海大桥始于南汇芦潮港客运站码头东侧 4 公里的海滩与现大堤的交接处，终于浙江省嵊泗县崎岖列岛的小城子山，总长 32.5 公里，其中跨海部分 25 公里，按双向六车道高速公路标准设计，桥宽 31.5 米。沪芦高速公路北起 A20 公路（外环线）环东二大道南，至东海大桥登陆点，全长 43 公里。芦潮港陆域配套的重要组成部分是海港新城，新城规划用地 90 平方公里，居住人口 30 万。

2005 年 6 月，洋山深水港区二期工程开工建设，2006 年 12 月，工程竣工并开港使用。洋山深水港区二期工程总投资 57 亿，沿一期工程向西顺延，码头岸线长达 1400 米，建设 4 个 7～10 万吨级集装箱专用泊位（兼靠 15 万吨集装箱船靠泊），陆域总面积约 88.83 万平方米，设计集装箱年吞吐量 210 万标准箱。二期工程建设内容主要包括 400 万立方米抛（吹）填砂、86.1 万平方米道路堆场、15个总建筑面积15187.7平方米单体房建工程、60台大型装卸工艺设备、港区生产管理系统等。

2007年12月,洋山深水港区三期工程一阶段竣工,2008年12月,洋山深水港区二阶段竣工。洋山深水港区三期工程总投资170亿,共建7个10万吨级泊位,前沿水深17.5米,码头岸线长2650米,其最东端可停泊15万吨集装箱船。陆域面积5.9平方米,年吞吐能力为500万标准箱。

2014年12月,洋山深水港区四期工程开工建设,预计2017年年底完工。工程总投资约139亿,泊位岸线长2800米,共建设5个5万吨级和2个7万吨级集装箱泊位以及必要的配套设施。洋山深水港区四期工程采用全自动化集装箱装卸设备和一流的自动化生产管理控制系统。

随着洋山四期工程的投产使用,上海的集装箱年吞吐量将达4000万标准箱。

记得在1996年洋山深水港区项目论证阶段,从上海到洋山晃晃悠悠大概需要一天时间,首先坐车到芦潮港,然后坐船到洋山,现在大概只要2小时。

与洋山深水港工程一样,三航院也经历了较快的发展,从1996年到2017年,公司年产值从几个亿到三十多亿。

三航院正以洋山的速度迈上新台阶,上海也正以洋山速度走向辉煌,中国正以洋山的速度大踏步地走向更加繁荣富强。

参观洋山港有感

海外所　程　伟

东海之滨,杭州湾内的嵊泗列岛上,坐落着我国最大的集装箱港口——洋山深水港,港区由大洋山、小洋山等数十个岛屿组成,是我国首个在远离大陆的孤岛上建设的现代化港口。

我们中交三航院是洋山深水港的总体设计单位,洋山港的建设,凝聚着三航院人的才智和心血。在孤岛上建港,没有范例可供参考,三航院的前辈们不畏艰难,勇于任事,十年磨一剑,以魔术师般的点金之手,让昔日小渔村变为如今的海上运输枢纽,对我国探索离岸港口建设有开创之功。国际港口协会会长曾三次到访洋山,赞叹道:“我走过世界上所有大港,也见过一些建在海岛的港口,但像依托洋山这样的孤岛,在离大陆如此远的地方,建规模如此大的现代化港口,殊为罕见。”

作为一名港口行业的从业者,登上洋山,亲眼见识这雄伟的东方大港,一直是我的心愿,2016 年 7 月 22 日,入职培训的最后一天,我们三航院三十多名新员工,在人资部方君华部长的带领下,驱车前往洋山港参观学习,借公司培训之机圆梦,实在令我兴奋不已。汽车驶过临港新城,再往前就是东海大桥,远远望去,只见桥面蜿蜒在东海之上,一桥飞架,天堑通途,如长龙卧波,洋山港就是通过这座 30 多公里长的跨海大桥与陆地相连,大桥两旁的海面上矗立着一排排风力发电机组,与东海大桥交相辉映,蔚为壮观!

汽车行驶在宽阔的东海大桥上,与陆地无异,不多时,洋山已遥遥在望。穿过大桥尽头的隧道,眼前顿时豁然开朗,我们来到了小洋山岛,尽管还只能看到港区一角,但洋山港的雄伟壮观已让人震撼不已。码头上停靠着数艘万吨巨轮,几十架高大的岸桥在码头前沿一字排开,交织成钢铁的穹窿,气势恢宏。后方堆场上,无数的集装箱整齐地堆积,如同连绵不断的山丘,其间,场内集卡来往穿梭,繁忙而又井然有序。

汽车沿着小洋山的盘山路爬上山腰的停车处，我们下车后，继续沿着石阶拾级而上，登上山顶的观景台，只见观景台的石壁上，刻着洋山深水港五个鎏金大字，一个巨大的铁锚矗立在石壁旁，象征着守卫，也象征着起航。极目远望，整个港区一览无余，港内巨轮停泊，码头上岸桥林立，堆场集装箱成行，闸口处集卡穿流，港区四周是茫茫大海，群岛如珍珠散落，大洋山上的村镇依稀可见，一派兴旺景象。

盘山公路

洋山石碑

巨轮进港

洋山俯瞰

回程的路上，海面雾霭茫茫，微风拂面，想到在洋山港的见闻，不由心潮澎湃，感慨万千：上海市控江襟海，居我国海岸线之中、发展水运有得天独厚的优势，却曾长期苦于长江口泥砂淤积严重，没有深水良港。工欲善其事，必先利其器，党中央高瞻远瞩，打破行政区划，做出了建设洋山港的重要决策。号角一响，四面八方的建设者齐聚洋山，十数年间风云激荡，围海造地，镇澜筑港，无数人驻扎孤岛，远离亲人，敬业奉献，拼搏进取，以愚公移山般的坚韧不拔，团结协作，用汗水和鲜血掺和的钢筋混凝土，浇筑成宏伟的洋山港，在中国工程史上，立下了不朽的丰碑！

如今洋山港的每年的吞吐量已达1500余万标准箱，举世瞩目的洋山四期自动化码头也将于今年年底试运营，洋山港真正推动上海进入了"海洋时代"，为上海市巩固国际航运中心地位，支撑海上丝绸之路的国家战略，奠定了扎实的基础。洋山工程孕育的"不辱使命的奉献精神、艰苦创业的拼搏精神、求真务实的科学精神、争创一流的进取精神、团结协作的大局精神"，也已融为上海城市精神的一部分，将永远流传下去，生生不息！

在洋山精神的号角中砥砺前行

综合所　夏昊凉

洋山港——一个东方大港响亮的名字，它已经成为上海的代名词。到2017年年底洋山四期工程将竣工运营，洋山港将成为全球最大的自动化集装箱码头。它的建成标志着三航院人的业绩，也将代表着上海人乃至中国人的骄傲。我为自己是洋山港建设者的其中一员而感到无比自豪。

洋山港的创业精神就是：不辱使命的负责精神、勇挑重担的拼搏精神、保持本色的奉献精神、求真务实的科学精神、团结协作的大局精神。正是这样的洋山精神激励着所有的三航院人，集中智慧、齐心协力、攻坚克难，建设着全球最大的自动化集装箱码头。

洋山港它位于杭州湾入海口，在长江口外海，上海南汇芦潮港东南，洋山深水港区位于浙江省嵊泗县崎岖列岛，由大、小洋山等数十个岛屿组成，是中国首个在微小岛上建设的港口，是中国发展上海自贸区，建设海洋强国的依仗。雄伟壮观的长32.5公里的东海大桥又将洋山和上海连接一体。

2014年12月23日，洋山深水港区四期工程正式开工建设，这是国内首个全自动化集装箱码头，工程总投资约139亿元。届时上海港的年吞吐量将突破4000万标准箱，是美国所有港口吞吐量的总和，也是目前全球港口年吞吐量的十分之一。建设全球最大自动化集装箱码头的重任落在了三航院人的肩上，三航院人面对前所未有的挑战毫无畏惧，凭着坚实的技术底蕴、扎实的工作作风、顽强的拼搏精神，将一座精密而又雄伟的洋山港呈现在世人面前，交出了一份完美的答卷。

刚进入三航院工作的时候，我有幸参加了院里组织的参观洋山工程的活动。当踏上小洋山岛至高点环顾，所见都是轰鸣的机械，开山爆破声此起彼伏，繁忙的翻斗车川流不息，运输车来回穿梭一派你追我赶的热火朝天的建设场景；海浪拍岸声和机器轰鸣声、工人吆喝声交织在一起，又是一派热火朝天的劳动场面。每一个在现场的人，都会被这种劳动氛围所感染，在这里我看到了三航院人，看到了所有的劳动者，都在用实际行动诠释着洋山精神。这里有许许多多的感人故事，感动着我，激励着我。

时任综合所所长的王大刚同志给我们介绍道，冬天的施工现场，海岛的风特别得猛，呼呼地刮着。站在工地上感到风在呼啸、沙在飞舞，使人站不牢看不清，不一会就是灰头土脸了。碰到下雨天，风又夹带着雨点砸在脸上生痛生痛，真是晴天一身灰雨天一身泥，吹干了衣服硬邦邦的，头发也是硬邦邦的活像个刺猬。工人们的手脚被钢筋泥砂撕裂了口子，为了赶时间、保质量，没有人叫苦，还个个专心致志地做着手中的活。安全质量监督员更是坚守岗位认真负责，他们有时候仰着头，有时弯着腰，每道工序、每个细节都一丝不苟地查找，强烈的工作责任心促使他们为了港口项目的百年质量大计而严格把关。

有一次工人师傅们为了完成当天的工作量（因为碰到技术上的难题延误了时间），他们顾不得吃饭，忘记了下班，直到优质完成才罢休。而这时，头顶已是满天星星了。他们虽然疲惫，但脸上还是洋溢着胜利的喜悦，这就是对洋山精神的最好诠释。

洋山港的建成凝聚着三航院人的智慧和心血，施工图纸的设计工程师们，更是为了一个小小的数据，都要经过无数次的测试检验，又到现场反复察看，本着对工作高度负责和严谨的科学态度，不厌其烦直到没有丝毫疑点为止，一次次地讨论，一次次地完善，这就是对洋山精神最好的诠释。

虽然我并未亲身参与过洋山工程，但洋山精神时刻激励着我。作为一个三航院人，不要以为自己只是“小人物”起不到大作用，我认为，贡献不分大小，前进的帆船既要有发动机，更需要螺丝钉！在目前企业转型升级的关键时刻，我们每个三航院职工即将迎来更大的机遇和挑战。在这关键的决战阶段，我们要鼓足干劲勇于担当，撸起袖子加油干，确保三航院的“转型升级之战”打出声势，打出效果，共同展望三航院灿烂美好的明天。

深耕细作、不断创新

建筑所　王苑龙

经过近六年的前期科学论证和六年的设计研究工作,三航院作为总体设计单位完成了作为国家战略项目的上海国际航运中心洋山深水港区的选址、总体规划和一、二、三、四期工程的勘察设计工作。目前四期工程即全球最大的自动化集装箱码头工程将于2017年年底竣工运营。洋山深水港区实现了上海建设深水港的历史性跨越,为我国参与国际竞争提供了有利条件。洋山深水港区位于东海海域的小洋山群岛上,距上海浦东新区芦潮港约30公里,港区与上海市以32.5公里的东海大桥相连。港区深水泊位岸线总长近8公里,其中规划建设集装箱深水泊位20多个。已投产的洋山深水港区一、二、三期工程,具有大型远洋集装箱泊位16个,吞吐能力超过1000万标准箱。从默默无闻的渔村小岛,到如今全球最大的现代化集装箱港区,三航院人用自己的智慧与汗水伴随洋山深水港走过了不平凡的十年。

洋山深水港建设十年磨一剑,不仅创造了骄人的业绩,而且孕育了弥足珍贵的“洋山精神”,即不辱使命的奉献精神、艰苦创业的拼搏精神、求真务实的科学精神、争创一流的进取精神、团结协作的大局精神。“洋山精神”是上海城市精神“海纳百川、追求卓越、开明睿智、大气谦和”的重要诠释。

为了保证洋山工程的顺利进行及完美收官,三航院专门成立了洋山所,调动大批力量为洋山工程服务,从开始的大批人马常驻岛上到后来的轮流上岛参与现场服务,三航院人任劳任怨,扎扎实实,开拓进取,乐于奉献。在建设洋山的艰辛过程中,三航院人把深耕细作的匠人精神带入到工作中去,精益求精,不断创新,艰苦奋斗,涌现出了一批又一批的先进工作者。

在洋山港110千伏输电塔基础设计与施工过程中,遇到了很多难题,三航院设计人员和技术领导经过不断地思考与努力,多次到现场指导服务,最终克服重重困难,完成了110千伏输电塔基础的设计与施工。在3号塔的基础设计过程中，由于受到山体及用地红线等多重因素的影响，基础形式一变再变，从最初的独立基础，到后来的独立式锚杆基础，以及到最后的大型整体式联合基础，设计人员进行了多次的计算与论证。

DZ3 输电塔位置靠近洋山景区，为不影响景区环境，要尽量减少山体的爆破，而 DZ3 输电塔 4 个塔脚有两个位于山脚下，且部分已经伸入山体或就在山体边缘，而另外两个已经贴近用地红线且已经位于海边，如果采用独立基础，即便做的很小也将会破坏岩体，并且岩体上部有突悬的孤石，下部的扰动必然会造成上部岩体的松动破坏。而另一种考虑是减小输电塔的根开，但是输电塔上部结构构件已经开始加工，并且根开的减小会导致基础受力的增大，从而增加基础的工程量。综合各方面因素考虑，我们选用了在输电塔设计过程中没有用到过的大型整体式联合基础，这种基础形式结构受力分析复杂，我们采用了 madas、pkpm 等多种计算软件，在多种不利工况组合下对基础整体的受力情况进行分析，并且召开了专家评审会，听取了权威专家的意见，不断修改，最终促使设计图纸成稿。面对时间紧，要求高的设计任务，三航院设计团队精心组织，全力投入，加班加点，保质保量地完成了输电塔的施工图纸。

在施工过程中，对于大体积混凝土施工、靠近海边施工如何降水等问题，三航院设计人员不断讨论、翻阅资料，多次请施工专家进行专项论证，常驻项目部配合施工单位施工，经过近一年的设计施工，终于圆满完成了输电塔的施工，完成了国家交给我们的使命。

看着两百多米的输电塔巍然屹立，是对三航院人辛勤付出的肯定，更是三航院人的荣耀。

洋山深水港十年取得的成绩属于过去，更重要的是面向未来。我们要继续发扬“洋山精神”，更好地用奉献、拼搏、科学、进取、大局精神激励大家，投身事业，不懈奋斗，为国家的发展作出更大贡献。

洋　　山
——筑梦开始的地方

海外所　丁同文

两年前的那个夏天，我光荣地成为三航院的一员。也是在那个夏天，我学习并知晓了三航院的光辉历史，并对我院的明星工程——洋山港项目有了较为全面的认识。入职后的一周，公司就组织新员工参观洋山港，初入洋山港，面对她的大气磅礴，我的自豪感油然而生，虽然我未参与此项目，但身为三航院的一员，我由衷钦佩那些设计她、建设她的同事们。而这，也是我开始职业生涯，筑梦的时刻。

一个小插曲是，入职后的两个月左右，当我去中华艺术宫游览时，一幅画作深深吸引了我的注意，我第一眼就认得出，这幅画的主题正是洋山港，和印在我脑海里的那番壮阔场景别无二致，原来在艺术界她也留下过诸多身影，只是深藏功与名。央视纪录片《东方大港》的播出，再一次让我感受到作为一名港口工程设计人员的骄傲。

洋山港——于 2015 年 9 月 5 日摄于中华艺术宫

洋山精神源于洋山工程，它完美地诠释了社会主义核心价值观，尤其是将敬业精神表现得尤为突出。我院有着超一流的专业水准，试想集装箱吞吐量将达4000万标准箱的港口可有别家设计过；我院有着锐意进取的斗志，在集装箱码头设计领域已成标杆企业的情况下，还在向全自动化码头进军，不忘初心。毫不夸张地讲，从洋山四期开始，我院的港口自动化的梦，已经在加速实现了。

入职一年后，我被派往越南永兴项目工作。虽然项目与洋山港相距甚远，但每每受到洋山精神的鼓舞，我就力量迸发。我在越南工作已一年有余，虽然现场有不少困难，然而我和我的同事们丝毫没有被困难击退，攻坚克难一步一个脚印，直把困难击碎。这其中就有洋山精神的鼓励，因为洋山精神已经成为我院企业文化的一部分，并且融入每一位三航院人的血液里。

尤其是最近两个多月，越南永兴现场开始了卸煤工作，在人手短缺的情况下，从项目经理到工程师，无一不在现场奔波，高温、暴晒、粉尘没有难倒我们，长期加班加点到凌晨也没有难倒我们，因为我们就是这样一群被洋山精神所浸润的员工。

作为三航院的一员，虽然工作时间只有短短两年，但是三航院的企业文化，特别是洋山精神，已然在我心里烙下印记。在国家“一带一路”的宏伟蓝图中，我将尽我所能，伴着洋山精神给我的启迪，在海外项目上立功，向我的中国梦扬帆。

参观洋山港，感悟洋山精神

投资开发部　张维玮

洋山港位于上海市东南方的长江口外，是上海港的重要组成部分，自2005年开港至今十余年，这里由原本的小渔村，慢慢跻身如今全球最大的现代化集装箱港区。

记得第一次去参观洋山深水港是在2007年，那时的我还是个初中生，站在洋山港对面的风景区，远远地望着港口，被成堆的集装箱和巨大的龙门吊震撼住。十年之后，作为一名三航院的新员工，在入职培训学习期间观看了洋山深水港录像片和前往参观。越来越多的桥吊和集装箱一字排开地屹立在码头旁边，很是壮观。2017年年底，全球最大的自动化集装箱码头，洋山四期工程即将竣工运营，洋山港区建设又一次取得新的重大成果。

三航院作为上海国际中心洋山深水港总体设计单位，10年来为洋山深水港的选址和建设作出了重要贡献。昔日默默渔村小岛，能成为如今世界前沿的深水港。在这个发展过程中凝聚了一个个平凡却又伟大的建设者们的辛勤和汗水。正是这些坚守在岗位上的建设者们缔造了伟大的洋山精神。洋山精神包括不辱使命的奉献精神、艰苦创业的拼搏精神、求真务实的科学精神、争创一流的进取精神、团结协作的大局精神，这些精神能展示出三航院人的精神风貌。我们要学习发扬"洋山精神"，更好地用奉献、拼搏、科学、进取、大局精神激励自己，投身事业，不懈奋斗。

学习弘扬洋山精神，首先要学习洋山建设者不辱使命、勇于担当大任的负责精神。洋山建设者把实现人生价值与建设国家战略工程紧密结合在一起，用自己的双手、智慧和汗水，用三年多的时间就建起了一个现代化港口，创造了一个令世界瞩目的奇迹。对于刚刚参加工作的我们青年员工，也必须要明确不辱使命、忠实履行肩负的责任，在今后的工作学习中抓住机遇，找准位置，乘势而上，创造新业绩。

学习弘扬洋山精神，还要学习洋山建设者百折不挠、勇往直前的顽强拼搏精神。洋山建设者开赴建设一线时，面对的是一个个前所未有的巨大挑战。洋山建设者的成功经验启发我们，任何事业，如果没有这样一股气概都将难以成功。在今后的工作中，自己肯定也会面临许多困难和挑战，如果不能努力克服这些困难和挑战，那么再好的机遇、再大的优势也将只会是匆匆过客。因此，我们要学习洋山建设者勇于拼搏的精神和舍我其谁的勇气，把实现发展机遇的过程转化为克服一个个艰巨挑战的过程。

学习弘扬洋山精神，更要学习洋山建设者勇于探索、攻坚克难的求实精神。面对深水港这个世界级工程，我们惊叹它的伟大。在这个工程的背后，我们看到的是广大建设者以求真务实的科学态度，坚持在学习中提高创新能力。我们还要努力超越自我，冲破前人的传统，要敢于创新。还要像洋山建设者那样团结协作，形成聚精会神搞建设、万众一心谋发展的强大合力。洋山深水港建设是一项跨地区的系统工程，上海市和浙江省有关方面、来自全国的各路建设大军，互相支持、互相配合、互相合作、互相促进，共同实施国家战略。在今后的工作中，团结协作是必不可少的，学会与他人协作沟通十分重要。

作为一名刚步入职场的我来说，通过学习感悟洋山精神，很感慨和自豪，自己也多了一份使命感和责任感。在将来的工作中，自己争取立足岗位、努力工作，用实际行动在平凡的工作岗位上做出不平凡的业绩，把洋山精神贯彻到平日的工作中。

洋山精神之我见

海外所　张晨旭

“洋山观海，天水茫茫。大洋小洋，寂寥相望。”随着洋山四期工程的即将竣工，整个洋山项目已经取得了巨大的成果。作为世界最大的海岛人工港，其对上海的战略意义不言而喻。

作为一个刚到公司的新人，2017年七月，我有幸在培训中参观了正在建设中的洋山深水港四期工程。陆游的一句“纸上得来终觉浅，绝知此事要躬行”完美诠释了我看见洋山港时的心情。看再多的报道，听再多的赞美，都无法带给我身临现场所感受到的那种震撼。我从来不知道一个海岛人工港竟可以建得如此美丽！

洋山深水港（海外所张逾诚摄于2017.07.29实习培训途中）

站在小洋山岛上所看见的风景，不禁让我想起了陶渊明笔下的世外桃源，有山有水，让我感受到了自然风光中的那一丝静谧。而四期码头的建设又犹如这秘境之中的一道炸雷让人心潮澎湃！

洋山深水港四期之一(海外所陶伟摄于 2017.07.29 实习培训途中)

洋山深水港四期之二(海外所陶伟摄于 2017.07.29 实习培训途中)

看着全自动化码头的运行,看着一辆辆无人驾驶的运输车有条不紊地工作着,我深深地为洋山港的自然与科技折服。

然而世人看见了洋山深水港的好,却无法体会到这背后的艰辛——多少个日日夜夜,一张又一张的图纸,一遍又一遍的修改,一次又一次的组会,作为世界首个在海岛建设的深水港口,设计人员与施工人员所承受的压力与负担不言而喻。

但是，三航院的前辈们即使肩负着如此沉重的使命，还是出色地完成了洋山港的设计任务，取得了巨大的成果。没有人是生来就会的天才，是什么支持着三航院人完成这史无前例的设计，支撑着他们一丝不苟地完成建设？我想，这大概就是我们所谓的“洋山精神”吧。“不畏惧艰险，不轻言放弃，不偷工减料，不浑水摸鱼。”三航院人有着他们最本质的精神与信念，也正是这种精神与信念使得洋山深水港取得了巨大的成果。

一次的成功并不能代表永恒，“洋山精神”也不仅仅是洋山工程的精神。无论是新入院的三航院新人还是已经身经百战的老员工，“洋山精神”应该始终被我们运用到每一个工程中，每一张图纸之中，每一个工程量的计算中。相信只要秉持着这种脚踏实地的作风，三航院一定会在未来的道路上走得更远！

感悟洋山精神

咨询所　刘思伟

上海以南，东海之滨，矗立着中国第一大港——洋山深水港。在上海东侧的洋山港犹如申城的排头兵，代表这座城市迎接每日清晨的第一缕阳光，又如迎风的一面征帆，引领上海迈向国际航运中心之路的前行方向。

随着 2005 年 12 月 10 日洋山深水港正式开港，一个默默无闻的渔村小岛从此便以上海市重要港区的身份进入到了大家的视野中，发展至今已历经十二个酷暑，十一个严寒。而洋山精神的提出也已有将近十二个年头。2010 年，在洋山港的助力下，上海港完成集装箱吞吐量 2907 万标准箱，首次超越新加坡成为全世界最繁忙的集装箱港口。

同年 9 月，我正式成为了一名上海海事大学的学生，学校就在东海边，操场上就能看到一座桥，茫茫看不到尽头。不久后听人介绍，那座桥叫东海大桥，桥下是海，海对面是洋山港，随后不久也听说了洋山精神。“不辱使命的奉献精神、艰苦创业的拼搏精神、求真务实的科学精神、争创一流的进取精神、团结协作的大局精神”，洋山精神就像是身边努力者们的缩影，化成无数的正能量激励着我不断前行。

一、不辱使命的奉献精神

大学的班导师姓陈，年轻，精力充沛，语速快到给人的第一感觉就是聪明。陈老师是从银行高级航运顾问的工作岗位上刚刚回归校园的，对工作充满热情，对学生也是一样。

走班制让大学里班级的概念变得模糊，因此很多班导师其实就是甩手掌柜，除了偶尔解答学生专业上的问题外，对班级的管理基本都是放养政策。以至于我们在第一次经历陈老师的“串门”时都有点惊慌。在老师笑着说明来意后，有兴趣一起聊聊的人被聚到了一起，主题是对未来的想法，聊天进行得很愉快。聊天过程中，陈老师不是主角，只是适当的说两句，意见中肯观点犀利。这样的“串门”整个大学期间大概有二十多次，为保证宿舍里人都在，时间主要集中在晚上八点晚课结束以后。在之后的几次闲聊中，我发现，陈老师并不住在临港，每次聊好已是深夜，他都要再驾车回到市区的家中。

似乎自中国古代起，成熟就与讳莫如深的性格画上了等号，我并不想说这是错误的，但这确实让我们随着年龄的增大，新认识的人中变成朋友的比例越来越少。成年人缺的并不是真心，而是互通真心的途径。是陈老师以自己不辱使命的奉献精神为我们打开了这么一条途径，而换来的是班级的凝聚力，是被大家铭记于心的谆谆教诲。

二、艰苦创业的拼搏精神

我有位室友，自入学以来就以“不为别人打工”为目标。相信，在每一年入学的新生中，怀此志向的人都有很多，部分因玩乐而沉沦，部分因现实的残酷而放弃，司空见惯，多数人对他的目标也不以为意。但自大一开学以来，此位就没有在晚上九点前回过寝室，问其去向，不是在图书馆努力学习积累知识，就是在校外积极实习积累经验。似乎除了上课以外，都见不到他。

这么辛苦，大家都认为他不会坚持多久，但他真的就这样不断刷新着我们对人类极限的认知。因为在班级活动上出现的次数少，他似乎成了班上的“透明人”，但在图书馆他也结识了一票与他有相同志向的朋友。直至大三结束，我甚至除了敬佩还有一些羡慕他，羡慕他良好的生活状态，羡慕他逐渐渊博的知识，羡慕他为人处世的老练沉稳。

就这样到了第四年，他的作息改变了，大概是认为自己准备好了吧。他开始用自己的积累尝试创业，并瞄准了互联网行业，励志在学校里做一个综合性的服务网站，告诉大家哪家店好吃，可以找什么兼职。就这样，又是一年的奔波。匆匆毕业后，因我远赴国外留学精力有限也就断了联系。2016年回国，听同学说，他后来与别人合伙，创建了一家互联网公司叫斗米，就是帮大学生找兼职的，广告打到了港汇广场上，后来被58同城收购，成了部门经理。

撇开机遇不谈，这份艰苦创业的拼搏精神也足以为我辈称道。

三、求真务实的科学精神

有一位远房叔叔，在华为的上海技术研发中心工作。在刚到上海前去拜访时，他给我讲了这么一件事。在他刚入职时，华为还是一个小公司，收入一般，甚至在上海买房都存在不小的压力，要知道，当时上海的房子还不似如今的天价。支持他留下来的理由就是华为上下求真务实的工作态度与企业风气。事实证明，他的眼光没有错，华为秉承一贯求真务实的科学精神，自他入职至今销售收入提升近 20 倍，从名不见经传的小公司发展成如今的中国手机市场霸主。

2017 年 9 月 4 日，华为流出来的一封发自任正非的内部邮件，引起网络热议。邮件大概内容为：华为员工梁山广因举报某部门汉化一开源数据库作为自己的产品而被连升两级，并设邓泰华（华为无线产品线总裁）进行专人保护，使其不受打击报复。

企业求真务实是一方面，另一方面也要求企业的每一个员工拥有求真务实的品格，认真做好自己的本职工作，不弄虚作假。只有如此，企业才能成功，国家才能前进。

四、争创一流的进取精神

与其他精神不同，孔子曾说："见贤思齐焉，见不贤而内自省也。"左丘明曾说："居安思危，思则有备，有备无患，敢以此规。"中国似乎自古就不乏进取之心，奉进取者为君子。不思进取之于个人，是懒惰，之于企业则终将被市场淘汰。但不知有多少人发现，进取只是一种姿态，只有争创一流才能让他付诸实际。工作就是这样，结果也很重要。

小米公司总裁雷军说过："不要以战术上的勤奋，掩盖战略上的懒惰。"而这句话之于个人则是"不要用行动上的勤奋，掩盖思想上的懒惰。"这句话是在劝诫人们不要成为一个伪努力者。

作为一名员工，并非只有懒是致命的，瞎忙也同样致命。瞎忙的人会打乱团队中其他人的工作节奏，他的存在还会让同事们有种莫名的压力，认为加班到越晚，就证明我们越努力。甚至，在你试图给他的劳动成果提意见时,他会认为自己这么努力公司不表扬他也就算了,怎么还不能包容他工作上的失败呢。因此,这种人更不擅长总结错误,下次继续瞎忙继续犯错,周而复始,进入恶性循环。保住工作尚有困难,更不用说争创一流了。

大学里曾有两个同学,一人每日六点起床早读背英文单词,以做翻译为自己的目标,坚持四年,考取专八、高级口译成为全年级英语最好的人;另一位效形而不效实,每日六点起床出门背单词、吃早饭,背得认不认真并不知晓,虽未过六级,但早睡早起却着实练就了一副好身体。事情如此,道理也很简单,积极进取易,争创一流难,在争创一流的引导下怀揣进取精神才能突破自己,不陷入伪努力者的怪圈。

五、团结协作的大局精神

同心山成玉,协力土变金。成功,需要克难攻坚的精神,更需要团结协作的合力。企业如果组织涣散、人心浮动,人人自行其是,集体一盘散沙,何来生机与活力,形象与成绩?在一个缺乏凝聚力的环境里,个人再有雄心壮志,再有聪明才智,再有丰富经验,也不可能得到很好的发挥。只有懂得团结协作的人,才会把团结协作当成自己应尽的责任,才能明白团结协作对自己、对别人、对整个单位的重大意义。

唯有积极奉献,方可不辱使命;唯有艰苦拼搏,才能成功创业;唯有求真务实,才是尊重科学;唯有争创一流,进取才能有的放矢;唯有学会团结协作,才能在行事时拥有大局意识。这就是我所理解的洋山精神,他对我的为人做事影响深远。如今,步入人生的工作阶段业已一年有余,但仍怀有当初入职时的激动。当有亲朋问我在哪工作时,我会自豪地告诉他:"中交三航院,那个设计了洋山港的设计院!"

洋山初体验

——一个新员工眼中的洋山港

综合所　韦　特

2017年的夏天，必将在历史上留下自己的痕迹，巴拿马与中国正式建交、香港回归20周年、中国人民解放军建军90周年。2017年的夏天，也必将是我人生轨迹上的重要节点，7月17日，我完成了入职报到，正式成为了中交三航院的一员。怀着激情和憧憬，我与六十多名新员工一同进行了为期一周的新员工岗前培训。整个培训过程中，沈书记、傅副书记、方部长都为我们讲述了洋山港的概况，讲述了洋山港与三航院的渊源，但是由于自己不是港口相关的专业，也没有近距离接触过港口码头，对洋山港的概念还非常模糊。在培训的最后一天，公司安排我们新员工一同前往洋山港进行参观，我也终于与我们引以为傲的洋山港有了第一次亲密接触。

参观的第一站是从南汇通往洋山港的东海大桥，整个东海大桥全长32.5公里，是洋山深水港工程的一个重要组成部分，从上海发往洋山港货物及从洋山港运往上海的货物都要通过东海大桥，是洋山港的咽喉要道。由于上海周边的地理环境限制，我们无法在靠近海岸线的地方修建深水港。作为定位于发展成为全球货运中心、金融中心、贸易中心的上海，如果没有深水港，我们的宏伟目标只能是空谈。但是环境的困难难不倒聪明智慧的三航院人，我们首次提出了在远离海岸线的海岛上建设深水港的想法，经过周密的勘测和论证，最终将港口定在了舟山的小洋山岛，为了联通洋山港和上海，这才有了东海大桥。作为全国第一座真正意义上的跨海大桥，其设计难度可想而知，而作为桥梁设计中的难点，东海大桥桥墩基础的设计更是难上加难。我们三航院人在这个时候体现出了作为国企的担当感和责任感，我们承担了东海大桥桥墩基础部分的设计任务，并且顺利得完成了工作任务，在东海大桥上平稳的乘车体验，离不开我们三航院人的功劳。

沿着东海大桥，我们首先到了洋山港四期工程，由于港口还没有正式投入使用，我们有幸近距离感受了洋山四期。第一感受就是神奇，偌大的港口码头竟然没有一个人，但是一个个庞大的龙门吊、运输车却在场地里井然有序地运行。综合所总工黄总为我们介绍道，这就是我们设计的全自动码头，龙门吊全部由码头旁边控制室内控制，运输车由地面的磁点进行定位，通过无线信号进行远程控制，整个码头实现了全自动化，货物的装卸、运输只需要一个指令即可自动完成，一方面大幅度地提高了工作效率，也降低了在码头工作的危险性。在听了黄总工的介绍之后，真是为我们三航院设计人员的创新能力所折服。作为设计者，我们的设计过程有众多的规范、规定限制，我们如果面对实际项目，不去主动求变，努力创新，而只是套规范、套模板，那我们设计院就不会有发展，不会有竞争力。所以我认为，我们设计院的核心竞争力就是创新，有敢于创新的设计者，有能够创新的变革者，有能够接受创新的领导者，我们才能有与别人竞争的优势。

最后我们到了洋山一期码头，站在洋山港观景平台，能够看到宏伟的洋山港一期全貌，方部长为我们讲述了当年第一批进入洋山的三航院人进驻洋山的情景，当时洋山岛上没有通电没有淡水，艰苦恶劣的环境没有击退我们，反而激起了大家的斗志，没有电我们用手电筒看图纸，没有水我们就一周洗一次澡，我们三航院人艰苦奋斗的精神可见一斑。

2017.7.21 有幸与洋山所总工黄总在纪念石前合影

洋山港作为我们三航院的一个品牌,体现了我们三航院人的专业精神、奋斗精神,更重要的是体现了我们的创新精神。在洋山能看到我们三航院人不怕困难、锐意进取的工作态度,也看到了我们与时俱进、创新发展的探索精神。参观完洋山港,更是为能够加入三航院,成为三航院的一员而感到自豪,同时自己也多了一份责任感,三航院是为我们创造辉煌历史的前辈的,也是我们新员工的,三航院的未来要靠我们每一个人共同奋斗!

洋 山 小 札

人力资源部　韩东生

2015 年 7 月，作为新员工的一员，在参加完四天的入职培训后，我和其他同事一起踏上了前往洋山的汽车。虽然只是培训中的一环，但也令我们心生向往。7 月的上海有些湿热，即使是早上，有些人仍然睡意昏沉。但是，半个小时后，眼前的景象迅速唤醒了我们的大脑。一座巨型长桥，宛如一条庞大的瑞龙，傲然盘踞于海面。这就是东海大桥，连接洋山港与内陆的交通要道。汽车在大桥上飞驰，两边的海水很蓝，桥面宽阔而结实，犹如巨人的臂膀。四十分钟后，一座岛屿映入眼帘，我知道，这就是我们此行的目的地——洋山深水港。汽车奔跑在蜿蜒的路面上，虽然盘山公路有些险峻，但是行车依然平稳，路面整洁而厚实，消除了人们的担心。随车转过了不知第几个弯后，我们停在了一座展示中心前。大家纷纷下车，涌入馆中。迎面而来的是一座洋山港模型，坐落在一片精致的水池中，东海大桥将洋山港与海岸线连在一起，壮观而又赏心悦目。随后大家登上展示中心二楼，洋山的美景收入眼底，一期至四期的壮丽蓝图令每一个人心潮澎湃。大家纷纷驻足留影，纪念这一刻。紧接着，我们重新搭上大巴车，开赴洋山港腹地，登上了一座小山峰。可以想象，站在山巅，迎着海风，面前是壮美的洋山港港口，背后是刻在山体上大大的“洋山深水港”五个大字，心情自然是无比的激动与自豪，这就是举世瞩目的洋山深水港。

2016 年 12 月，我又获得了一次参观洋山港的机会，在一项参观活动中，我作为组织工作人员，又一次来到了洋山港，并且近距离的接触到洋山四期工程——全球规模最大的自动化集装箱码头工程。目前工程处在建设中，有幸的是，参观当天码头的自动装卸机正进行模拟操作。看到一箱箱的货物精准地放在无人驾驶的运输车上，随后运输车有序地沿着路线将货物运送至指定地点，感到一切都是那么的神奇。这是真正的自动化，节约人工成本，节省人力资源，充分发挥科技的力量。所有的一切都在自行运转，仿佛这座港口拥有了生命一般。感叹科技发达，同样也震撼于人类的智慧，而这群人就在我周围，人生中第一次感到自己是如此的幸运。与智者行，益莫大焉！

这就是我与洋山港的两次相会，充满着震撼，充盈着智慧。未来也必将有更多次的相会，那时的洋山港将更加瞩目，更加辉煌。

乐为洋山工程服务

经营部　庄亚美

上海国际航运中心洋山深水港工程是上海人民的骄傲，作为港区工程总体设计单位是我们三航院全体员工的骄傲，管理洋山的设计合同是我的骄傲。

我公司自2003年6月与洋山同盛港口建设有限公司签订“上海国际航运中心洋山深水港期一期工程”以来，先后签订了四十多个小洋山岛上工程项目的勘察、设计合同，2007年起有记录的台账，我所管理的设计合同有32项，这还不包括有几十个的外委合同，我深切地体会到管理洋山的设计合同很繁杂，但我管理得十分清晰。

签了合同，并不意味着合同就自动生效，执行就开票、收费那么简单，洋山四期工程这样的大项目，从第一份勘察、设计合同的签订到工程交工后的合同结算审核历时至少六年，这期间包含外委合同的签订，工程项目政府部门的备案，协调项目各个合同的实施，增加设计工作内容的合同变更等等，这些工作都需要我仔细、认真按照实施工作程序化、规范化，按质量保证体系进行工作。其次还要建立自己的文档系统，收集各个合同资料和相关的工程资料的收集、整理和保存。与业主建立良好的合作关系，应业主所急，帮业主解决棘手问题。做好每项的具体工作虽然辛苦但我感到快乐。

关键时刻，不辱使命

出版中心　马光伍

洋山深水港区以它日益显现的经济效益和强大的政治战略意义，强势迈进了世界大港行列。

十多年过去了，记得当年为保证洋山港资料出版，我们出版车间的同志们夜以继日整一个星期，战斗在生产一线，克服了设备落后以及不足带来的技术难题以及人手不足所带来的体力困难，圆满地完成了任务，得到充分的肯定和表扬。

为什么能在时间紧，人手少，设备陈旧和不齐的情况下完成任务呢？

1.有一批政治素质强的工人同志

当时的同事都是长期接受毛泽东思想教育，有着全心全意为人民服务思想和国家利益至上的思想，所以在关键时刻能不讲条件，努力工作。

2.有团队意识和协作精神

在工作中无论哪个工种，只要手中活干完，马上协助别人工作，不分分内分外，做到工作抢着干，充分发挥了团队的作用。

3.敢于吃苦，善于吃苦

在工作中，党员干部始终在一线，在最困难时同志们互相关心互相爱护，体现了一个集体的温暖，使人觉得是一个集体在战斗，这是战胜困难的重要法宝和因素。

回顾是为了更好地工作，愿出版中心工作更上一层楼。

洋山精神赞

经济所　贺　静

一港一桥一城市，一带一路一国家。
共诠释洋山精神，同携手筑梦中国。

出上海市区，走完中国第一跨海大桥东海大桥，一座世界现代化集装箱大港便出现在眼前。

站在高高的观景平台上，眺望四周，东海大桥、洋山隧道以及举世瞩目的洋山深水港尽收眼底，如火柴盒大小的集装箱密密麻麻地整齐排列着，各式各样的起重机械忙碌运行着，数不清的集卡来回奔波，这是所有洋山港建设者们共同的智慧和汗水的结晶。目睹着洋山深水港工程的浩大和宏伟，无不为上海建成这样的国际深水港而感到自豪，也深切地感受到只有在中国共产党的正确领导下，我们的祖国才会发生翻天覆地的变化，我们的人民才会创造出令世人瞩目的成就。

洋山深水港标志着上海这座城市日新月异的变化，同时，建设的成果和发展的蓝图也在鞭策我们做好本职工作，脚踏实地发展我国的港口事业。我们一定要学习和发扬“不辱使命的奉献精神、艰苦创业的拼搏精神、求真务实的科学精神、争创一流的进取精神、团结协作的大局精神”，用“洋山精神”作为日常工作学习的指导与要求，增强我们的责任意识、使命意识，立足岗位，全面完成公司各项工作任务，为做大做强三航院而竭尽全力，为实现中国梦而努力奋斗。

洋山精神永远激励我前进

澳门公司　辛宪涛

时光荏苒，进入三航院工作已5年。5年的工作生活不可谓不充实不精彩。而有一天的经历尤其让我记忆深刻。在这一天，我看到了一件三航工程师的杰作——洋山深水港，在这一天，我第一次接触到了一种精神——洋山精神。

2012年7月的一天，骄阳似火，我和其他新入职员工一起来到由我院总体设计的洋山深水港参观学习，感受到了洋山建设者昂扬的斗志，接受了一次深刻的教育。在洋山展览馆内，大家驻足凝视每一幅画面，细细端详每一个模型，认真品位每一个介绍、每一段题词。东海大桥，宛如一条白色玉带，稳稳地镶嵌在波涛汹涌的海面上。车在桥上行驶，大家被东海大桥那雄伟的气势、那样的挺拔壮观所折服。站在观光台上，远处是长达1600米的深水码头，众多装卸集装箱的吊车一字排开。洋山深水港水深15米的泊位，可以停靠第五、第六代集装箱船舶。放眼远眺，一股豪情油然而发。为工程建设者克服外海作业条件差、施工难度高、技术性强等困难，勇创优质工程的精神钦佩不已，为工程建设者运用先进科学技术、解决多个国内乃至国际此类工程的难点赞赏不止，更为能成为洋山深水港总体设计三航院的一员感到无比自豪。

上海历来"以港兴市"。以海纳百川为代表的上海城市精神，与现实的港口发展相生相伴。海纳百川是上海历史与现实的鲜明特征，也是上海未来发展追求的理想境界。在党中央的统一部署下，在兄弟省市特别是浙江省的支持下，深水港建设跨出大陆、走向海洋。

精卫填海，靠的是信念；洋山造港，靠的是民族精神、时代精神。"不辱使命的负责精神、勇挑重担的拼搏精神、保持本色的奉献精神、求真务实的科学精神、团结协作的大局精神"——五种精神，正是洋山港几十万建设者战胜各种困难的动力，正是洋山英雄在新的历史条件下创造的宝贵精神财富。

“伟大的事业孕育伟大的精神，伟大的精神推动伟大的事业”。洋山工程孕育了“洋山精神”，“洋山精神”推动了洋山工程建设，丰富了上海城市精神的内涵。上海城市精神并非来自清谈与书斋，而是来自于群众生机勃勃的伟大实践。

在东海大桥绵延数十公里的工地上，在洋山岛风雨交加的海面上，建设者们立足岗位，培育并提炼出著名的“洋山精神”。这是对上海城市精神的生动诠释，也是对城市精神的推动与发展。从某种意义上说，洋山港区不仅仅是为上海添了座码头，还是其以此为契机催生城市面貌更广泛深刻的变化，即上海城市精神在洋山深水港区建设中得到了生动体现，而深水港区建设又极大地丰富和发展了城市精神。随着洋山深水港区的崛起，洋山精神将化为燎原之火，上海城市建设的规模和气势也将更加宏阔。

由洋山精神到上海城市精神，我想到了我们三航院的“四特精神”“南极精神”。参观结束，大家除了感慨、自豪，更多的是一种使命感和紧迫感，要将洋山精神贯彻到平日中。要用不辱使命的负责精神、保持本色的奉献精神来培养自己作为三航院一名设计师的责任感。要用勇挑重担的拼搏精神来拓展自己的知识，向海绵一样利用一切时间学习、学习、再学习，不断提高自己的业务水平，向洋山建设的前辈们看齐。

今天，我们未来的奋斗目标从这里起航，洋山精神将激励着我为现代化建设和城市进步，为三航院的发展奋进不息，洋山精神，将成为全体三航院人永远的激励！

诗 歌

洋山礼赞

总工办　李增光

回眸二十载，
君还记否？
为上海乃至全国的发展，
三航院放眼九州，
谋画宏篇。
从南向北，
洋山，洋口，曹妃甸！
留下几条粗实线，
精要短评，
大胆设想，
小心论证，
寻找新机遇、新空间、新梦想。

聚焦上海，
黄浦江，长江，杭州湾，
水资源丰沛，优势明显，
泥沙俱下，几多水深？
滩浒试挖槽，
费银数万两。

三月淤回原形！
路在何方？
深蓝梦，何日圆？
为国效力，
道义在肩，

使命感让筑港人，
夙夜难眠！

放下眼前，眼光深远。
看海岛，烟波渺茫！
五大潮汐通道，
在浅黄的海图上，
些许淡蓝！
那是自然的造化，
也是提示，
未来时空之门，
豁然开朗。
洋山，大小洋山，
至此走上历史舞台前端。

而后的仔细端详，
开始新的章回。
人工岛，蝶形总体布局，
十二米五水深论证，
跨海大桥选线，
杭州湾地区整体地震场分析，
各自然岛屿间水通量统计，
筑港方案构想……

再后，
南科院，天科院，华师大，上海海运学院，等等，
各路英豪，
旌旗招展，
联袂登场，
多路进发，
会战洋山！！！
事后斩获，

资料两大箱，
论据千章，
成果盈筐……

历经十六载的筑港，
屡获勋章。
沧海桑田，
岛礁化港区，
天堑成通途，
壮阔雄伟，人心激昂。
洋山，洋山，
上海国际航运中心的核心。
上海港已华丽转型，走向深蓝，
业已矗立于世界港口之巅，
蝉联七年！
实现了几代筑港人的梦想。

历史和事实彰显，
一批批三航院人，
秉承严谨务实的治学理念，
崇尚工程探索和实践作风，
艰苦奋战，矢志不改的精气神，
独特、先进、灵动的创新动力源泉，
将扬名世界，
载入史篇，
造福四方。

为了前辈训诫，也为了忘却的纪念而作。期间数度泪下，不知所云。敬亭斋，丁酉年七月初一清晨。

（作者为公司副总工程师）

满江红·致建设者

海外所　任　意

极目东方，崎岖屿，风揭云幕。
围堤上，红旗招展，十余寒暑。
骇浪填平排倒海，狂沙吹遍堆出陆。
顾往昔，精鸟亦欢颜，开新路。

岂不晓？初创苦。岂不念？亲和故。
但如无驻守，后人何赴？
双臂甘当千丈索，只身化作万钧柱。
问今朝，何处聚英雄？洋山渡。

【释义】向东方极目远眺，在崎岖列岛处，海风揭开了重重云幕。（施工现场的）围堤之上处处是红旗招展的情景，回想起自开工以来已历经了十余年寒暑。（建设者们）有如填平海浪般将砂石通过吹填在海中堆出陆地。此情此景若回顾往昔，恐怕精卫鸟也会露出笑颜吧。这是在开辟新的道路。

（建设者们）难道不知道初创事业的艰难辛苦？难道不思念家乡的亲朋好友？但如果无人于项目驻守，要将子孙后代置于何地？（建设者们）将双臂当成起重机的千丈吊索，将自身化作打入地基的万钧沉桩。若问今朝在哪里还聚有英雄，那就是洋山港了。

踏 浪 行

党委办公室 刘智伟

踏歌复踏浪，浪卷声低昂。
大国有重器，听我唱端详。
风云起东方，旭日出洋山。
奇哉建设者，逐浪作港湾。
铺开海样纸，方显笔如椽。
许得天般愿，定建港如城。
或忆创业艰，食水两不全。
凭舟改图纸，颠簸如云端。
日日勘岸线，夜夜争方案。
勇哉建设者，迎难愈上前。
筑岛架飞虹，填海做平川。
渔村旧滩涂，丝路新起点。
港开通四海，船去遍九州。
伟哉建设者，含泪更开颜。
踏歌复踏浪，浪平天地开。
乘风随鹏翼，弄潮占鳌头。
无意吟梁父，有志歌大风。
寰宇任挥洒，江海绘新图。
躬耕逢盛世，开拓趁华年。
壮哉建设者，百丈更登攀。

浪淘沙·洋山行

海外所　任　意

东海自奔流，几许春秋。
洋山岛处数礁丘。
陵塔擎天铭故迹，功照神州。
欲乐必先忧，奋进无休。
凭栏千里贯箱舟。
只愿平生呈伟业，不负白头。

【注】陵塔：小洋山原有1423户居民，为配合洋山深水港工程建设，全部动迁至嵊泗和南汇等地。政府建了陵塔供他们祭祖，同时也以此铭记他们为洋山深水港建设作出的贡献。

【释义】东海自顾自地奔流不息，不知过了多少春秋。洋山岛附近有几座岩礁沙丘，此处擎天而立的陵塔铭刻着当年居民迁移的往事，这份人民的功绩必将映照神州大地。

做人就应当先忧后乐，一生奋斗进取无休无止。凭栏而望，数千里集装箱船连成片。只愿将平生奉献给如洋山深水港工程这般伟大的事业，才能在年老白头后感叹自己没有辜负光阴。

指尖上的舞者

勘察公司　陈　凯

甲午年一月三日，浙普工九号驶入。
北风凛冽呼咆哮，尘土风沙满天飞。
洋山四期补勘孔，紧锣密鼓施工中。
四期工程浩荡然，地质勘察就靠咱。
方寸白纸严记录，指尖跃然翩起舞。
土层定名依规范，技艺精湛创全优。
粉砂细砂中粗砂，合金钻头层中穿。
浅层桩端花岗岩，深层桩端粉细砂。
逐层思夺定桩基，方寸岩土皆作为。
高桩梁板海中立，颗珠山旁群舞起。
一二三期老码头，沿岸群港夜如昼。
而添四期全自动，引领全球新科技。
乘风破浪会有时，激流勇进不畏难。
朝暮斜阳映余晖，但行前程莫踟蹰。
勘察铁军再立功，三院洋山续新篇。

洋山港的声音

退休　唐忠清

从很远的海岸边，
轻轻地，轻轻地呼唤我们的是东方大港的声音。
在每一个寂静的夜晚，
娓娓地向我们诉说；使我们迷惑，把我们诱惑，
让我们不能安睡的是
小洋山最原始的声音、最粗犷的声音、最美妙的声音。
啊！这声音，就是洋山港的声音！
洋山港海涛的轰响；
冲开我们记忆的堤坝，
你的声音
奋力把我们卷回初勘的年代，
于是在一个细雨之夜，
我们匆匆收拾行装，
告别喧闹繁华的人群和不夜城市，
踏上洋山勘察的征途。
穿过集镇和渔村，进驻洋山大小岛屿，
在简易的渔岛小码头，
我们登上勘察施工的海船，
驶向你，冲向你。
我们奋力寻找你的声音，
渴望你的声音，
你的声音，七彩缤纷又汹涌澎湃，
你的声音，

使我们迷恋，使我们憧憬伟大的梦。
我们深情地种下第一颗测量标志，
测绘出第一张神秘的控制网图，
我们大胆地在你身上打出第一个地质钻孔，
洋山因此而有了绚丽的色彩，
有力的脚印不断向外伸展，
踏出了一条坚实的航道。
忽然一瞬间，
你的声音激动发力，
在我们脚下，
在我们四周，
仿佛要把我们吞没，
最陌生的声音，
最熟悉的声音，
洋山崛起的声音，
我们因这伟大雄起的声音流泪而歌颂，
我们因这神圣的声音沉默又振奋。
融入这声音，
理想与感情的火焰燃烧，
开拓创新不辱使命，
岁月之船满载了不屈的曲折与成功，
灿烂的希望随着这声音展现无边的辉煌。
啊！洋山港的声音那样火热多情，
浩浩荡荡，澎澎湃湃，
唤起三航院人热血奔涌不息，
担起绘制洋山最美丽主旋律的使命，
洋山的海水把我们设计蓝图笔管灌满，
打开智慧的宝库，
倾吐洋山港明天最精彩的画卷。
仰观洋山的蓝天，

辉映着这颗如珍珠的小岛，
沐浴着“一路一带”的温暖阳光，
发出永恒的声音，
是一个婴儿诞生的时候最纯，最纯的啼哭，
这就是生命的声音，
这就是洋山港的声音！

赞洋山忆归歌

综合所　李星舟

波粼水浊洋山暮，海舶辐辙各归路。
交朋清友儒济济，解事集运言穆穆。
跨溟乘风溯光阴，一恍浦岸方台埠。
宝山筑土患海险，百万航轮觅良渡。
天下大事任皆胆，海上多探行现智。
生来正气得文章，胸有水工下绝技。

遥念夜船士，星河绕砼廊。
月夜难归家，济国佐黍酿。
孔丘登皋泽，愚公移淤浆。
精卫填黄海，大夫立堠港。

洋流急转乱峰堆，崎岖群峦掩溯洄。
货进石城盈如蚁，风入新岛悬旗吹。
时须乾坤造三院，用将勋业廿二岁。
国士笃志守恒业，今朝问鼎话国辉。
吾辈有幸庆盛世，正值传觞有赋题。
团花锦簇赞洋山，绿叶欣欣做设计。

洋山号响

海外所　林星铭

曾经您孤寂地藏于东海之中，
浩瀚的波涛将您与世隔绝，
无休止的日夜轮回中，
可曾想过有一天会响彻全球？

勇敢智睿的三航院人，
在茫茫大海中发现你，
建设洋山深水港的战斗号角，
从此响彻东方。

十年艰辛奋战，
于怒涛之上架起平台，
于狂风之下搭起高桥，
一张张蓝图奏响东方大港的崛起！

东海上曾经的孤独游子，
终于与陆地母亲相连，
曾经的荒凉和孤寂早已不见，
吞吐量世界之首见证了如今的忙碌和辉煌！

海轮不再耗费周折，
商人不再翘首以待，
挥汗如雨换来国国如邻，
三航院人的歌声中有东方大港梦想实现的音符！

洋　山　港

——世纪工程与青春梦想

董事会办公室　周晓璇

你,是我簇新的理想,用苍劲的大手,谱写了我青春的篇章,
你,是冲天腾飞的巨龙,身躯披上曙光,那排山倒海般的记忆回响,
你,是青春,是坚守,是拼搏,是孤独,
你,教会我如何与浩瀚的大海日夜共处!

七年论证的艰辛,成就一朝传奇,
十五个春夏与秋冬,你从婴孩成长为翩翩少年,
从无水无电的寂寥岛屿成长为世界最大的全自动化集装箱码头,
峥嵘岁月,长夜茫茫,
曾经的孤悬海外,是你卧薪尝胆的凛然,
如今的你,托起上海国际航运中心的梦想!

填砂围海,镇澜筑港,
你好,冉冉升起的东方巨港!
东海的潮汐夜以继日,是为你奏响鼓点,
你,铸就我海上的豪情与梦想!

向海而生,无怨无悔,
你是理想,是信念,是绯红的海上黎明,是我无悔的青春!

观洋山港四期自动化码头有感

海外所　周清泉

长龙万丈催驰目，海阔波平映皓苍。
环顾旷台鲜影迹，只缘名匠倾智囊。
铁臂舒展擎箱易，巧车梭行载宝忙。
愿采骊珠琢美玉，礼呈岛港又添妆！

【释义】东海大桥万丈有余，连接天际，气势磅礴，让人忍不住眺望大桥的尽头所指。海面辽阔，风平浪静，映衬出纯净的蓝天白云。随车行至新落成的洋山港四期自动化码头，自动化操作系统名不虚传，环顾四周竟丝毫看不到人工操作的身影，这都要归功于能人巧匠为码头自动化操作系统所倾注的宝贵心血。再沿那码头前沿线看去，只见门机吊臂轻易地将集装箱稳稳擎起，无人装卸车载着宝箱在场区内轻盈穿梭，忙碌而有序。此情此景，引人赞叹，勾人遐思，催人奋进，让人不由得想去采得骊龙颔下的宝珠，去雕琢美轮美奂的宝玉，为港岛增添的新妆容、为洋山港业已取得的璀璨纪录、更为在建港过程中挥洒血汗的三航人虔诚献礼！

洋　山　颂

综合所　张　浩

萧条荒岛建深港，
孤悬外海未有方。
国航建设在眉睫，
三院精英勇挑梁。

东海飞龙通天堑，
岛陆连接变通途。
岸远沙流笑面对，
风急浪高苦做歌。

百舸争流千帆过，
万吨巨轮进出忙。
塔吊成林连广宇，
十年磨剑终出鞘。

敬业奉献看三院，
开拓创新赞洋山。
国内一流新标杆，
国际知名不阔谈。

奉献洋山写春秋
——三航院职工奋战上海洋山港赞歌

退休　林进禄

莘莘学子青春梦，
圆梦洋山写春秋；
一片丹心万根线，
线线联通五大洲。
心热未觉月光冷，
沉凝可解暑气消；
更攀高智无人化，
自动卸运数风流。

丁酉年九月作

（作者为三航院原党委书记）

洋　山　颂

东源公司　符　妙

猛浪涌潮汪洋海，奇珍异石草木青。
东方市场优越地，深水港口建洋山。
五年探索十年续，三院全员铆足劲。
堆填沙石港独秀，任其东西南北风。
依山坐看红日起，碧海蓝天洋山现。
晚间东桥映眼帘，霓虹灯搭长如龙。
一二三四巧设计，智能科技切入世。
码头无人货自取，轮船汽车不停蹄。
自动输送高效率，国际经济维系密。
但闻何人述功劳，国际一致数中交。
开拓创新讲奉献，洋山精神砥砺行。

卜算子·赞洋山港

党委办公室　李玉琴

东海抱洋山，
港口耸桥吊，
五彩集箱映碧空，
排列万国号。

昔日小渔村，
今日换新貌，
新绘蓝图连五洲，
我为祖国笑。

摄于2015年从大洋山慰问返回洋山港的海上

踏莎行·赞洋山

海外所　顿昊天

沪上东南，
海天茫茫，
群岛如珠落四方。
背靠浙江杭州湾，
建得惊世洋山港。

登高俯瞰，
注目凝望。
巨轮如梭进出忙。
天下宾客纷沓至，
神州再谱新华章。

七绝·礼赞洋山

工程经济所　宁　赫

全球最大的自动化集装箱码头——洋山四期工程将于2017年年底竣工运营,这意味着洋山深水港区建设又取得了一项新的重大成果。身为洋山深水港区的总体设计单位——中交第三航务工程勘察设计院有限公司的一名普通职工,心中荣幸之感溢于言表,对洋山港的建设者满怀钦佩,以洋山精神为毕生志向。

值此喜悦之时,愚人不才,作七绝诗五首,将"洋山精神"之"不辱使命、艰苦创业、求真务实、争创一流、团结协作"藏于其中,以礼赞洋山大港。

七绝·礼赞洋山一

不忘昔日山河殇,
屈**辱**国耻促人强。
任能**使**贤聚东海,
三院领**命**建大港。

七绝·礼赞洋山二

艰辛驻扎洋山礁,
以**苦**为甜满自豪。
填海**创**造新大陆,
百年基**业**要筑牢。

七绝·礼赞洋山三

求索论辩道路艰，
秉**真**持正冲在前。
立誓**务**尽浑身力，
梦想成**实**育人贤。

七绝·礼赞洋山四

争胜航运新中心，
又**创**佳绩引人钦。
独树**一**帜自动化，
国际主**流**最强音。

七绝·礼赞洋山五

团聚精兵力量增，
集**结**良将大港成。
同心**协**力创贡献，
汗水化**作**中国梦。

洋　山　赋

海外所　秦　飞

东方明珠谋发展，航运中心欲添彩。
滚滚波涛拍洋山，百年工程聚东海。
中交三院敢为先，洋山精神树丰碑。
全院上下齐合力，千辛万苦不是难。
古有愚翁移大山，今有英杰通四海。
千里巨龙踏两岸，乘风破浪入云霄。
世纪大港拔地起，一带一路连世界。

七律·可歌可泣冠浦江

建筑所　陈希太

服务洋山奋战洋山的日日月月，不得不想起共同战斗担任一线指挥的王大刚所长。英年早逝，惋惜之至，以此诗怀念大刚兄弟、赞美洋山。

饮马洋山未能忘，
血气方刚花正黄，
独立潮头堪兴国，
甘洒青春写华章。
锻造辉煌头可断，
立碑东海德无量，
垂泪阴阳缘非浅，
可歌可泣冠浦江。

写于丁酉年秋日

洋山精神，砥砺前行

东源公司　钱　杰

昔日静悄渔村僻岛，
今朝领跑大洋深港。
居大海，箱成堆，
吊架如林船如鱼，
又一时代海港浪潮。

洋山深水港，
巍峨着雄伟，
你依山架海抗霜雪寒冰；
刚毅着深远，
你展开铁壁迎沧海蓝天。

你成长的艰辛，
是对洋山最真诚的告白；
风来雨去，
工人在艰苦奋战，
是对理想的执着与憧憬。

洋山工程，
汇聚智慧的果实，
在东海的舞台持续贡献；
灯塔般耀眼，
在工匠心中不灭的行标。

洋山精神，
三航院的文化底蕴，
传承敬业奉献开拓创新；
承载中交的梦想，
砥砺前行。

水调歌头·洋山深水港

咨询所　俞　灵

岸边千尺船,堆场百万箱。
联通全球贸易,龙头靠点睛。
束水西坡巨壁,挡浪海晏波宁,东海架飞桥。
当今吞吐量,上海稳第一。

保出口,斗霸权,起宏图。
披星戴月,织出三院之精神。
细检釜山神户,未有此奇雄者,沧海出平原。
姐妹石无恙,笑看中国殊。

地球先生的困惑

综合所　靳如刚

46 亿年前，
当地球还是个婴儿的时候，
懵懂的他不是很明白，
为什么？
宇宙母亲会让他
在流星雨电光火石的洗礼中
痛苦成长？

日升月落……

两千万年后，
最初的混沌归于平静。
流星带来的雨露开始悄悄地
在地球表面汇集
成为海洋。
看着自己的伤口在海水中渐渐痊愈，
地球这个孩子
似乎开始明白
母亲的良苦用心。
然而，
他依然无法想象，
这流动的甘泉
即将带给他的未来。

日升月落……

十几亿年转眼成为过往。
在海洋的最底里，
聚集了上亿年的能量之后，
有些伤口
终于爆发，
冲出海面，
成为大海中的孤岛；
另一些伤口只是隐隐作痛，
如泉水般涌动，
缓慢，
但悠长。

日升月落……

又是十几亿年过去。
在地球长成少年的时候，
他发现，
在那些海底的泉口中
有了一些他从未见过的东西——
“生命”。
他看着这些生命迅速长大，
由简单变复杂，
从单一到繁多。
他看到有一群最弱小的生命，
不断被追逐，
不断在改变。

日升月落……

对青年地球来说，
几亿年光阴
也仿若槐南一梦。
梦醒后他发现，
那群最弱小的生命
已经跃出海洋，
奔向陆地，
他们爬上树冠，
又走向草原，
他们战胜高山，
又征服沙漠……

最终，
他们又回到了海洋里那座
在几十亿年前
和他们一同诞生的孤岛。

这一次，
颇有阅历的中年地球先生，
开始有些不知所以——
他不明白为何伤口已经痊愈，
但岛屿却还在生长？
他不明白为何泉口已经关闭，
但一条巨龙却从无到有将岛屿和大陆连接？
他不明白为何一座罕有人迹的港口，
却依然充满了生命的活力？

地球先生开始陷入困惑，
胸怀答案的我们笑而不语
……

颂 洋 山

海外所 李成强

洋山风雨起苍黄，
三院精英力拓荒。
波涛汹涌千层浪，
齐心协力深水港。
潮起潮落二十载，
虎踞龙盘驻东方。
艰难困苦谁言累，
洋山三院齐辉煌。

洋　山　颂

海外所　张　超

千载东方航运梦，
今朝中心①坐海成。
万千船舶洋山聚，
举世皆惊人尽闻。
晴空俯视观夜景，
大桥②如龙港似珍。
五商中交结硕果，
三院③精神永传承。

【注释】

①指上海国际航运中心洋山深水港区。

②指东海大桥，目前世界上最长的外海跨海大桥，连接上海本土与外岛的洋山港。

③指中交第三航务工程勘察设计院有限公司，为洋山深水港区的总体设计单位。

赞洋山港

海外所　周清泉

洋山风雨泊宏志，
数载躬耕匠心营。
东面已然雄观立，
巍巍新筑寄豪情！

【释义】回首过往，许许多多的能人巧匠在洋山岛立下了填海建港的宏伟心愿！经过风风雨雨的洗礼和数年的匠心营运，在小洋山岛的东面，洋山港一至三期工程已然为整片洋山增添了雄伟壮观的恢宏气概。如今，新落成的四期工程巍然立起，更是寄托了包括三院人在内的所有志士们披荆棘、树标杆、开拓未来、串联大小洋山的壮志豪情！

梦回洋山

厦门公司　包章明

犹记昔年沈家湾，
战袍褪去着旧裳。
东海桥头无人辨，
独登高台忆大刚。

圆梦洋山

海外所　陈佳莹

万里祥云碧海波，
烟波浩渺无穷极。
吹沙成岛十年梦，
千里江堤洋山情。
年年岁岁海波兴，
岁岁年年景不同。
一叶扁舟换巨轮，
寂寥孤岛万箱集。
东方大港雏形现，
朝朝暮暮换新颜。
一带一路一声令，
不屈不挠三院人。
前赴后继勇争先，
风霜雨雪未成眠。
终得圆梦利剑出，
洋山精神代代传。

我爱洋山深水港

综合所　王　起

历经十多年的风雨，**我**初心依旧。
翻新国际航运篇章，**爱**日益增加。
斩获多项世界之最，**洋**山之名扬。
投建多期陆域工程，**山**中自有仙。
智能化集装箱桥吊，**深**连各国家。
港城相依为发展兴，**水**上无孤岛。
洋山精神谓之伟大，**港**湾成家乡。

洋　山　路

综合所　陆晶晶

从零开始，
摸索前行。
由心而发，
不忘初衷。
点滴积累，
才有所成。
心血汇聚，
方得始终。

洋山是历练是征途，
风雨蹉跎，
泥泞坎坷。
洋山是精神是光辉，
回馈前人，
指引来者，
不敢居功，
骄傲就会落后，
不能忘本，
反思更有收获。
三院人不吝付出，
甘以心血换新颜；
三院人不求回报，
只愿洋山登巅峰。

观 洋 山

综合所 唐照评

东临高亭，以观洋山。
水何澹澹，箱盈平川。
岸桥林立，龙门穿梭。
海风萧瑟，巨轮往来。
丝路之行，始于此中。
航运灿烂，源于其里。
幸甚至哉，歌以咏志。

七律·赞洋山

海外所 顿昊天

改革开放起苍黄，
伟大复兴看长江。
内有三峡把江拦，
外有洋山隔桥望。
吞吐谁能领风骚？
当属今日洋山港。
洋山出自谁人手？
黄浦江边的三院。

洋山港,三航院人为你骄傲更为你自豪

技术部　施建港

洋山港,三航院人为你骄傲更为你自豪,
三航院人本着设计使命感、责任感,
付出与坚持,不懈努力与深厚设计底蕴,
迎来拨开云雾见彩虹的喜悦。
洋山所,无数彻夜通明挑灯夜战,强劲设计与勘察的脉动;
默默奉献、无偿付出终将收获更多回馈与荣耀。
设计创新与优化,引领“外海孤岛填海筑港”风尚与标杆,
历史铭记三航院人在洋山港的伟岸功绩;
洋山港,三航院人用睿智描绘浓墨重彩的不朽蓝图。
外观壮阔,内含丰盈;
“洋山港”魅力源于三航院人综合底蕴与弥久历练的沉稳。
充满一种无须张扬的厚实从容;一种无所畏惧的大气。
洋山港,三航院人为你骄傲更为你自豪;
铸品牌三航院人不遗余力;
洋山港,三航院人为你骄傲更为你自豪
昨日外海荒芜小岛,而今耀然东海的明珠
因为精湛技术与超前的理念
一举耀升世界瞩目的壮阔外海良港,
引无数同行为之感叹与赞许。
等闲平地起波澜,外海荒岛变良港。
映鉴三航院人巧夺天工的匠人精神,
不辱使命,汇精兵强将战天斗地,不负百年难遇历史机遇,
创新源于想象与思敏,定力缘于实力与压力。

你我见证“洋山港”的改变、辉宏。
圆几代航运人的“港口码头梦”;
重温“洋山精神”自凝的况味;精神世界的升华,
三航院设计疆域的富足,精神理念的盈实。
美好坚实设计终将长盛不衰、历久弥坚。
千言万语唇欲止,无边遐想自袭来,
决不放弃的坚毅忍性,机遇总眷顾有准备、实力雄厚的企业。
时间锤炼了设计团队,也给了我们嘴角上扬的资本。
问渠那得清如许,为有源头活水来。
火车跑得快,全靠车头带!

洋 山 港

厦门公司　郑　凤

一桥一港一世界，
靓山靓水靓景观。
智能智造智港梦，
巧夺天工三航院。

【注释】写这几句的缘由如下。

①一桥一港一世界：透过三航院人设计、参建的东海大桥、洋山深水港走向全世界；

②靓山靓水靓景观：洋山港保留的自然地形地貌、山海风光旖旎；

③智能智造智港梦：三航院人用自己的智慧"智"造智能化得自动化港区，实现"全球最大的自动化集装箱码头"的铸港梦，即洋山四期智慧码头；

④巧夺天工三航院：三航院人的工匠精神，荣获鲁班奖、詹天佑奖，洋山港景观与洋山自然风光无缝融合，不是景区胜似景区，无愧为巧夺天工。

附录

三航院之歌

(歌词)

沈明达　刘志康

迎着朝阳,踏着波浪,每一根线条化作一路春光;
敬业奉献,开拓创新,每一个标点耸立起一座新港。
与江海同行,与时代共创。每一个脚印写下理想的篇章;

国内一流,世界知名,每一次服务播撒下智慧的芬芳。
雄伟美丽的洋山港啊,是我们献给新时代心灵的歌唱,
团结奋进的三航院,是我们温暖的家园,永远的希望!

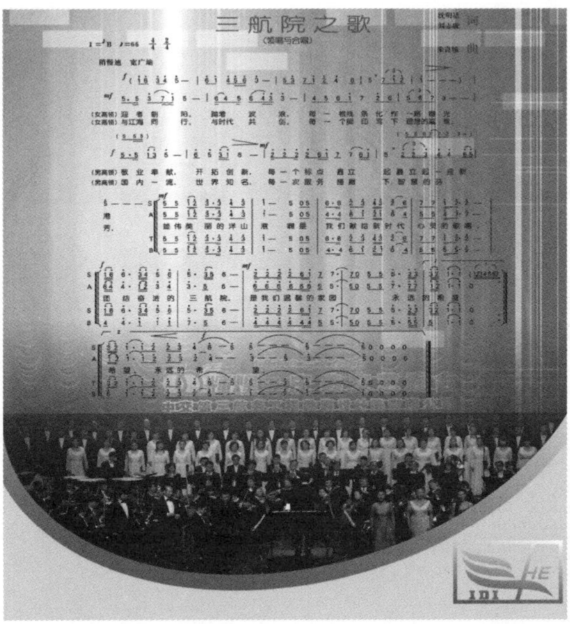

洋山港，我们为你日夜无眠

(歌词)

沈明达　刘志康

大海腾欢，捧出一座崭新的港湾；
大小洋山，喜迎万国航船。
多少寒暑，我们为你日夜无眠；
多少风雨，饱含我们无言的奉献。
啊，洋山港，深水港，百年梦圆在今天！
我们为你纵情歌唱，你是我们心中的港湾，心中的港湾！

时光流转，画出一条美丽的弧线；
总体设计，挥写千年奇观。
你的灿烂，已把我们的人生点燃；
你的传奇，铭刻我们对后代的诺言。
啊，洋山港，三航院，洋山精神魂相连！
我们为你纵情歌唱，你是我们心中的春天，永远的春天！

放歌洋山港

（诗朗诵）

沈明达　刘志康

甲：朋友，你到过喜马拉雅山吗？
　　去瞻仰连绵圣洁的群峰雪山
乙：朋友，你到过塔克拉玛干沙漠吗？
　　去眺望浩瀚神秘的大漠孤烟。

甲：也许你到过壶口，
　　领略过黄河的万马奔腾，千军呐喊；
乙：也许你到过三峡，
　　见识过长江的浩浩荡荡，无惧阻拦。

甲：在大自然的鬼斧神工面前，
　　敬畏之心油然涌上心间，
乙：人啊，显得多么渺小，多么卑微
　　谁都会体悟到一种生命的感动，心灵的震撼。

甲：然而今天
　　我们却经历了另一种感动和震撼；
　　那是在洋山深水港，
　　我们获得了崭新的体验。

乙：驾车驶上32公里的东海大桥，
　　我们就像风驰电掣一般，

那一条美丽的弧线，
矫若游龙，跨越了碧波万顷的海面。

甲：登上小洋山的山巅，
放眼1600米一期工程的码头岸线，
那一座座巨大的桥吊，
就像采茶女的双手上下翩翩。

乙：往日默默无闻的小岛星星点点，
如今围堤筑堰，吹沙填海连成了一片；
甲：洋山港吸引世界关注的目光，
开创中国航运史上的新纪元。

乙：在这人类的宏伟工程面前，
自豪之情油然涌上心间，
甲：人啊，多么伟大，多么勇敢，
洋山深水港，这是力的交响，美的奇观。

乙：问一问岛上相依相偎的姐妹石吧，
阅尽千年风雨，可曾见过这旷世巨变？
他们也会发出由衷的赞叹，
从此她们有了更美丽的家园。

甲：啊，一座世界一流的集装箱深水港，
已经像璀璨的明珠跃出海面。
啊，296平方公里港、桥、城、区合一的新空间
展开了建设上海国际航运中心的壮美画卷。

乙：伟大的先行者孙中山，
曾把“东方大港”的梦想倾注在他的笔端。

百年梦圆在今朝，
洋山港实现了几代中国人的夙愿。
甲：在这振奋人心的时刻，
我们的心中格外激动，格外温暖；
因为正是我们三航设计院，
挑起了洋山港总体设计的历史重担。

乙：这是无上的荣光，
甲：这是巨大的责任，
乙：这是难得的机遇，
甲：这是艰难的历程。

乙：上海要建成国际航运中心，
这是中央的决策，时代的声音，
甲：为了市委市政府的重托，
我们三航院人执著前行，义无反顾。

乙：1996 年 9 月的骄阳送我们踏上征程，
三航院，受命开始深水港的前期论证，
合：风风雨雨五年多啊！
时时刻刻考验着我们的自信和坚忍。

甲：那是一段多么难忘的岁月，
海风吹拂着我们不倦的身影；
乙：那是一段多么严峻的日子，
海浪冲激着我们探索的心灵。

甲：从一期工程项目管理部，
到专门成立洋山设计所，
乙：我们始终与洋山深水港同行

我们始终和着指挥部的节拍前行。

甲:斗转星移,日月交替,
伟大的时刻终于来临。

乙:2005 年 12 月 10 日,洋山港胜利开港,
世界为之赞叹,我们铭记在心。

甲:洋山港点燃了我们的青春,

乙:洋山精神照耀着我们前进。

甲:勇挑重担、保持本色、求真务实、团结协作,

合:都为了不辱使命。

甲:乘长风破万里浪,
三航院豪迈地向"国内一流,国际知名"挺进。

乙:放歌洋山港我们充满无比的激情,
挥写洋山工程新篇章,

合:我们信心百倍前程似锦。

三航院，永远年青！
——中交三航院有限公司五十周年庆
（诗朗诵）

沈明达　刘志康

女：走过了海，走过了山，
　　走过了难以忘怀的 50 年；
男：走进腾飞，走进辉煌，
　　走进了生机勃勃的新纪元。
女：迎来了，我们终于迎来了，
　　三航院 50 周年的美好时刻！
男：奏响了，我们终于奏响了，
　　三航院 50 华诞的欢乐琴弦！
女：啊，三航院，今天是你的生日，
　　那一束束庆贺的鲜花格外娇艳；
男：啊，三航院，今天是你的生日，
　　那一杯杯庆功的美酒格外香甜。
女：50 年，是一段开拓进取的历史传奇，
男：50 年，是一幅万马奔腾的雄伟图卷；
女：50 年，是一曲激荡心魄的动人歌谣，
男：50 年，是一部春华秋实的壮丽诗篇；
女：50 年啊，50 级创业的台阶，
合：把智慧和汗水，挥洒在每一步，每一段；
男：50 年啊，50 道清晰的年轮，
合：把辉煌和荣耀，铭刻在每一环，每一圈。

女:此刻,
我们的心在剧烈地跳荡,
因为那一页页创业的诗篇,
正在我们的眼前展现……
男:此刻,
我们的歌在深情地回旋,
因为那一朵朵岁月的浪花,
正在我们的心头翻卷……

女:1958 年,
当我们在母体里呱呱落地的时候,
也许谁也没有想到,
这个婴儿会长得如此壮硕,如此强健。
男:当我国第一座集装箱码头,
上海港张华浜码头精彩亮相的时候,
我们自豪地交出了,
一份成功的答卷!
女:当国内最大的矿石中转码头,
宝钢马迹山港昂首挺立的时候,
我们成功地攻克了,
一道道技术的难题。
男:当我们自豪地回首,
4000 多个勘察设计项目的时候,
欣慰的笑容,
绽放在每一个三航院人的脸上。

女:时代的阳光照耀着我们,
改革的大潮又把我们推上风口浪尖,
男:1984 年,我们就像一个满怀豪情的青年,
登上了破浪前行的时代快船。

女:永远难忘那峥嵘岁月;
男:永远难忘那创业时光。
女:我们挑起了历史赋予的重担,
男:我们排除了难以置信的艰险。
女:一个个国家级的港口和配套水运工程,
都在我们的笔下打开了最初的画卷;
男:为了实现争当国家水运建设主力军的心愿,
我们全力以赴,投身于水运工程的大发展。
女:饱蘸心血的笔触,
描绘着祖国港口建设的蓝图,
男:开启智慧的钥匙,
引入了现代港口建设的理念;
女:一个个历史记录,被我们刷新;
男:一座座优质工程,由我们创建。
女:从北国港湾,到闽南海滩;
男:从长江三角,到深圳口岸;
女:从勘察设计,到建筑物流;
男:从工程监理,到自动控制;
女:从项目管理,到设计施工总承包;
男:从境内到境外;
女:伴随着共和国前进的步伐,
三航院日新月异,茁壮成长;
男:沐浴着改革开放的春雨,
三航院经历了沧桑巨变!
女;1996年,
一个历史性的机遇来到了我们的面前,
男:三航院挑起了,
洋山深水港前期论证的历史性重担。
女:伟大先行者孙中山,
曾把"东方大港"的梦想,倾注在他的笔端。

男：上海要建成国际航运中心，
　　这是中央的决策，几代人的夙愿。
女：那是一段多么难忘的岁月，
　　海风吹拂着我们不倦的身影；
男：那是一段多么严峻的日子，
　　海浪冲激着我们探索的心灵。
女：与朝霞共舞，
男：与夕阳相伴；
女：风风雨雨六年多啊，
　　勘察、设计人员坚守现场，顾不上自己的亲人和家。
男：风风雨雨六年多啊，
　　我们日夜无眠，不断超越自我，终于不辱使命。
女：今天，当我们驾车驶上 32.5 公里的东海大桥，
　　风驰电掣，跨越碧波万顷；
男：今天，当我们登上小洋山的山巅，
　　眺望那桥吊起落，洋山工程的雄伟图景尽收眼底！
女：这是力的交响，这是美的奇观；
男：这是全世界航运界目光的焦点；
女：这是爱的喷涌，这是梦的实现；
男：这是三航院人心血的结晶！
女：总体设计单位，多么艰巨的任务；
男：总体设计单位，多么荣光的使命。
女：是的，是我们设计了洋山港，
男：是的，洋山港也设计了我们。
女：伟大的战役造就了勇敢的战士，
男：洋山工程把我们锤炼成一支铁军。
女：勇挑重担，不辱使命，
　　洋山港点燃了我们的青春，
男：求真务实，团结协作，
　　洋山精神照耀着我们前进。

女：而今，洋山港建设者成了我们最自豪的品牌！
男：而今，洋山港设计者成了我们最骄傲的通行证！

女："十五"以来，三航院前进的脚步不断加快；
男：2006年的改制更名，更使企业步入了科学发展的崭新阶段。
女：以"国内一流，国际知名"为奋斗目标，
以"业主满意，员工满意"为企业宗旨；
男：以"敬业奉献、开拓创新"为企业精神；
以"诚信服务、优质回报"为价值取向。
女：我们走出国门，走向世界，
男：我们走向明天，走向未来；
女：我们走得很远很远，
一直走到南极洲的雪地冰天；
男：我们走得很远很远，
去挑战生命和工程的极限！
女：那是我们的一位高级工程师，
一个普通的共产党员；
男：告别满腹担忧的妻子，冒着极大的风险，
金晓博踏上了雪龙号极地考察船；
女：他要去南极中山站，
建设我国第一个极地卸货码头，
男：从勘测、设计、到施工、搬运，
全由他一个人独立承担。
女：2006年1月28日，
上午，风还是很大，无法开工。
男：2006年1月29日，
今天春节、放假、两顿饭。
女：翻开一页页南极日记，
字里行间透出的是三航院人的敬业与奉献。
男：他是三航院普通的一员，却是我们三航院整体的缩影。

女:正是有无数个像金晓博那样的员工,
　我们的企业才蒸蒸日上!
男:我们被评为上海市文明单位,连续8年;
女:我们被评为中国勘察设计百强单位,连续9年;
男:我们还是上海市职工最满意企业,连续6年,
女:这就是我们每个人心中的三航院,我们温馨的家园。
男:从詹天佑奖到鲁班奖;
　从国家优质工程金质奖到国家科技进步一等奖;
　我们获得了近40项国家级大奖;
女:从上海市人才工作先进单位到中交集团"四好"领导班子,
　我们获得了许许多多的荣誉和称赞。
合:我们用年轮,见证了三航院的跨越式发展;
　我们用行动,证实了国有企业生机无限!

女:成绩和辉煌,固然使我们感到无比的自豪,
男:默默的奉献,却更能表达我们对祖国建港事业深深的爱恋。
女:50年啊50年,绵延了50年的爱恋,
男:50年啊50年,坚持了50年的信念;
女:那是一股士气,一股催人奋勇前行的士气,
男:那是一份力量,一份让人热血沸腾的力量!
女:随着中交股份海外的成功上市,
　新的实践给了三航院人新的舞台。
男:随着中交集团跨入世界500强,
　新的舞台给了三航院人新的机遇。
女:精益求精确保工程质量;
男:尽心尽责做好各项服务;
女:始终牢记环境健康安全;
男:严格遵守法律法规条例;
女:诚心诚意提供满意产品;
男:追求完美实现和谐发展。

合:这就是我们的信念,永恒的信念!

女:日月如梭,光阴似箭,
男:岁月在忙碌中悄悄地沉淀,一天又一天。
女:难忘的日子,
　　总是那样令人陶醉,令人欢乐;
男:记忆的金筛子,
　　总把最闪光的东西,留在我们心田。
女:50 年的风雨兼程,
　　披荆斩棘的开拓之路越走越欢;
男:50 年的峥嵘岁月,
　　做强做大的发展之路越走越宽。
女:50 年,这是一次新的加油,
男:50 年,这是一个新的起点!
女:忆昨天,我们硕果累累,无比自豪,
男:勇攀高峰,勇立潮头,敢为人先;
女:望明天,我们豪情满怀,浮想联翩;
男:理想的火焰,依然燃烧在我们的心田。
女:也许有一天,我们会变老,
　　但我们的心不会老;
男:也许有一天,我们会白发丛生,
　　但三航院将永远春风满面!
女:因为我们可以无愧地说,我们没有虚度生命,
男:因为我们曾经是三航院的一员。
女:我们将不断超越自我,超越历史,
男:向着“国内一流、国际知名”的既定目标远航;
合:三航院将永远年青,永远向前,向前!

上海国际航运中心洋山深水港区工程的前世今生

刘　速

上海港是世界第一大集装箱港，集装箱吞吐量从2010年度开始连续七年排名世界第一。上海国际航运中心洋山深水港区是世界规模最大的外海集装箱港区，上海港的核心组成部分，集装箱吞吐量占上海港的40%以上。洋山四期工程建成之后，是世界最大的自动化集装箱码头，在装卸工艺水平上走在了世界的最前沿。东海大桥为洋山深水港区的配套工程，是我国第一座真正意义上的跨海大桥。

中交第三航务工程勘察设计院有限公司（以下简称中交三航院）是洋山深水港区一~四期工程的总体设计单位，东海大桥基础部分和港桥连接段、洋山LNG接收站码头、洋山石油储运项目的设计单位。

1995年年初，中交三航院组建强大的设计团队，在上海市领导和有关部门的关心支持下，正式开始对上海深水港的选址、规划与设计工作的漫漫征途，这是上海深水港的首支技术团队。1995年9月26日，中交三航院提出"洋山港区初步规划设想方案"设计报告，成为上海深水港的首份技术报告。同年冬天，中交三航院勘察技术人员在洋山架设第一个测站，开始为深水港的选址进行地形测量，这是首批洋山港建设者登上洋山。

一、洋山深水港区建设背景

20世纪90年代初，随着世界各国经济的快速发展和经济全球化，带来了国际贸易量的迅速增长，作为货物贸易主要运输方式之一的集装箱运输获得突飞猛进发展。当时已成为国际枢纽港的新加坡、中国香港两个港口集装箱年吞吐量已达千万标准箱，荷兰的鹿特丹港和我国台湾地区的高雄港也接近500万标准箱。而上海港集装箱吞吐量尚不足百万标准箱，在全世界主要港口中集装箱吞吐量排在第26位，这同当时国际贸易需求极不适应，严重制约了上海及长三角地区经济和贸易的发展。此外，随着航运业船舶大型化趋势的不断加速，上海港由于受长江口水深的影响，已没有与之相适应的深水岸线和航道，深水资源成为制约上海港发展的瓶颈。因此，建设深水港成为实现上海国际航运中心战略目标的关键。

1992年10月党的十四大召开，作出了"以上海浦东开发开放为龙头，进一步开放长江沿岸城市，尽快把上海建成国际经济、金融、贸易中心之一，带动长江三角洲和整个长江流域地区经济的新飞跃"的重大战略决策。在1992年12月召开的上海市第六次党代会上，时任市委书记的黄菊同志强调："深水港的建设是关系到上海能否成为国际航运中心之一的关键问题，而能否成为国际航运中心之一又是上海能否成为一个龙头、三个中心的关键。"上海第六次党代会还决定将深水港建设作为上海新一轮城市基础设施建设十大工程之首。上海深水港的建设在国家层面和上海市提到了从未有过的历史高度。

20世纪90年代中后期，在上海市政府、上海国际航运中心深水港建设指挥部的领导下，上海国际航运中心深水港区的选址论证工作正式启动。以中交三航院为核心的国内多个设计、科研单位，经过6年多时间的论证，最终选定洋山港为上海国际航运中心集装箱深水港区。

二、为何选择中交三航院作为深水港总体设计单位

早在20世纪70年代初，全国进行大规模的港口建设，要力争用3~5年时间迅速改变我国港口的落后面貌。作为国内一流、国际知名的甲级设计院——中交三航院对上海港黄浦江两岸的旧码头进行改造升级设计的同时，先后完成了上海港白莲泾、朱家门、军工路、张华浜、新华、关港等新港区数十座码头的设计。这些码头建成投产后虽然迅速改变了上海港的落后面貌，吞吐能力获得较大提升，但所有码头都建在黄浦江两岸，泊位等级绝大部分为万吨级以下，少数几个大的泊位也仅能靠泊2万吨级船舶。当时，中交三航院的设计师同上海港规划处的同志共同组成新港址选址工作组，进行了北上七丫口，南下杭州湾，东进外高桥地区的选址工作，终因当时经济技术与自然条件等诸多因素的限制而未能实现。

到70年代末80年代初，中交三航院设计师们参加建设上海宝山钢铁厂。因缺少深水港区，宝钢所需的近千万吨进口矿石不得不在浙江省宁波北仑地区建造10万吨级矿石中转码头进行大船换小船的中转，再运到宝山钢铁厂码头。到80年代末90年代初，随着宝山钢铁厂生产规模的不断扩大，矿石进口量增加到每年3000万吨左右，北仑港的能力已不能满足需要，且从智利、巴西、澳大利亚等国进口的矿石运输船型也升至20万~30万吨级。中交三航院的设计师又在浙江嵊泗县马迹山岛选址建造了30万吨级的矿石中转码头，通过大船换小船的一卸一装不仅造成货损和环境污染，仅运输费用就增加了60%。上海港多么需要有自己的深水港区啊！

到20世纪90年代初，世界经济发展的重心转移到东亚地区，同时世界经济的全球化，货物运输的集装箱化和集装箱运输船舶的大型化均迅速发展。为了适应上海经济与贸易的快速发展和浦东的开发开放，中交三航院的设计师在外高桥选址建设了外高桥港区一期集装箱码头3个泊位，900米岸线长度。然而码头前沿水深也只有11~12米，仅能停靠第二、第三代集装箱船，第四代船需要乘潮进港，无法接纳第五、第六代及更大型的集装箱船。在此期间，上海港集装箱吞吐量年均增长达30%以上，上海港的码头能力已严重不足，造成我国中部地区大量的外贸远洋集装箱仍需去境外中转，经济上损失巨大。这一切深深刺痛着身处上海的中交三航院工程师们的心，使他们为上海港选址建设深水港区的愿望更加迫切。1995年初，在没有任何甲方委托的情况下，中交三航院组建起强大的设计队伍，在上海市领导和有关部门的充分信任、关心和全力支持下，踏上了深水港的选址、规划与设计工作的漫漫征途。

由于中交三航院技术人员在之前为上海宝山钢铁厂建设位于浙江嵊泗的马迹山矿石中转港的过程中，数十次从上海芦潮港乘船去马迹山现场而途经停靠大洋山岛客运码头，对大、小洋山之间海域水深条件和良好的风浪掩护条件有了深刻的认识。据此，中交三航院在深水港选址工作一开始，就将关注重点放在了大、小洋山区域。在同浦东五号沟、杭州湾、双衢山等几个港址进行初步比较的基础上，将重点放在了大、小洋山港址上，并于1995年9月26日提出了“洋山港区初步规划设想方案”的首份设计报告，向时任上海市副市长夏克强和市交通办公室等有关部门作了汇报。同年12月底中交三航院编制完成了《洋山港初步规划》设计文件,该文件的主要结论是:①建设上海国际航运中心首先需要建设具有15米以上水深的深水港区,这是实现浦东开发开放的有力措施。②大、小洋山是距上海最近的具有建设15米以上深水港区和航道条件的合适港址,同上海连通可通过建跨海大桥来实现。历史选择了三航院,三航院承担了历史的重任。

三、洋山深水港区建设总体情况

洋山深水港区一期工程于2002年6月26日正式动工,2005年12月10日竣工投产,利用短短3年半时间,中国的港口建设者们在一处小小的外海岛礁上建成了一座深水良港,填补了上海港缺少15米以上水深集装箱深水码头的空白,创造了世界港口建设的奇迹。

为加快建成上海国际航运中心,建设者们奋力拼搏、再接再厉,在随后的2006年、2007年、2008年连续3年的12月10日先后建成二期工程、三期工程一阶段、三期工程二阶段。一~三期工程建成后,洋山深水港区共获得了5.6公里深水集装箱码头岸线(一个成年人以正常的步速从码头一端走到另一端约需1小时)、16个7万~15万吨级深水集装箱泊位、设计总通过能力930万标准箱,洋山深水港区的规模效应日渐突出。待洋山四期工程建成,将会形成23个7万~15万吨级深水集装箱泊位、设计总通过能力1560万标准箱的规模。一个标准集装箱大体相当于一间15平方米的卧室。

在洋山一期工程投产的当年,即2005年度,上海港的集装箱总吞吐量为1808万标准箱。在洋山深水港区投产后第十年的2015年度,上海港集装箱吞吐量达到了3654万标准箱,整整增长了一倍有余。洋山深水港区吞吐量也在这十年里由零起步,直至增长至2015年的1540万标准箱,占上海港集装箱吞吐量的42%以上。尤其是在2010年度,得益于洋山深水港区的建设,上海港一举超越了新加坡港,从此至今连续7年排名世界第一大集装箱港。上海港及洋山港近10年的吞吐量如下:

上海港和洋山港的吞吐量一览表(单位:万标准箱)

年度	2006	2007	2008	2009	2010	2011	2012	2013	2014	2015	2016
上海港	2171.9	2615.2	2800.6	2500.2	2907	3174	3252.8	3377.4	3528.5	3653.7	3713.3
洋山港	323	601	823	784	1011	1110	1415	1437	1520	1540	1561

洋山深水港区的建设遵循“一次规划，分期实施”的原则，目前已建成洋山集装箱码头一～三期工程，东海大桥、洋山LNG接收站码头及洋山石油储运项目一期工程，正在建设洋山深水港区四期工程。整个港区建设水域部分使用14000多根桩，其中直径最大的有2.5米，需要两人合抱；最长的76米，相当于近30层楼高。用打桩船像榔头敲钉子一样打入海中的钢管桩最大直径1.5米，最长76米。整个港区的投资达数百亿元人民币。各工程情况如下：

1.洋山一期工程

洋山一期工程2002年6月26日开工建设，2005年12月10日建成投产，共建设集装箱码头1600米，布置5个7万～10万吨级集装箱泊位，设计年通过能力220万标准箱。

2.洋山二期工程

洋山二期工程于2006年12月10日建成投产，共建设集装箱码头1400米，布置4个7万～10万吨级集装箱泊位，设计年通过能力210万标准箱。

3.洋山三期工程

洋山三期工程于2007年12月10日、2008年12月10日分两个阶段建成投产，共建设集装箱码头2600米，布置7个7万～15万吨级集装箱泊位，设计年通过能力500万标准箱。

4.洋山四期工程

在建，预计2017年底建成投产，共建设集装箱码头2350米，布置7个5万～7万吨级集装箱泊位（码头结构按靠泊15万吨级集装箱船设计），设计年通过能力630万标准箱。

5.洋山LNG接收站码头

洋山LNG接收站是上海市重要民生工程，建设规模为一期进口LNG300万吨/年，二期进口LNG增加到600万吨/年，按此规模建设接卸145000立方米LNG船码头1座、工作船码头1座。

6.洋山石油储运项目

洋山石油储运项目是远东地区最大的成品油码头。一期工程于2008

年底建成投产,成品油年设计吞吐量为736万吨,包括建设1个10万吨级泊位(兼靠12万吨级)、2个5千吨级泊位和陆域42万方储罐。打入海中的桩最大直径1.5米,最长桩66米。

7.洋山深水港区进港主航道

洋山深水港区进港主航道全长35.10海里(65.01公里),由外到内分为三个航段。进港主航道2005年底投入运营,截至目前共计疏浚2次,2011年疏浚工程量为790万立方米,2013年疏浚量为670万立方米。如果历次疏浚的淤泥量堆在一个标准的足球场上,可以堆出三栋半中国第一高楼——上海中心。8年来才这些淤积量已经算比较少的了。

四、东海大桥建设情况

东海大桥是我国第一座真正意义上的跨海大桥,也是我国桥梁从江河走向海洋的历史性第一步,它是洋山深水港区连接大陆的唯一一条快速交通集疏运通道,同时还担负起为港区供水、供电及通讯的使命。中交三航院作为三家主要的设计单位之一,与上海市政院1996年开始东海大桥的预工程可行性研究工作。大桥全长32.5公里,宽31.5米,双向6车道。工程2002年6月26日开工打第一根桩,2005年底与洋山一期工程同步建成。

东海大桥桥位考虑到了东海大桥与陆地公路网的顺畅连接,所确定大桥线路应相对较短,线形满足高速公路的要求,同时考虑了建设大桥减小对周边海洋环境以及海底光缆和电缆的影响,方便船舶安全行驶等,经大量的调查研究比选确定了目前的桥位。大桥按高速公路标准设计,设计车速80公里/小时,单车道宽度3.75米,行车向桥侧设有紧急停车带,停车带宽2.5米,分上下行独立两幅桥,单幅桥宽15.25米,两幅桥中央分隔带为1米,桥梁标准段宽度31.5米。

东海大桥海域属内航路,大吨位的船舶不从此航路通过,规划的最大船型为5000吨级。考虑到桥线很长,为方便各类船舶便于通过,共布置4处通航孔。其中,5000吨级主通航孔1个,1000吨级副通航孔1个,500吨级副通航孔2个。按百年一遇风速42米/秒(10米高度处)作为大桥设计风速,已超过12级飓风风速37米/秒。

东海大桥处于无遮挡的外海,台风、季风、波浪和涌浪数量多强度大,每年受大风影响时间达100天以上，最大浪高达13米（超过4层楼高），潮差高达5米多，每年不连续的可施工时间仅为180天。在缺少大陆依托的海域中进行工程建设，只能通过船舶、平台等设备在海浪颠簸中开展工作。

在这样的施工环境和现有条件下，需要打下各类基桩9000多根。其中，陆上段采用直径0.6米预应力混凝土管桩，非通航孔除芦潮港侧浅海段采用了部分直径1.2米预应力混凝土管桩外，全桥主要采用直径1.5钢管桩。最长桩110米，相当于40层楼高，直径2.5米，位于主通航孔斜拉桥处。大桥所用最大桩径是2.5~3米的变截面钻孔灌注桩，远远超过著名篮球运动员姚明的身高，位于颗珠山斜拉桥主墩，桩长100米左右。现浇海工混凝土160多万方，如果做成直径7厘米茶杯大小的圆柱体，可以从地球连接到月球；制作各类钢结构50万吨，相当于2500架波音747飞机的重量。由此可见，工程量大难度非同一般。

五、洋山四期工程如何实现自动化

洋山四期工程是继洋山一~三期工程之后又一个划时代的伟大工程。如果说洋山一~三期工程使得我国从外海筑港工程技术上完成了对国际先进水平的追赶甚至超越，那么洋山四期工程更是在装卸工艺水平上走在了世界的最前沿。

洋山四期工程是在我国"加快建设创新型国家"的战略背景下孕育而生的，在其设计之初便提出了"以高度发展的现代机械、信息科技为基础，以'高可靠、高效率、世界先进水平'为目标，打造世界一流的、更加高效、节能、安全、绿色的全自动化集装箱港区"的建设目标。

洋山四期工程是世界最大的自动化集装箱码头，相对于传统的集装箱码头，其最大的特点是实现了码头装卸、水平运输、堆场装卸环节的全过程智能化、无人化的操作。

（1）在码头装卸环节，四期工程采用了双40英尺双小车岸桥，相对于常规的单小车岸桥。将集装箱从船到岸的装卸过程由传统的一个动作分解为两个动作。在岸桥上设置了一个中转平台，由岸桥的主小车（吊具）负责将集装箱由船装卸至中转平台，由岸桥后方的门架小车负责将集装箱从中转平台装卸至码头上的运输车辆，这种流水作业的模式将码头卸装的效率提升到了一个新的高度。不但如此,还实现了主小车的人工远程操控,副小车的全自动化操控。岸桥上不再设置操纵室,操作人员只需在港区的中央控制室即可完成码头装卸。

(2)在水平运输环节,四期工程采用了全电驱动的自动导引运输车(AGV),每辆 AGV 造价在数百万元,相当于一辆兰博基尼豪华跑车。AGV 无需人工驾驶,而是由港区的智能化生产管理系统负责整体的调度,大大提升了水平运输的效率。

(3)在堆场装卸环节,四期工程采用自动轨道式龙门起重机(ARMG),与传统的集装箱码头不同,堆场是采用封闭式管理的,堆场内没有操作人员,ARMG 均由智能化生产管理系统负责整体控制和调度。港区外来的集卡也不需像传统集装箱码头一样进入堆场内部提送箱,而只需在堆场的陆侧端部即可完成提送箱操作。四期工程 ARMG 采用垂直于码头布置的模式,这样即可实现集装箱从海侧到陆侧运输路径的最小化,提高运输效率,降低能耗。每一条 ARMG 作业线均布置两台 ARMG,两台 ARMG 分工明确,海侧 ARMG 负责堆场与码头间的集装箱在堆场内的运输和堆放操作,陆侧 ARMG 负责堆场与后方集卡的集装箱在堆场内的运输和堆放操作。为适应洋山深水港区水水中转比例高的特点,在堆场设备选型上还同时配备了无悬臂和单侧带悬臂两种规格的轨道吊,进一步优化了堆场轨道吊与码头岸桥之间的效率匹配,使港区的综合装卸效率实现最优化。

六、洋山深水港区建设所面临的挑战

洋山深水港位于杭州湾口的崎岖列岛,离大陆 30 多公里,港址范围由 60 多个岛礁组成南北两大岛链。岛群水域潮流强劲,平均流速 2 米/秒、局部达 3 米/秒(相当于成人小跑的速度);含沙量高达 1.5 公斤/立方米、局部达 4 公斤/立方米;流态复杂。在外海强潮流、高含沙的群岛海域建设大型深水集装箱港区国际上尚无先例,面临的三大挑战是:

一是在高流速、高含砂量的岛礁海域,如何合理布置港区平面形态,减少港区淤积、保障航行安全,是洋山深水港能否成功建设的前提。

二是工程规模大、建设工期紧、施工条件差,如何创新结构设计和施工工艺,解决建设中的关键技术问题,是工程安全、优质、按期完成的重要保证。

三是在外海岛礁建港，如何处理好工程与环境的关系，解决海岛生态和环境保护中的关键技术问题，是保证工程建设与生态环境协调发展的关键。

七、应对挑战所采取的措施

挑战一：确定了洋山海域港区“封堵汊道、归顺水流、减少淤积、航行安全”的平面形态布局原则。基于平衡沙理论，运用复合模型试验技术，合理布置港区平面形态，成功解决了高含砂海域建港的淤积问题。

挑战二：洋山工程的建设须在深海围垦成陆，回填厚度达20米~40米，相当于10层楼左右的高度。要在短时间内建成接岸边界，为后方快速高回填如海绵挤水形成陆地创造条件，是工程能否按期建成的关键。首创斜顶桩板桩承台接岸结构新型式，采用一根根直径1~2米钢管桩并排着打入海底，构成一堵厚厚的铁墙，厚墙外再斜着打一排差不多大小的钢管桩，就像一根根大柱子用来撑住铁墙。

挑战三：建立了外海岛礁建港生态修复评估和施工新技术。首创开放式海域多品种渔业资源增殖放流成套技术和评估体系，首次在外海岛礁采用碱性吹填沙深层基质改良技术和柔性防冲蚀复合技术。

八、外界担忧的建设问题及现实情况

在洋山深水港区建设之初，我们面临着外界的一些质疑或担忧，主要集中在两个方面：

一个方面是港口可作业天数的问题。当时有观点指出，在洋山海域这种外海强潮流、高含砂岛礁环境下，洋山港的年可作业天数将会很低，甚至不会超过200天，工程建设不具备可行性。面对这种质疑，我们的设计团队在对大量、长期的观测数据进行统计、分析的基础上，结合科学试验，对港口的可作业天数进行了科学论证，提出了洋山深水港区年可作业天数不低于325天的结论。事实证明，洋山深水港区投产近9年来，年可作业天数达到360天左右，使我们当初的研究成果得到完美的验证。

另一个方面是泥砂回淤问题。我们之所以选择在洋山建设深水港，是基于其良好的天然水深条件。但该海域也是一个强潮流、高含砂的海域，是否能够确保在港口建设改变了原有海、陆域边界的条件下，将水域的泥沙回淤强度控制在一个可以接受的较低水平，深水条件得到维持，是外界普遍比较担心的另一个问题，而这个问题也的确是洋山深水港建设的重大挑战之一。在这个问题上，我们的设计团队做了大量的工作，基于平衡沙理论，运用复合模型试验技术，合理布置港区平面形态，成功解决了高含沙海域建港的淤积问题。从洋山深水港区的实际运营数据来看，港池、航道的实际淤积强度均低于设计预期，大大节约了疏浚的费用，提高了港区的作业条件。

九、洋山深水港区投资主体及运营模式

洋山深水港区投资主体为上海同盛投资（集团）有限公司，各期工程建成后由上港集团收购，目前洋山一期、二期工程由上港集团旗下全资子公司上海盛东集装箱码头有限公司负责运营，洋山三期工程由上海冠东集装箱码头有限公司负责运营。

事实证明，通过洋山深水港区的建设，全面提升了我国参与国际经济竞争的综合实力，彻底改变了上海口岸无 15 米以上深水大型集装箱港口的历史，有效缓解上海港集装箱泊位紧缺和吞吐能力不足的矛盾，完全达到了其建设的初衷和战略目的。

说明：

（1）本文主要来自中交三航院原副院长田佐臣教授级高级工程师撰写的洋山深水港的故事，综合所副总工程师，洋山三期、四期工程项目总负责人刘广红教授级高级工程师关于洋山深水港的介绍；中交三航院综合所结构与桥梁工程设计室副主任，东海大桥承台、套箱专业负责人黄向平高级工程师关于东海大桥的介绍。

（2）主要参考引用素材。

①中交三航院原副总工程师、东海大桥基础部分总负责人莫景逸教授级高级工程师，中交三航院副总工程师、东海大桥港桥连接段分管总工程师、项目总负责人阮春生教授级高级工程师，时任中交三航院综合所水工专业主任工程师、东海大桥基础部分专业负责人夏军教授级高级工程师口述东海大桥基础设计情况（中交三航院原党群工作处处长李棋俊等 2007 年 8 月采访整理）。

②夏军和全国水运工程设计大师、中交三航院总工程师程泽坤博士、教授级高级工程师撰写的论文《东海大桥非通航孔基础结构设计关键技术》(《水运工程》2008 年第 10 期)。

(3)文中洋山一~三期工程部分数据由中交三航院洋山所原党支部书记、洋山二期工程水工专业负责人、洋山三期工程分管所长方君华教授级高级工程师,中交三航院综合所港航二室主任、洋山四期工程水工专业负责人王晓晖高级工程师提供。

(4)此文由中交三航院党委办公室主任、企业文化部部长,洋山石油储运项目一期工程水工专业负责人、洋山二期工程水工专业参与设计人员刘速高级工程师、高级政工师收集整理,并撰写洋山石油储运项目章节。

后　　记

《洋山精神赞——三航院人的洋山故事》是中交第三航务工程勘察设计院有限公司为庆贺上海国际航运中心洋山深水港四期工程即世界最大的自动化集装箱码头竣工运营，特意通过举办“洋山精神赞·我的洋山故事”征文活动而甄选的优秀作品；是公司广大员工作为“洋山港建设者”和“洋山精神缔造者”而向三航院成立60周年献礼的匠心巨作；同时也是公司向所有为洋山深水港工程建设作出重要贡献的三航院人致敬的精神馈赠！

通过编著这本书，我们想让认识洋山、建设洋山和憧憬洋山的各位同志和读者朋友全方位、多视角地增加对洋山工程和“洋山精神”的了解，尤其是对洋山工程昨天的峥嵘岁月、今天的辉煌业绩和明天的光明愿景有更深入的了解。通过编著这本书，让我们共同来总结和弘扬三航院人为洋山深水港建设所作出的突出贡献和所展现的良好精神风貌，共同来记录和传承三航院人奉献洋山工程所留下的生动事迹和宝贵故事，共同来表达和颂扬三航院人参与洋山港建设的自豪情怀和对“洋山精神”的高歌赞美，共同来思考和探索作为践行“两个一百年”和“一带一路”建设重任的央企所应继续承担的历史使命和责任。

在这本书即将面世的时候，我们要向人民交通出版社及责任编辑刘永芬同志表示衷心的感谢！要向在整个征文活动和书籍编辑过程中付出辛勤努力的，公司所属各党总支（支部）书记和包括退休职工在内的广大员工表示衷心的感谢！以公司党委书记、董事长沈明达为组长，刘速、方君华、梁伟波、徐郭强、蔡伟鸣、李玉琴、陈浙沪、刘智伟、王文娟、周晓璇、常静等11人为评委的征文评审组对征文进行了严格评审，公司常务副总工程师浦伟庆和人力资源部（党委组织部）部长方君华以及公司文明办副主任李玉琴等同志协助本书主编严谨审稿，谢成法、宋大本等同志提供了许多珍贵的历史照片。对此一并向他们表示衷心的感谢！

限于能力和水平，编辑过程中有可能出现疏漏和不当之处，恳谢读者指正。

中交三航院《洋山精神赞》编委会
2017 年 12 月 10 日